발칙한 수학책

발칙한 수학책

복잡한 계산 없이
그림과 이야기로
수학머리 만드는 법

최정담(디멘) 지음

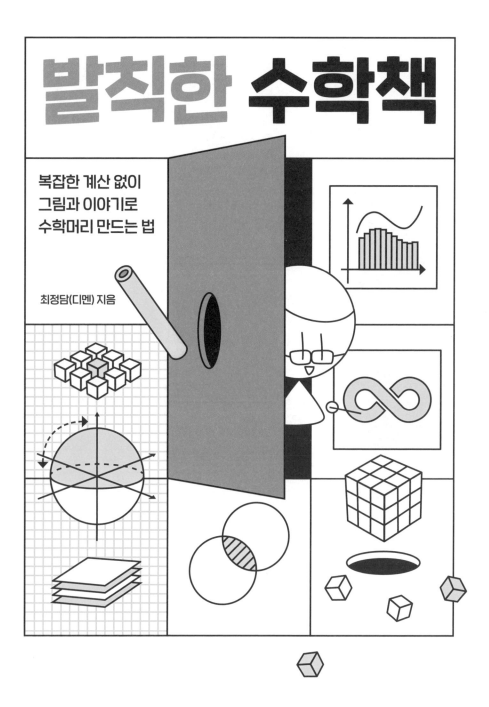

whale books

발칙한 수학 스토리텔러의
발칙한 수학책!

이 책은 발칙하다. "하는 짓이나 말이 매우 버릇없고 막되어 괘씸하다"라는 뜻이 이 책에는 자연스럽게 연결된다. 수학을 다루는 저자의 솜씨와 생각은 시중에 나와 있는 다른 수학 교양서적에서는 결코 찾아볼 수 없다. 어떠한 규칙 없이 이리저리 글을 진행하는 것 같고, 전혀 관계 없는 수학 이론을 마구잡이로 도입하는 것만 같지만 페이지를 넘길수록 수학의 깊이 있는 모습을 마주하게끔 만든다. 모든 수학 내용이 마치 날줄과 씨줄처럼 정교하게 얽혀 있는 덕분이다. 매우 창의적이며 융합적이라는 데 의심의 여지가 없다.

독자는 이 책을 읽는 종종 머뭇거릴 수 있다. '도대체 지금 내가 무엇을 읽고 있는 것일까?' 하지만 인내심을 갖고 읽기를 지속한다면 저자가 펼쳐놓은 이야기가 점점 한 가지로 모여든다는 것을 깨닫게 될 것이다. 마치 넓은 바다에 거대한 그물을 던진 후 서서히 당겨 물고기를 잡듯, 저자는 거대한 수학의 그물을 바다에 던진 후 수학의 매력으로 독자를 끌어당긴다.

사실 이 책의 원고를 검토해달라는 의뢰를 처음 받았을 때만 해도 '대학생이 쓴 글이니 손봐야 할 부분이 많지 않겠어?'라며 방대한 검토 내용을 어떻게 정리할지 망설였다. 하지만 내 생각은 원고의 1부 첫 장을 읽는 순간 기우였음을 인정하지 않을 수 없었다. 글은 마치 수학의 세계를 탐험하기 위해 발사된 우주선처럼 수학의 여러 행성을 아주 안전하고 매끄럽게 지나 수학에 관한 저자의 생각에까지 너무나도 평안하게 도착했다. 수학에 관한 교양서적을 꽤 썼다고 자부하고 있는 나조차 '나는 왜 이렇게 생각하고 설명하지 못했을까?'라는 자책마저 들게 되는 명쾌한 설명이 있었고 재미있게 처리된 삽화까지 곁들여져 내용을 단숨에 읽어낼 수 있었다.

이 글을 모두 읽고 난 이후에 가장 먼저 든 생각은 서두에서 말했듯이 발칙하다는 거였다. 그리고 잠시 숨을 고르고 감수의 글을 쓰려고 하자 마치 잘 차려진 코스요리를 맛있게 먹고 난 후의 만족감이 밀려왔다. 모두 4부로 이루어진 이야기는 간단한 음료로 시작해 애피타이저로 이어졌고, 셰프의 정성이 가득한 메인 요리를 거쳐 달콤한 디저트까지 정말 행복하고 만족스러운 코스요리를 대접받은 기분이었다. 그래서 감히 독자 여러분에게도 잘 차려진 이 코스요리를 강력히 권하고 싶다.

세상에 수학 요리를 이렇게 맛있게 만들어낼 수 있는 요리사는 흔치 않다. 그것도 아주 젊은 수학자가 쉽지 않은 요리 재료를 이정도의 글과 내용으로 요리할 수 있음은 실로 놀라운 일이다. 앞으로 저자의 또 다른 책을 기대하게끔 하는 매우 훌륭한 결과물이기에 나는 이 책에 대해 권하고 또 권한다는 말밖에 더 이상 할 말이 없다.

그래서 나는 이 책에 어떤 내용이 어떻게 소개되고 있는지를 구태여 설명해 스포일러가 되지 않기를 바란다. 다만 저자의 말대로 1부에서는 주로 수학의 언어를 규정했고, 2부에서는 수학의 힘을 통해 고차원과 무한 등 현실을 초월하는 개념을 다루었으며, 3부에서는 이런 논리적 추론을 다양한 문제에 적용해 4부에서는 실생활에 적용했다는 정도만 소개하겠다.

장담하건대 독자 여러분이 이 책을 다 읽고 나면, 대단한 수학 스토리텔러가 혜성처럼 등장했음을 알아차림과 동시에 아주 젊은 수학자가 새로운 시대의 문을 여는 순간에 서 있음을 느끼게 될 것이다. 모두 이 순간을 지켜보기 바란다.

이광연《수학, 인문으로 수를 읽다》저자

차례

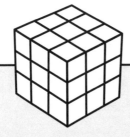

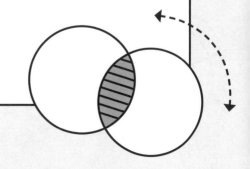

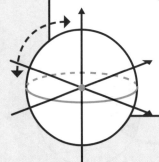

수학에 대한
오해

이제라도 수학을 만나야만 하는 이유

- 안녕하세요!

안녕하세요. 만나서 정말 반가워요! 제 소개를 간단히 하자면 저는 수학과 언어학, 그리고 코딩을 좋아하는 대학생입니다. 세 학문에서 느꼈겠지만 저는 중학교 때부터 논리적 사고를 요구하는 학문을 좋아했습니다. 답을 기억해내야 하는 학문보다는 답을 찾아내는 학문이 훨씬 흥미로웠죠. 오랜 고민 끝에 정답을 맞혔을 때의 뿌듯함은 다른 학문에 비할 정도가 아니었습니다. 한편 취미로는 컴퓨터로 이것저것 디자인하는 것을 좋아했습니다. 이런 취미와 취향이 모여 페이스북과 티스토리 등에서 수학이나 언어학, 코딩과 관련된 콘텐츠를 올리기 시작했습니다. 이 중에서도 수학을 특히 좋아해서 '디멘'이라는 이름으로 페이스북 페이지 <유사수학 탐지기>를 집중적으로 관리했습니다. (이 책을 이끄는 주인공 이름이 디멘인 이유입니다.) 지성이면 감천이라고 운 좋게 책까지 내게 되었네요.

수학은 어떤 학문일까요? 우리 모두 학교에서 수학을 공부했지만, 아이러니하게도 수학이 어떤 학문인지 정확히 이해하고 있는 사람은 매우 드뭅니다. 너무 많은 사람이 수학이 숫자를 계산하는 학문이라고 오해하고 있기도 하죠. 이러한 오해는 미디어에서 뚜렷이 나타납니다. 영화와 드라마 속 대부분의 수학 천재는 복잡한 계산을 순식간에 해치우는 인간 컴퓨터처럼 그려집니다. 이들은 농구공을 던지기 직전 머릿속으로 농구공의 질량과 중력가속도 등을 계산해내 완벽한 3점 슛을 성공시킵니다. 하지만 수학자들이 계산을 잘할 것이라는 생각은 피아니스트가 피아노를 잘 만들 것이라는 생각과 다를 바가 없을 정도로 큰 착오입니다. 오히려 순수수학은 자연과학부에서 계산이 가장 필요 없는 분야 중 하나입니다.

이 오해는 사람들이 수학을 지루한 계산과 어려운 숫자로 가득 찬 학문으로 생각하고 기피하도록 만든다는 점에서 특히 유감스럽습니다. 수학은 절대 이러한 학문이 아닙니다. 이 책에 복잡한 숫자 계산이 하나도 없는 이유입니다.

수학에 대한 또 다른 오해는 수학이 실용성을 위한 학문이라는 것입니다. 아주 틀린 건 아니지만 수학의 핵심 가치와는 먼 이야기입니다. 만일 누군가 여러분에게 '독서는 어휘력을 높이기 위한 활동이야'라고 주장한다면 이에 반기를 들 것입니다. 물론 독서를 통해 어휘력을 높일 수도 있습니다. 하지만 대다수의 사람이 어휘력을 높이기 위해서 독서를 하진 않습니다. 그랬다면 차라리 사전을 보거나 한자 공부를 하는 것이 낫겠죠. 독서를 좋아하는 사람들은 인문학 사고력을 기르거나, 상상 속 세계에 빠지거나, 교양을 쌓기 위해서 책을 펼칩니다.

수학이 실용성을 위한 학문이라는 생각도 이와 비슷한 맥락입니다. 물론 수학에도 실용적인 부분이 있습니다. 하지만 대다수의 수학, 특히 근현대 수학의 관심거리는 현실과 매우 동떨어져 있습니다. 현재 수학계에서는 세상의 모든 대칭성을 분류하는 프로젝트가 한창 진행 중입니다. 특히 유한 단순 대칭성을 (18개의 유형과 26개의 산재군으로) 완전히 분류한 업적은 21세기 수학의 가장 큰 쾌거입니다. 그러나 이 쾌거는 수학적으로는 대단할지언정 반도체나 백신 기술과 같은 21세기 과학의 업적과 비교하면 비참할 정도로 인류의 편익에 아무런 도움을 주지 못합니다. 당연하게도 이런 순수수학에 대한 지원은 다른 이공계 분야보다 항상 부족한 편입니다. 오죽했으면 수학과에서는 다음과 같은 자학 개그가 떠돌아다닐 정도죠.

수학이 돈도 못 벌고 실용적이지도 않다면 어째서 그토록 많은 사람이 열정을 가지고 수학을 연구하고 있는 걸까요? 왜 우리는 수학을 만나야 할까요? 이는 분명히 여러 단점을 뛰어넘을 정도로 큰 매력과 가치가 수학에 있다는 뜻일 것입니다. 이 책은 바로 그 수학의 매력과 가치를 조명하는 데 초점이 맞추어져 있습니다.

예술이 아름답듯이, 수학도 아름답다

흔히들 예술은 아름답다고 말합니다. 여러분도 정말 그렇게 생각하시나요? 분명 우리는 음악 시간에 바흐 협주곡의 위대함에 대해 배웠지만 막상 들어보면 잠만 솔솔 옵니다. 미술도 마찬가지입니다. 피카소가 위대한 화가라고는 하지만 미술관에서 가이드의 설명을 들어보기 전에는 고등학교 미술대회 수상작이 더 대단해 보이기도 합니다. 게다가 가이드의 설명을 듣고 나서도 그 가치를 완벽하게 이해할 수 없죠. 안타깝게도 예술의 진정한 아름다움은 오랫동안 예술을 감상해 온 사람일수록 제대로 음미할 확률이 높습니다.

수학도 마찬가지입니다. 분명 수학은 아름답습니다. 오직 논리라는 무기만으로 예상치 못한 사실을 발견하고 이를 통해 도저히 해답이 보이지 않던 문제를 해결할 때의 카타르시스, 그 순간은 아름다움이라고 표현할 수밖에 없습니다. 하지만 이 아름다움 또한 오랫동안 수학을 공부해 온 사람일수록 제대로 음미할 확률이 높습니다. 수학을 공부해 보지 않은 사람들에게는 그저 '저쪽 세상' 이야기일 뿐이죠.

비록 어려운 예술 작품의 아름다움은 이해하지 못하더라도, 자신의 마음을 울린 곡이나 소설, 영화나 그림 하나씩은 간직하고 있을 겁니다. 마찬가지로 여러분은 수학의 모든 아름다움을 이해하지는 못하더라도, 몇 가지 간단한 이야기를 통해 수학의 아름다움을 느껴 볼 수 있습니다. 이 책에서는 수학의 논리가 어떻게 흘러가는지 흥미로운 이야기로 엮었습니다. 이 책을 덮을 때, 여러분의 마음속에 감동적이었던 수학적 논증이 하나라도 남아 있기를 바랍니다.

예술이 인문학적 감수성을 키워주듯, 수학은 논리적 감수성을 키워준다

그저 '아름답다'라는 이유 이외에도 예술을 알아야 하는 필요성은 더 있습니다. 인문학적 감수성을 키워주는 예술은 우리 자신의 삶을 성찰하고 타인의 삶을 이해하며 우리 사회가 나아가야 할 방향에 대해 생각하게 만들어줍니다. 이런 인문학적 감수성은 알게 모르게 우리 생활 속에 녹아들어 더 건강하고, 행복하고, 사람다운 삶을 살게 돕습니다.

수학은 어떨까요? 예술이 인문학적 감수성을 키워준다면 수학

은 논리적 감수성을 키워줍니다. 주어진 사실로부터 새로운 사실을 추론하는 능력, 여러 개념 사이의 연관성을 찾아내는 능력, 문제의 핵심을 꿰뚫고 이를 해결하는 데 필요한 조건을 찾아내는 능력. 이 모든 능력이 수학을 통해 우리가 배우고자 하는 것입니다.

삼각함수를 미분하면 무엇이 나오는지는 중요하지 않습니다. (물론 시험을 앞두고 있다면 당연히 알아야 하겠지만, 솔직히 이런 것들은 시험이 끝나고 다 까먹어도 괜찮습니다.) 이는 마치 《데미안》의 주인공 이름을 외우는 것과 비슷합니다. 그까짓 지식보다 훨씬 중요한 것은 작품을 통해 작가가 시사하는 바가 무엇인지를 이해하고 이를 자신의 삶에 비춰보는 것입니다.

수학도 마찬가지입니다. 공식 자체보다 어떤 이야기의 흐름 속에서 이 논리가 등장했는지를 이해하고, 이를 통해 논리적 사고력을 키우는 것이 훨씬 중요합니다. 그래서 이 책은 수많은 공식을 늘어놓는 대신 그림과 이야기로 논리의 흐름을 짚어나가는 데 집중합니다. 숫자와 공식에 지친 여러분이 이 책에서 수학의 재미를 느껴볼 수 있기를 바랍니다.

이 책을 관통하는 세 가지 주제

저는 수학은 엄밀한 논리를 바탕으로 추상적인 진리를 찾는 학문이라고 생각합니다. 이 문장에서 특히 중요한 세 개의 단어는 **엄밀함**, **추상적**, 그리고 **논리적**입니다. 수학은 세 가지 특징을 모두 갖춘 거의 유일한 학문입니다. (분석철학을 제외한) 철학은 논리적이고 추상적이지만 엄밀하지 않고, 물리학은 논리적이고 엄밀하지만 추상적이지 않습니다. 그래서 세 가지 특징을 중점으로 수학을 소개했습니다. 각 부의 구성은 다음과 같습니다.

1부는 수학의 엄밀함을 조명하는 데 집중합니다. 1부 초반부에서 우리는 수학의 언어를 알아보고, 이를 활용해 오목과 볼록을 비롯한 일상적인 단어를 엄밀하게 정의할 것입니다. 이러한 정의가 왜 필요한지는 볼록한 도형에 대한 추측을 수학적으로 증명함으로써 실감할 거예요. 한편 수학은 러

도넛은 볼록할까 오목할까?

셀의 역설이나 괴델의 불완전성 정리와 같은 한계 또한 가지고 있는데 이에 대한 이야기로 1부의 후반부를 구성합니다.

2부는 수학의 추상적인 측면을 조명합니다. 추상화란 현실 속에 존재하는 개별 대상들을 탐구하는 것에서 나아가 수많은 대상을 관통하는 구조와 패턴을 찾는 작업입니다. 앞서 언급한 21세기 수학의 최대 쾌거가 추상화의 좋은 예시입니다. 추상화의 또 다른 예시로는 고차원과 무한이 있으며, 이 다채로운 이야기로 2부를 채웠습니다. 고차원, 무한과 같은 초현실적인 대상은 직접 만져보거나 실험할 수 없으며 오로지 추상적인 사고를 통해서만 탐구할 수 있습니다. 그런 만큼 이들에 대한 이야기는 놀라운 발견과 색다른 재미로 가득 차 있습니다.

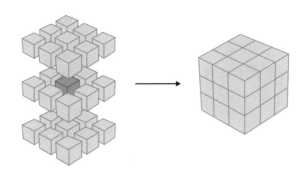

**파란색 큐브를 건드리지 않고
보라색 큐브를 빼낼 수 있을까?**

3부는 수학의 논리적인 측면을 조명합니다. 3부에서 저는 복잡한 수식이나 계산이 없으면서도 여러분에게 수학의 아름다움을 보여줄 수 있는 문제를 선정했습니다. 이 문제들은 마치 숲속의 보물을 찾는 여정처럼 구성되어 있습니다. 수학의 숲을 헤쳐나가며 발견한 단서가 문제를 푸는 결정적인 열쇠로 쓰일 때의 짜릿함을 여러분도 느껴보기를 바랍니다.

마지막 4부에서는 수학의 실용적인 측면을 조명합니다. 수학의 비전이 인류의 복지 향상과 잘 맞물려 있지 않음에도 불구하고, 수학을 연구하는 과정에서 발전한 일부 개념들

커피의 모든 점이 움직이도록 커피를 섞을 수 있을까?

은 수학뿐 아니라 모든 학문을 통틀어 인류에게 가장 유용한 결과를 가져왔습니다. 특히 17세기 후반에 발견된 미적분은 이전과 비교할 수 없을 정도로 정교한 물리학과 화학의 길을 열어주었습니다. 응용수학에 대한 이야기와 이로부터 비롯되는 저의 가치관에 대한 이야기로 책이 마무리됩니다.

이제부터 수학이라는 거대하고 아름다운 이야기를 시작해 보겠습니다. 이 책을 통해 이 세상을 이해하는 또 다른 논리를 만들어줄 '수학머리'가 생길 수 있기를 바랄게요!

이 책의 시작에 앞서 저에게 수학의 아름다움을 보여주신 선생님들께 감사 인사를 드립니다. 함께 수학 이야기를 하며 이 책의 구성에 도움을 준 친구들에게도 고맙다는 말을 전하며, 무엇보다 제가 자유롭게 원하는 공부를 즐길 수 있도록 지지와 응원을 아끼지 않은 부모님께 감사드립니다. 제가 이 책을 쓸 수 있던 것은 저의 훌

륭하신 부모님 덕분입니다.

나는 유용한 일을 전혀 하지 않았다. 나의 연구 결과는 세상의 쾌적함을 위해 직접적으로든 간접적으로든, 좋거든 나쁘거든, 어떠한 영향도 끼치지 않았고 앞으로도 그럴 가능성은 전혀 없다. 그리고 내가 도움을 준 수학자들 역시, 그들이 만들어낸 연구 결과는 어쨌거나 내 경우와 똑같이 무용한 것이었다. 실용적인 기준에서 보자면 나의 삶의 가치는 무(無) 그 자체이다. 그럼에도 나의 인생이 완전한 무용지물이라는 혐의에서 벗어날 수 있는 명목이 하나 있다면, 그것은 내가 창조할 만한 가치가 있는 무언가를 창조해냈다는 점이다. 또한 나는 누구도 반박할 수 없는 무언가를 창조해냈다. 그것이 어느 정도의 가치를 갖는지는 내 스스로 판단할 일이 아니다.

-G. H. 하디 (1877-1947)

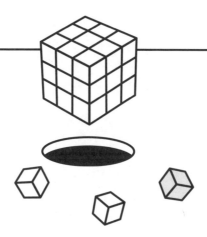

1부

순수한
별이 빛나는
수학의 밤하늘

수학의 언어와 문법

엄밀함과 명료함은 수학의 생명

수학은 신이 우주를 적기 위해 사용한 언어다.
Mathematics is the language
in which God has written the universe.

갈릴레이가 수학에 관해 남긴 말입니다. 정말 낭만적이죠? 갈릴
레이도 수학이라는 언어가 후대 학자들에 의해 얼마나 정교하게
발전할지는 상상도 못했을 겁니다. 이제 수학은 우주를 기술하는
언어를 넘어, 인간의 모든 논리적 추론을 적어낼 수 있는 언어로 발
전했습니다.

　모든 언어는 기호와 문법으로 이루어져 있습니다. 영어는 라틴
알파벳, 한국어는 한글, 중국어는 한자라는 기호를 사용하죠. 이 기
호를 각 언어의 문법에 알맞게 배열하면 문장이 완성됩니다. 마찬

가지로 수학도 몇 가지의 기호와 문법으로 이루어져 있습니다. 정확히 말하자면, 수학은 단 **6개의 기호와 12개의 추론 규칙,** 그리고 **적절히 정의된 공리계**로 이루어져 있는 언어입니다.[1]

다만 수학이 다른 언어와 구별되는 유일한 점은, 일상 생활에서 서로가 소통하기 위한 언어가 아니라 논리적 추론을 기술하기 위한 언어라는 점입니다. 그리고 논리적 추론이 가능하기 위해서는 모든 문장의 참과 거짓을 확실히 판별할 수 있어야 합니다. 한 치의 애매함도 없이 말이죠.

이제 그 합리적 추론을 위해 가장 간단하게 살펴볼 수 있는 오목과 볼록을 살펴보겠습니다. 우리 모두 **오목**과 **볼록**이 어떤 의미인지 직관적으로는 알고 있습니다. 왼쪽의 도형은 오목하고, 오른쪽의 도형은 볼록하죠.

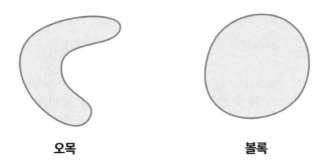

오목   볼록

하지만 우리가 이에 대한 수학적 논의를 시작하고 싶다면, 오목

---

1 오직 6개의 기호와 12개의 추론 규칙으로 수학이 이루어져 있다는 설명에는 비약이 있습니다. 일부 논리학 분야에서는 더 많은 기호를 도입하기도 합니다. 이 책에서는 곧 소개할 6개의 기호만 주로 사용할 것입니다.

과 볼록의 의미를 직관적으로 받아들이지만 말고 수학의 언어를 이용해 명확한 문장으로 정의해야 합니다. 용어를 명확하게 정의하지 않으면 수많은 애매한 경우가 생기게 되고, 논리적 오류가 발생할 여지가 커집니다. 예를 들어 도넛의 경우를 볼게요.

여러분은 도넛이 어떤 도형이라고 생각하나요? 언뜻 보기에는 볼록한 도형 같습니다. 하지만 도넛 구멍 안의 관찰자 입장에서 보면 오목합니다. 관찰자의 위치에 따라서 도형의 오목과 볼록이 달라지다니. 그럼 도넛은 볼록한 걸까요, 오목한 걸까요?

도넛의 경우처럼 직관에만 의존할 경우 우리는 논리적으로 상충할 수 있는 애매한 경우를 만나게 됩니다. 그리고 이 애매함은 새로운 수학적 주장을 펼치는 데 큰 장애물이 됩니다. 예를 들어 디멘이 "볼록한 도형끼리 겹치는 부분은 항상 볼록해"라고 주장했다고 할게요.

이 주장은 명확하지 못한 정의가 우리의 발목을 잡을 수도 있는 예시입니다. 도넛이 볼록하다고 판단할지, 오목하다고 판단할지에 따라 디멘의 주장은 거짓일 수도 있고, 참일 수도 있습니다. 대부분의 경우 디멘의 주장은 맞는 말입니다. 아래와 같이 말이죠.

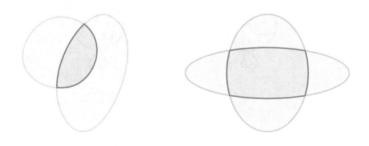

도넛이 볼록한 도형이라면, 다른 볼록한 도형이 만나 겹치는 부분 역시 볼록해야 합니다. (물론 디멘의 주장이 맞다면 말이죠.) 그러나 아래 그림과 같이 도넛의 구멍을 지나도록 타원을 그리면, 겹치는 부분은 오목한 도형이 됩니다. 따라서 이 경우 도넛이 볼록하다는 디멘의 주장은 틀렸습니다.

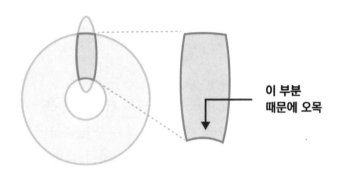

이 부분
때문에 오목

그럼 도넛을 오목한 도형이라고 해볼게요. 그렇다면 디멘의 주장은 옳은 주장일까요? 글쎄요. 이것도 확실히 옳다고 말하기는 어렵습니다. 만약 디멘의 주장이 틀렸을 경우, 그것을 반증하기는 어렵지 않습니다. 2개의 볼록한 도형이 오목하게 겹치는 단 하나의 경우를 찾아내기만 하면 되기 때문이죠. 하지만 디멘의 주장이 맞을 경우, 그 사실을 증명하는 것은 훨씬 더 어렵습니다. 이 세상에 존재하는, 무수히 많은 볼록한 도형에 대해 디멘의 주장이 성립한다는 것을 보여야 하기 때문입니다. 단순히 몇 가지 예시를 나열하는 것으로는 충분하지 않습니다. 범우주적으로 성립할 수밖에 없는 논리를 찾아내야 합니다. 하지만 지금의 상황처럼 오목과 볼록의 정의가 흐리멍텅하다면, 그 어떤 논리도 이 세상의 모든 볼록한 도형과 오목한 도형을 올바르게 분석할 수 없습니다.

도넛이		디멘의 주장은	
		맞다	틀리다
	볼록하다		√
	오목하다	확실히 답할 근거가 없다	

이렇게 직관에만 의존하는 수학은 두 가지 문제를 야기시킵니다. 첫째, 개개인의 주관적 판단에 따라 수학적 주장이 참일 수도 거짓일 수도 있는 불명확한 사실이 되어버립니다. 둘째, 어떤 수학적 주장이 참이라는 것을 증명해 보이기가 매우 어려워집니다.

이 문제를 해결하기 위해 이제부터 우리는 세 단계를 거칠 것입니다.

첫 번째로, 수학의 언어는 어떤 기호와 문법으로 이루어져 있는지 알아본 뒤, 그다음 그 언어에 맞추어서 도형의 오목과 볼록을 명확하게 정의할 것이며, 마지막으로 명확한 정의를 길잡이 삼아 디멘의 주장이 맞는 말인지 판단해 보겠습니다.

물론 직관도 수학에서 매우 중요한 역할을 담당합니다. 우리가 오목과 볼록을 명확하게 정의하려는 시도를 시작할 수 있었던 것은, 애초에 오목과 볼록이 어떤 것인지 직관으로나마 알고 있던 덕분이니까요. 직관은 수학자에게 영감을 주고, 수학자들은 이 영감을 명확한 표현으로 기술해서 더 다양한 사실을 논리적으로 밝혀나갑니다. 건축가가 새로운 건물을 구상할 때는 직관에 의지해 구상하지만, 실제로 건물을 직관만으로 건축하면 반도 못 가서 무너지고 마는 것과 같습니다. 건축가는 자신의 영감을 설계도에 옮기고, 모든 계산을 마친 다음에 공사를 시작해야 합니다. 건축가와 수학자가 하는 일은 매우 다르지만 자신의 직관을 구체적이고 명확하게 기술하는 것이 핵심이라는 점에서는 같습니다.

수학의 뼈대를 이루는 12개의 기호

이 세상에는 수많은 색이 있습니다. 하지만 모든 색은 결국 삼원색의 적절한 조합으로 표현할 수 있습니다. 다음 그림 왼쪽의 색은 빨간색을 42.1퍼센트, 초록색을 78.4퍼센트, 파란색을 65.1퍼센트 농도로 섞으면 만들어집니다. 오른쪽의 색 역시 왼쪽과 전혀 다른 색이지만 빨간색, 초록색, 파란색의 조합으로 만들어졌죠.

R: 42.1%
G: 78.4%
B: 65.1%

R: 66.3%
G: 54.9%
B: 81.2%

　수학도 마찬가지입니다. 수학에는 삼각형, 원, 자연수, 확률 등 무수히 많은 개념이 있습니다. 그리고 이 개념들에 관한 정리도 무수히 많죠. 하지만 수학의 거의 대부분의 개념은 12개의 기호만 사용해서 표현할 수 있습니다. 12개의 논리 기호는 수학자들이 명료한 표현을 정립하기 위해 신중하게 선택한 결과물입니다. 12개의 논리 기호는 수학의 부품과도 같은 것이죠. 각각의 논리 기호와 그 기호가 의미하는 바는 다음과 같습니다.

　하지만 모든 부품이 준비되어 있더라도 각 부품의 설명서가 없다면 딱히 할 수 있는 일이 없겠죠? 그래서 수학자들은 각 기호의 설명서도 준비해 놓았습니다. 그 설명서의 이름은 **1차 논리**입니다. 1차 논리에는 **p가 참이거나 q가 참이라면 $p \lor q$가 참이다** 등과 같은 기호의 사용법이 자세히 기술되어 있습니다. (1차 논리의 자세한 설명은 이 책의 부록을 참고해 주세요.)

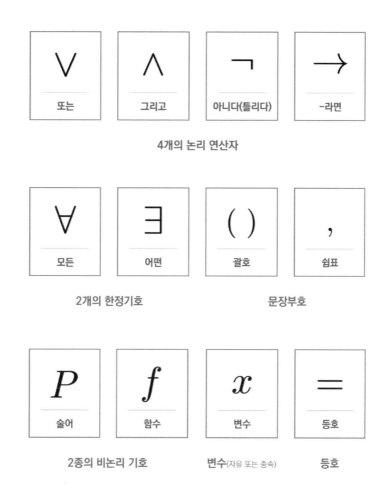

4개의 논리 연산자

∀ 모든 ∃ 어떤 2개의 한정기호

( ) 괄호 , 쉼표 문장부호

P 술어 f 함수 2종의 비논리 기호

x 변수 변수(자유 또는 종속)

= 등호 등호

1차 논리 이외의 설명서도 있습니다. **2차 논리**가 대표적이죠.[2] 1차 논리와 2차 논리라는 어려운 말이 당혹스러울 법도 한데, 책에서 깊게 다루지는 않으니 걱정하지 않으셔도 됩니다. 단지 수학은 주로

---

2   2차 논리는 1차 논리와 비슷하나 '모든'과 '어떤'을 더 다양한 상황에서 사용해도 된다는 점에서 구별됩니다.

12개의 논리 기호만을 사용하며, 이 기호를 잘 조합하면 다양한 수학적 개념을 얻을 수 있다는 사실만 기억해 주세요.

그토록 어렵고 복잡해 보이는 수학이 고작 12개의 기호로 구성되어 있다는 사실이 놀랍지 않으신가요? 게다가 대부분의 기호는 그다지 어려운 의미도 아닙니다. 그리고, 또는, 어떤… 이러한 말은 우리가 일상에서 자주 쓰는 말입니다. 하지만 이 기호들은 우리가 생각하는 것 이상의 힘을 가지고 있습니다.

"수학의 모든 용어는 이미 정의된 용어와
논리 기호만으로 정의됩니다."

우리는 이 책에서 12개의 기호에 ∈ (~에 속하는) 기호까지 추가해 살피겠습니다. ∈ 기호는 "한국 ∈ 아시아"와 같이 포함된 관계를 나타낼 때 씁니다. 이 기호와 논리 기호 사이의 관계는 이 책에서 설명하기에는 매우 벅차기 때문에 안타깝지만 넘어가겠습니다. (궁금하면 수학과로 오세요!)

앞서 살펴본 기호는 외우면 좋지만 안 외워도 괜찮습니다. 그리고 예리한 독자 분들은 제가 중간에 말을 살짝 바꿨다는 것을 눈치챘을 겁니다. 분명 도입부에는 기호의 개수가 6개라고 했는데 정작 소개한 기호는 12개입니다. 이것에 대한 자세한 얘기 또한 논리 기호에 대한 설명과 함께 부록에 소개되어 있습니다.

논리 기호로 오목과 볼록을 표현해 보자

이제 논리 기호로 오목과 볼록을 표현해 봅시다. 그러기 위해 먼저 '오목하다'의 본질을 파악해야 합니다. 먼저 대표적인 오목한 도형과, 볼록한 도형을 살펴볼게요.

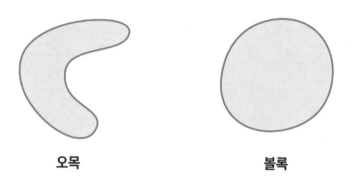

오목   볼록

왜 우리는 왼쪽은 오목하고 오른쪽은 볼록하다고 생각할까요? 대부분이 왼쪽 도형은 위아래가 튀어나와 있고 그 사이가 안으로 움푹 들어가 있기 때문에 오목하다고 생각합니다. 반면 오른쪽의 도형은 튀어나온 부분이 없습니다. 이 사실을 종합해 볼 때 아마도 위아래로 튀어나온 부분이 도형에게 오목함을 부여하는 것 같습니다.

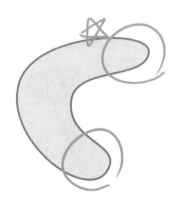

하지만 '위아래로 튀어나온 영역'이라는 말은 여전히 모호합니다. 어디에서부터 어디까지가 '위아래로 튀어나온 영역'인지 애매하기 때문입니다. 이 영역을 더 구체적으로 다룰 수 있는 한 가지 방법은 '위아래로 튀어나온 영역'을 각각 하나의 점으로 대표해 표기하는 것입니다. '대한민국의 의견'은 매우 모호한 표현이지만, '대통령의 의견'은 명확한 의견이듯이 우리도 그림에서 동그라미 친 영역을 각각 단 하나의 점으로 대표해 볼게요.

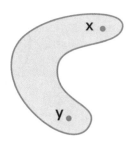

이제 우리가 해야 하는 일은 두 점 사이에 움푹 들어간 영역이 있다는 걸 표현하는 겁니다. 여기서 기발한 아이디어가 등장합니다. '두 점 사이에 움푹 들어간 영역이 있다'는 것은, 거꾸로 생각하면 '두 점 사이에 빈 공간이 있다'는 말입니다. 두 점 사이를 좀 더 구체화하면 두 점 사이를 이은 선으로 생각할 수 있습니다. 즉 오목한 도형의 특징은 **'어떤 두 점을 이은 선이 도형 밖을 지나간다'**는 것입니다. 바로 이것이 오목을 정의하는 핵심입니다!

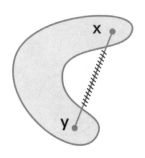

오목한 도형의 경우 우리가 두 점을 적절히 잡으면 그 두 점을 이은 선이 도형 밖으로 나가게 됩니다. 하지만 볼록한 도형은 어떻게 두 점을 잡든 간에 선이 도형 밖으로 나가지 않습니다.

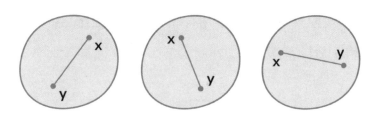

이 결과를 깔끔하게 논리 기호로 정리하면 다음과 같습니다. S는 주어진 도형을, $L(x, y)$는 두 점 x와 y를 잇는 선분을 의미합니다.

볼록의 정의

도형 내부에 속하는 그 어떠한 두 점을 이은 선분이 모두 도형 안에 속한다면, 그 도형은 볼록하다.

$$\forall x \forall y [x, y \in S] L(x, y) \subset S^3$$

오목의 정의

볼록하지 않은 도형은 오목하다.

$$\neg [\forall x \forall y [x, y \in S] L(x, y) \subset S]$$

이 얼마나 명료하고 아름다운 정의인가요? 그저 추상적으로만

---

3 $A \subset B$는 A가 B의 부분집합을 의미합니다. $\subset$ 기호는 앞서 소개한 기호는 아니지만 $\in$ 기호와 $\forall$ 기호를 사용하면 정의할 수 있습니다.

다가왔던 볼록과 오목의 개념을 '도형 밖으로 나오는 선의 유무'로 구체화했습니다. 이제 우리는 도형의 오목과 볼록을 명확하게 판단할 수 있는 힘이 생겼습니다. 우리를 혼란스럽게 만든 도넛도 이제는 별거 아닙니다. 보아하니 도넛의 위와 아래에 점을 찍은 뒤 이으면 선이 도형 밖을 지나게 됩니다. 즉 수학적으로 도넛은 오목한 도형입니다!

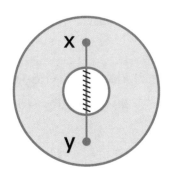

여기서 두 가지 짚고 넘어갈 점이 있습니다. 먼저 수학에서는 '오목한 도형'이라는 표현 대신 '볼록하지 않은 도형'이라는 표현을 권장합니다. 수학에서 정의하는 오목과 우리의 직관 속 오목은 괴리감이 크기 때문입니다. 이 책에서는 '오목한 도형'이라는 표현과 '볼록하지 않은 도형'이라는 표현을 혼용해서 사용하겠습니다.

둘째로, 몇몇 독자 분들은 "에? 근데 지금 볼록과 오목의 정의에도 '내부', '도형', '선분', '점' 등 논리 기호가 아닌 단어가 많이 포함되어 있는데?"라고 의문을 제기했을 겁니다. 맞는 말이지만, 이 용어들은 이미 논리 기호로 잘 정의되어 있습니다. (이에 대해서는 뒤에서 살펴보겠습니다.)

볼록의 엄밀한 정의를 발판 삼아 도넛뿐만 아니라 다소 애매한 다른 도형의 볼록성도 판별할 수 있습니다. 다음 도형들은 볼록할까요, 아닐까요? 여러분이 먼저 고민해 보고 부록에서 정답을 확인해 보세요.

---

1. 별
2. 무한한 평면
3. 직선
4. 사각형의 테두리
5. 점선 (중간중간이 끊어진 직선)
6. 공집합 (아무것도 없는 도형)

과연 디멘의 주장은 맞았을까?

볼록과 오목의 명확한 정의를 알아냈으니 이제 우리는 이 세상의 모든 볼록한 도형과 오목한 도형을 분류할 수 있을 정도로 강력한 논리를 펼칠 수 있습니다. 다시 한번 디멘의 주장을 떠올려 볼게요.

디멘의 주장 : 두 볼록한 도형끼리 겹치는 부분은 항상 볼록하다.

볼록한 도형 A와 B가 있다고 해보겠습니다. 그리고 이들이 겹치는 부분을 C라고 하겠습니다. 만약 C에 속하는 그 어떠한 두 점과 이 두 점을 이은 선분이 C 안에 속한다면, C는 볼록한 도형입니다.

이 사실을 확인하는 것이 우리의 목표입니다.

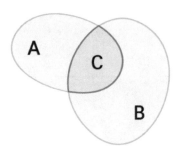

C 안에 속하는 어떤 두 점을 x와 y라고 해보겠습니다. C는 A와 B가 겹치는 부분이기 때문에, x와 y는 A에 속하는 점이기도 합니다. 그런데 A는 볼록한 도형이므로, x와 y를 이은 선분은 반드시 A에 속합니다. 마찬가지 논리로 x와 y를 이은 선분은 B에도 속합니다. x와 y를 이은 선분이 A에도 속하고 B에도 속하므로 이 선분은 A와 B의 공통 영역, 즉 C에 반드시 속하게 됩니다.

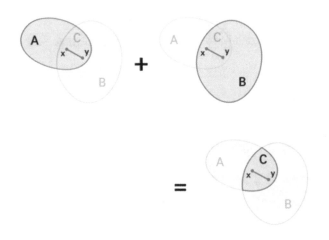

우리는 맨 처음에 C 안에 속하는 임의의 두 점 x와 y를 잡았습니다. 그런데 이 두 점을 이은 선분이, C에 속할 수밖에 없다는 것을 확인했습니다. 따라서 C는 볼록한 도형입니다. 디멘의 주장은 맞는 말이었습니다!

		디멘의 주장은	
		맞다	틀리다
도넛이	볼록하다		√
	오목하다	√ (가장 올바른 결론)	

추상적인 용어를 엄밀하게 정의해 오류의 여지를 없애고, 논리의 방향을 제시하는 것이 수학의 가장 우아한 역할이 아닐까 싶습니다. 그렇기 때문에 수학이 모든 학문의 뿌리라는, 영광스러운 자리를 가질 수 있는 것이겠죠. 난해하고 모호한 현상의 핵심을 명료하게 꿰뚫는 힘. 이것이야말로 수학의 거대한 역할이 아닐까요?

② 빨대 구멍의 개수는 1개일까, 2개일까?

빨대를 조물조물

한때 인터넷을 뜨겁게 달군 질문이 있습니다. 바로 '빨대 구멍의 개수는 1개일까, 2개일까?'라는 내용이었죠. 인터넷에서는 이런 의미 없는 주제에 열광하는 법 아니겠어요?

먼저 빨대 구멍의 개수가 2개라고 주장하는 사람들은 음료가 들어가는 구멍 1개, 음료가 나오는 구멍 1개가 있으니 총 2개라고 말합니다. 여기에 맞서 빨대는 그저 하나의 긴 구멍이기 때문에 빨대 구멍은 1개라고 주장하는 사람도 있습니다. 게다가 구멍의 개수가 0개라는 주장도 있습니다. 빨대는 직사각형을 돌돌 말아서 만들었을뿐더러 송곳 같은 물체로 벽면을 뚫은 것이 아니므로 구멍이 없다고 말합니다. 놀랍게도 세 주장 모두 어느 정도 일리가 있습니다.

빨대 구멍 개수에 대한 논란이 생기는 이유는, 사람마다 생각하는 구멍의 정의가 조금씩 다르다는 데 있습니다. 그렇다면 구멍의

올바른 정의는 무엇일까요? 언어학적인 관점에서 이런 질문은 무의미합니다. 어휘는 사람마다 생각하는 정의가 조금씩 다르기 마련이며 무엇이 더 낫다고 말하기 어렵습니다. 모두 다 정답인 셈이죠. 하지만 수학적 관점은 다릅니다. 모든 용어를 명료하게 정의하길 좋아하는 수학은 구멍에 대해서도 엄밀한 정의를 가지고 있으며 하나만을 정답으로 인정합니다. 하지만 수학에서 어떻게 구멍을 정의하는지 알아보기 전에, 우리끼리 논리적인 접근을 시도해 볼게요.

여러분 앞에 찰흙 덩어리가 있다고 가정해 봅시다. 이 찰흙에 새로운 구멍을 만들기 위해서는 어떻게 해야 할까요? 두 가지 방법이 있습니다. 찰흙의 가운데를 뚫거나, 새로운 찰흙을 덧대어 '손잡이'를 만드는 것입니다.

반대로 찰흙을 뚫거나, 새 찰흙을 덧대지 않고 구멍을 만들 수는 없습니다. 달리 말해, 찰흙을 조물거리는 것만으로는 새로운 구멍이 생기지 않는다는 것이죠. 따라서 A 모양의 찰흙을 조물거리기만 해서 B 모양의 찰흙으로 만들 수 있다면, A와 B의 구멍의 개수

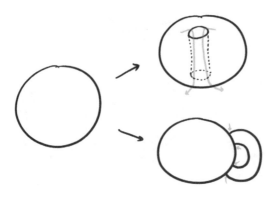

는 같다고 할 수 있습니다. 예를 들어서 커피잔 모양의 찰흙은 조물 거리기만 해서 구멍이 1개인 도넛 모양의 찰흙으로 바꿀 수 있습니다. 따라서 커피잔의 구멍 개수도 1개라고 할 수 있는 것이죠.

출처: Topology joke, by Keenan Crane and Henry Segerman

마찬가지로 빨대도 적절한 변형을 통해 구멍 개수를 세기 쉬운 모양으로 바꿔보는 게 좋을 것 같습니다. 만약 빨대의 구멍이 0개라면 빨대는 구(球)로 바꿀 수 있습니다. 또 구멍이 1개라면 도넛이 될 것이고 구멍이 2개라면 8자 모양의 도넛으로 바꿀 수 있습니다. 빨대는 과연 셋 중 어떤 도형이 될까요?

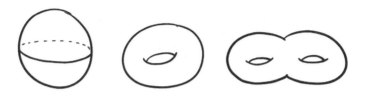

정답은 도넛 모양입니다. 먼저 빨대 한쪽 끝을 넓게 잡아 당겨서 나팔 모양을 만든 뒤, 반대쪽 끝을 가까이 가져와서 스피커 모양을 만들어줍니다. 두 끝이 같은 높이에 있을 때까지 가져오면 빨대는 도넛 모양이 됩니다. 따라서 빨대의 구멍의 개수는 1개입니다!

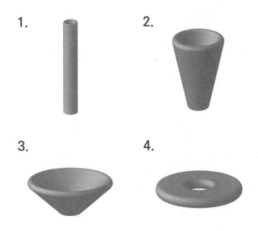

이 그림에서 1번과 4번 도형의 구멍 개수가 다르다고 주장하고 싶다면 정확히 어떤 단계에서 구멍이 추가되거나 없어졌는지 설명해

야 합니다. 하지만 1번에서 2번, 2번에서 3번, 3번에서 4번은 모두 연속적인 변환입니다. 어느 한 지점에서 갑자기 구멍이 생기거나 사라졌을 리가 없습니다. 지금까지의 과정을 정리하자면,

1. A 모양의 찰흙을 뚫거나, 새 찰흙을 덧대거나, 기존의 구멍을 메꾸지 않고 조물거리기만 해서 모양 B로 바꿀 수 있다면, A와 B의 구멍 개수는 같다.
2. 구멍이 0개, 1개, 2개인 도형의 표준을 각각 구, 도넛, 8자 도넛으로 정한다.
3. 빨대 모양의 찰흙을 조물거려서 도넛으로 만들 수 있으므로 빨대 구멍의 개수는 1개이다.

이제 배경 지식은 다 갖췄으니 지금까지 이야기한 개념, 즉 구멍 개수와 조물거리다를 수학자들이 어떻게 엄밀하게 정의했을지 알아보도록 합시다.

구멍 개수의 정의

위상수학에서 구멍의 개수와 대응되는 개념은 종수(genus)입니다.[4] 종수의 정의는 다음과 같습니다.

---

4 '종수'와 '구멍 개수'는 맥락상 의미가 비슷하나 동일한 개념은 아닙니다. 이 책에서는 교양의 수준으로 접근하여 두 표현을 혼용하겠습니다.

아아, 일단 말이 좀 어렵네요. 하지만 구체적인 예시를 통해 알아보면 쉽게 이해할 수 있습니다. 아래와 같이 구형의 도형은 어떤 방법으로 자르든 간에 두 조각으로 나누어지게 됩니다.

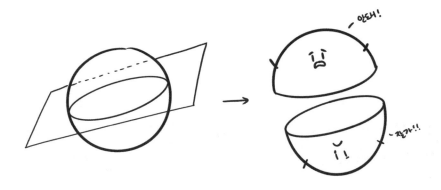

하지만 도넛 모양의 경우, 구멍 사이를 잘라도 연결성은 유지됩니다. 여기서 한 번 더 자르면 두 조각으로 나누어지겠죠.

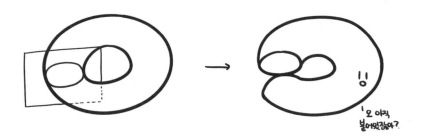

따라서 구형은 최대 0번 연결성을 유지한 채 자를 수 있으며, 도 넛 모양의 도형은 최대 1번 연결성을 유지한 채 자를 수 있습니다. 즉 구는 구멍 0개, 도넛은 구멍 1개라고 정의합니다.

그렇다면 다시 빨대를 볼까요? 아래와 같이 빨대를 옆면을 따라 길게 자르면, 빨대가 직육면체 모양으로 펼쳐지면서 여전히 연결 성을 유지합니다! 여기서 한 번 더 자르면 두 조각으로 나누어지겠 죠. 이렇게 빨대는 최대 한 번 연결성을 유지한 채 자를 수 있으므 로, 구멍의 개수가 1개임을 다시 확인할 수 있습니다. (이 정도면 반박 불가네요.)

다른 도형도 문제 없습니다. 왼쪽에 있는 고리 모양의 도형은 언 뜻 보면 구멍의 개수가 2개인지 3개인지, 혹은 4개인지 헷갈립니 다. 오른쪽의 바지 또한 구멍의 개수가 2개인지 3개인지 헷갈리네 요. 그러나 몇 번 연결성을 유지하며 주어진 도형을 자를 수 있을지 생각해 보면 구멍의 개수를 정확히 판단할 수 있습니다. 답은 뒤에 있지만 먼저 풀어보길 바랄게요. (바지 주머니는 정확하게 꾸미려고 그린 거지만, 주머니까지 고려해서 구멍의 개수를 따져보면 문제가 더 재미있겠네요!)

뫼비우스의 띠의 구멍 개수는?

　지금까지 등장한 빨대는 아래 그림의 오른쪽이 아니라 왼쪽과 같이 입체감 있는 모습이었습니다. 이건 의도된 것입니다. 아래의 두 빨대는 위상수학적으로 전혀 다른 도형입니다. 왼쪽의 입체감 있는 빨대는 종수 1의 도형이 맞습니다. 하지만 오른쪽의 빨대는 종수 0의 도형입니다.

　많은 분이 이 사실을 이해하기 힘들 거예요. 왜냐하면 오른쪽의 빨대도 아래와 같이 길게 잘라서 연결성을 유지할 수 있으니까요.

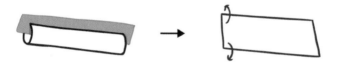

　하지만 위상수학에서는 이렇게 자르는 것은 종수라고 하지 않습니다. 종수의 정의를 다시 보면 '폐곡선으로 잘라야 한다'는 제한이 있습니다. 이 말은 주어진 도형을 잘랐을 때 생긴 단면이 한 바퀴를 돌 수 있는 경로여야 한다는 뜻입니다. 지금까지 우리가 봐온 종수 1의 도형은 이 조건을 만족합니다. 도넛을 잘랐을 때 생기는 단면은 원이고, (입체감 있는) 빨대를 길게 잘랐을 때 생기는 단면은 직사각형입니다. 원이나 직사각형 모두 한 바퀴 돌 수 있는 경로이며, 폐곡선에 해당합니다.

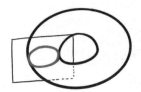 

그러나 두께 없는 빨대의 경우, 길게 잘랐을 때 생기는 단면은 폐곡선이 아니라 직선입니다. 따라서 이는 종수로 여기지 않는 것입니다. 현실의 빨대는 미세하게나마 두께를 가지고 있기 때문에 종수 1이지만, 수학 나라에 존재하는 두께 없는 빨대의 종수는 0입니다. 빨대 구멍이 0개라고 주장한 사람들에게는 희소식이네요! (이러한 이유로 앞쪽의 바지 또한 두껍게 그려야 했지만, 그림 실력 부족으로 드러나지 않은 점 양해 바랄게요.)

여기서 한 가지 의문이 듭니다. 그렇다면 종수 1의 두께 없는 도형은 존재할까요? 이건 꽤 어려운 질문입니다. 여러분이 종수 1의 두께 없는 도형으로 떠올릴 만한 대부분의 도형은 사실 종수 0입니다. 예를 들어 아래 3개의 도형은 모두 종수 0입니다.

그럼 두께 없는 도형의 종수가 1이 되는 것은 불가능할까요? 놀랍게도 **뫼비우스의 띠**가 종수 1의 도형입니다. 뫼비우스의 띠는 아래와 같이 종이를 한 번 뒤틀어서 만든 도형입니다.

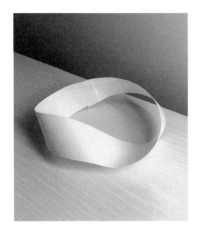 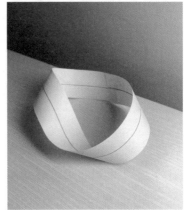

뫼비우스의 띠는 겉과 속의 구별이 없는, 여러모로 신기한 모양입니다. 뫼비우스의 띠 아무 지점에서부터 시작해서 일직선으로 선을 그으면, 오른쪽과 같이 뫼비우스의 띠의 모든 곳에 직선이 그려지게 됩니다. 겉과 속의 구별이 없기 때문에 가능한 일이죠. 하지만 이것보다 더 신기한 성질이 있습니다. 방금 그렸던 선을 따라서 뫼비우스의 띠를 자르면 놀랍게도 두 조각이 나는 대신, 하나의 긴 띠가 만들어집니다!

이와 같이 뫼비우스의 띠는 폐곡선을 따라 가위질을 해도 연결성을 유지합니다. 하지만 가위질 후에 만들어진 긴 띠는 두 번 꼬여 있기 때문에 더 이상 뫼비우스의 띠가 아닙니다. 따라서 뫼비우스의 띠는 최대 한 번 연결성을 유지한 채 폐곡선을 따라 자를 수 있

는, 종수 1의 도형입니다. 뫼비우스의 띠와 도넛의 구멍의 개수가
같다니 수학의 세계는 정말 신기하죠?

'조물거리다'의 정의

구멍의 정의는 해결했으니 이제 '조물거리다'에 대해서 알아볼게요. 수학에서는 '조물거림' 대신 **위상동형사상**이라는 말을 사용합니다.

위상동형사상
위상동형사상은 아래 두 가지 조건을 만족하는 변환이다.
1. 양방향으로 연속적이다.
2. 일대일대응이다.

음… 하지만 이 정의는 우리의 의문을 전혀 해결해 주지 않습니다. 오히려 더 많은 질문만 생겼네요. 양방향으로 연속적이라는 것과 일대일대응이라는 건 어떤 의미일까요?

'양방향으로 연속적'이라는 말의 의미를 알아보기 전에 먼저 연속적인 변환이라는 말의 의미부터 알아봅시다. 이 의미를 엄밀하게 정의하기 위해서 우리가 앞서 살폈던 오목과 볼록에서 그랬듯이 연속적인 변환과 불연속적인 변환의 대표적인 예시를 보겠습니다. 이 둘을 자세히 관찰하면 연속적인 변환을 정의하는 힌트를 얻을 수 있을 것입니다.

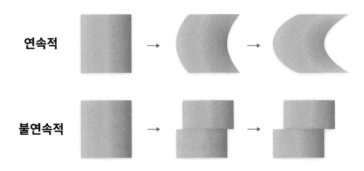

왜 우리는 두 번째 변환이 불연속적이라고 생각할까요? 그 이유는 도형이 2개의 도형으로 갈라지는 부분과 관련이 있습니다.

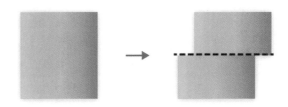

위에 표시된 단층으로 인해 우리는 이 변환이 불연속적이라고 생각하게 됩니다. 그럼 이 단층이 다른 부분과 구별되는 이유는 무엇일까요? 바로 단층에 있는 점들이 주변의 점과 분리된다는 것입니다. 아래와 같이 단층의 점을 중심으로 한 근방(어떤 점에 대하여 그 점을 포함하는 열린 집합)은 변환 후에 두 조각으로 쪼개지게 됩니다.

이 사실을 엄밀하게 해석하기 위해 먼저 연속적인 변환의 경우를 보겠습니다. 변환 전의 점 x가 변환 후 y가 된다고 합시다. y를 중심으로 하는 회색 원을 그려보겠습니다.

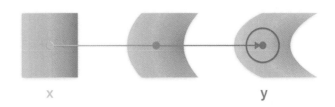

x   y

연속적인 변환의 경우, x를 중심으로 하는 파란색 원을 충분히 작게 그리면, 파란색 원의 변환(자주색)이 회색 원 안으로 들어갑니다.

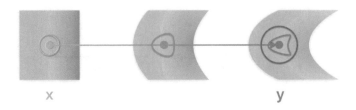

회색 원이 아래와 같이 더 작아지면 어떻게 될까요?

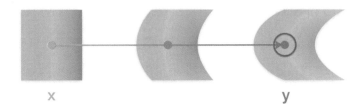

이 또한 문제 없습니다. 회색 원 안으로 들어가도록 파란색 원의 크기도 적당히 줄이면 그만이니까요.

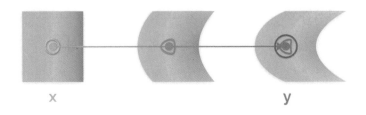

하지만 불연속적인 변환의 경우에는 이야기가 다릅니다. 불연속

적인 변환의 경우 회색 원을 적당히 작게 그리면,

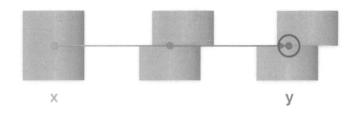

파란색 원의 크기를 아무리 줄이더라도 자주색 원이 회색 원 안으로 들어갈 수 없습니다.

파란색 원의 크기를 줄인다 하더라도 자주색 원은 상하로 일정 간격만큼 벌어지기 마련입니다. 만약 회색 원의 반지름이 이 간격보다 작다면 자주색 원은 무조건 회색 원 밖으로 빠져나갑니다.

> **연속적 변환**
> y를 중심으로 하는 회색 원이 아무리 작더라도, x를 중심으로 하는 파란색 원을 적당히 작게 잡으면, 파란색 원의 변환인 보라색 원이 회색 원 안으로 들어온다.

이것이 연속적 변환을 정의하는 핵심 아이디어입니다. 이는 수학적으로 매우 매우 중요한 아이디어이며, 이를 논리 기호로 명료하게 정리한 논법에는 **엡실론-델타 논법**이라는 이름도 붙어 있습니다.

한편 '양방향으로 연속적'이란, 정변환과 역변환이 모두 연속적이라는 뜻입니다. 우리 수준에서는 연속과 '양방향으로 연속적'이 같은 의미라고 생각해도 무방합니다.

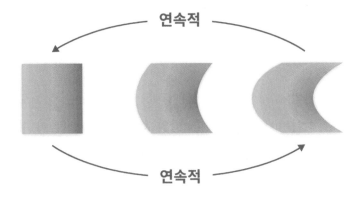

그다음 등장하는 일대일대응이란 변환 전과 변환 후의 점이 모두 유일하게 대응되어야 한다는 얘기입니다. 달리 말하면 찰흙의 일부를 없애거나, 새로운 찰흙을 덧댈 수 없다는 뜻이죠.

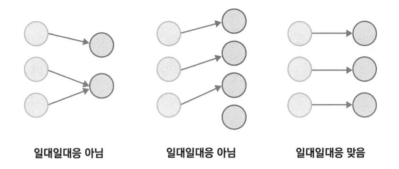

일대일대응 아님 　　　　 일대일대응 아님 　　　　 일대일대응 맞음

다시 말해, 위상동형사상의 첫 번째 조건은 변환이 일어날 때 모든 점이 자신의 주변에 있는 점과 함께 움직여야 한다는 의미입니다. 그리고 두 번째 조건은 찰흙을 갖다 붙이거나, 덜어낼 수 없다는 의미죠. 위상동형사상은 우리가 막연하게 가지고 있던 '조물거림'의 개념을 수학적으로 완벽하게 표현합니다.

A라는 도형이 위상동형사상을 통해 도형 B로 바뀔 수 있다면, 도형 A와 B는 **위상동형**이라고 합니다. 예를 들어 도넛, 빨대, 커피 잔은 모두 위상동형입니다. **만약 도형 A와 도형 B가 위상동형이라면, A와 B의 종수는 같습니다.**

신기하지 않나요? 위상동형과 종수는 정의하는 방법이 완전히 다릅니다. 위상동형은 엡실론-델타 논법으로 정의하고, 종수는 연결성을 유치한 채 최대 몇 번 도형을 자를 수 있는지로 정의합니다. 그럼에도 불구하고 위상동형과 종수 사이에는 **위상동형인 도형끼리는 종수가 같다**는 근사한 관계가 성립합니다. 이렇게 전혀 다른 곳에서 출발한 2개의 개념이 한곳에서 만나는 것은 수학에서 가장 놀라운 순간 중 하나입니다.

이제 위상동형사상은 종수를 보존하는지 확인해 볼까요? 앞서 여러분께 2개의 엉킨 고리와 바지의 구멍 개수를 물어봤습니다. 이제 정답을 알려드릴게요. 두 도형 모두 종수 2의 도형입니다. 다음 그림과 같이 자르면 연결성을 유지할 수 있거든요. 바지 주머니는 종수에 아무런 영향을 주지 않습니다. 바지 주머니는 위상적으로는 구멍이 아닌 그저 '움푹 패인 부분'이기 때문입니다. 이는 종이컵을 자를 때 연결성을 유지할 수 없다는 것과 상통합니다.

그리고 위상동형사상은 종수를 보존하기 때문에 두 도형은 대부분의 경우 종수 2의 도형과 위상동형일 것입니다.[5] 한번 확인해 볼까요? 엉킨 고리 모양의 도형은 영리한 방법으로 구멍 2개의 도넛으로 바꿀 수 있습니다.

---

5 '대부분의 경우'라는 표현을 붙인 것은 도넛과 뫼비우스의 띠와 같이 종수가 동일함에도 불구하고 위상동형이 아닌 기형적인 경우가 있기 때문입니다.

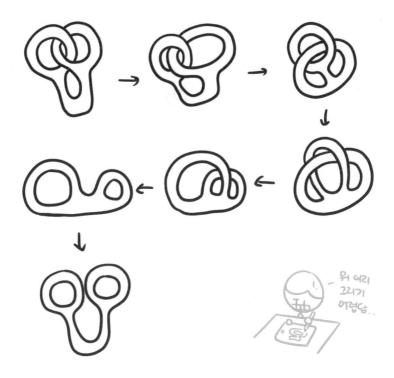

바지 또한 마찬가지입니다. 바지의 두께를 부풀리면 바지가 1번 도형과 위상동형임을 알 수 있습니다. (위쪽의 구멍이 허리가 들어가는 구멍이고, 아래쪽의 두 구멍으로 다리가 나옵니다.) 그리고 1번 도형은 아래 그림에서 알 수 있듯이 3번 도형과 위상동형입니다.

1   **2**   **3**

③
수학의 탑 1층에는
공리가 있다

√(x)

의미 없는 단어에서 의미를 만드는 방법

지금까지 우리는 수학이라는 언어와 친해지기 위해 오목, 볼록, 구멍, 연속적 변환 등의 개념을 알아보았습니다. 이제 수학자들이 어떤 방식으로 세상을 정의하는지 조금씩 감이 잡힐 거예요.

이제부터는 조금 더 깊이 들어가 볼게요. 수학의 가장 근본적인 개념을 어떻게 정의할 수 있을까에 대한 질문이죠. 조금 전의 오목과 볼록의 정의로 예를 들어보겠습니다.

> **오목과 볼록의 정의**
> 도형 내부에 속하는 어떤 두 점을 이은 선분이 도형 안에 속한다면, 그 도형은 볼록하다. 또한 볼록하지 않은 도형은 오목하다.

이 정의는 꽤 근사합니다. 하지만 제가 앞서 '수학의 모든 언어는

발칙한 수학책

62

논리 기호로 이루어져 있다'라고 했는데, 이 정의에는 선분, 내부, 점 등 논리 기호가 아닌 단어도 포함되어 있습니다. 지금까지는 '이 단어들도 결국 논리 기호로 표현할 수 있기 때문에 사용해도 된다'고 적당히 둘러댔죠. 그런데 어떻게 그게 가능할까요? 어떻게 '또는', '그리고', '모든' 등과 같이 매우 기초적이고 추상적인 연결사만 이용해서 '점', '선분', '도형'처럼 구체적이고 현실적인 개념을 구성할 수 있을까요?

　수학에서 용어를 정의하는 과정은 컴퓨터가 문장을 번역하는 과정과 비슷합니다. 오늘날 기술이 발전하면서 컴퓨터는 꽤 능숙하게 외국어를 번역하죠. 하지만 컴퓨터는 통역사와는 다르게 언어를 오로지 구조적으로 접근합니다. 예를 들어 컴퓨터가 '너를 나는 사랑해'를 영어로 번역한다면, 컴퓨터는 먼저 조사 '를', '는'과 어미 '-해'를 확인하고 '너', '나', '사랑'이 각각 목적어, 주어, 술어라고 판단합니다. 그 후, 사전에서 '너(목적격)', '나(주격)', '사랑하다(동사)'에 해당하는 영어 단어를 찾습니다. 각각 'You', 'I', 'love'네요. 마지막으로 영어의 문장 순서는 주어-술어-목적어이기 때문에, 이에 맞추어 재배열한 뒤 결과를 보여줍니다.

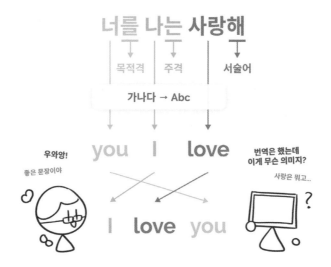

이 과정에서 컴퓨터는 단 한 번도 문장의 의미를 파악하지 않습니다. '너를 나는 사랑해'라는 문장에서 '나'라는 주체가 '너'에게 호감을 가지고 있다는 걸 읽어내지 못하는 것이죠. 가령 '나는 너를 사랑해, 그래서 나는 네가 싫어'라는 문장이 주어졌을 때 컴퓨터는 이 문장을 제대로 번역할 수는 있지만, 이 문장의 의미가 이상하다는 사실을 알아차리지 못합니다. 컴퓨터에게 문장은 그저 적절한 문법에 따라 배열된 기호일 뿐, 그 이상도 그 이하도 아닙니다.

수학도 마찬가지입니다. 수학은 논리 기호라는 글자와 적절히 정의된 문법을 통해 논리를 전개해 나갈 수 있습니다. 하지만 수학의 논리 자체에는 아무런 의미가 담겨 있지 않습니다. 수학의 논리에 의미를 불어넣는 것은 우리의 몫입니다.

가위바위보 게임을 예로 들어 볼게요. 가위바위보 게임의 규칙은 다음과 같습니다.

누구나 이 규칙의 의미를 이해할 수 있습니다. '낼 수 있는 경우의 수', '가위', '바위', '보', '이긴다', '진다'가 어떤 의미인지 알기 때문이죠. 이 규칙은 의미론적인 규칙입니다. 그러나 수학의 언어는 전혀 다른 방식으로 가위바위보 게임을 기술합니다.

…갑자기 뭔 소리인지 모르겠죠? 한국어와 달리 수학의 언어로 적은 규칙은 오직 논리 기호로만 구성되어 있습니다. 그러나 수학의 언어로 적은 규칙과 한국어로 적은 규칙은 본질적으로 동일한 이야기를 하고 있습니다. 아래와 같이 각 기호를 해석해 보면 정말 그렇다는 것을 확인하실 수 있을 거예요.

- a: 가위, b: 바위, c: 보
- S: 낼 수 있는 수
- $W(a, b)$: a는 b를 이긴다.

이와 같이 수학의 언어로 적은 규칙 자체에는 가위바위보 게임에 대한 어떤 언급도 없지만, 그 규칙으로부터 규정되는 구조는 우리에게 익숙한 가위바위보 게임의 구조와 잘 부합합니다. 그 때문에 가위바위보는 아래와 같이 수학적으로 정의할 수 있습니다.

> **가위바위보의 정의**
>
> 아래 세 가지 규칙을 만족하는 집합 S를 '낼 수 있는 경우의 수'로, a를 '가위'로, b를 '바위'로, c를 '보'로, $W(x, y)$를 'x가 y를 이긴다'로 정의한다.
> 1. 집합 S는 a, b, c만을 포함한다.
> 2. $W(a, b)$, $W(b, c)$, $W(c, a)$는 모두 거짓이다.
> 3. $W(b, a)$, $W(c, b)$, $W(a, c)$는 모두 참이다.

오! 방금 우리가 얼마나 대단한 일을 했는지 아시겠나요? 이 장의 도입부에서 우리는 어떻게 의미 없는 논리 기호들이 '점', '선분', '도형'과 같은 구체적이고 현실적인 개념을 구성할 수 있는지 의문을 가졌습니다. 이 의문에 대한 답이 바로 지금 등장했습니다. 오직 논리 기호만 이용해서 가위바위보라는 구체적인 개념을 구성했습니다. 이것이 수학이 논리 기호만 가지고서도 복잡한 개념을 정의할 수 있는 원리입니다. 비록 논리 기호 자체에는 아무런 의미가 없지만, 그 기호들의 나열이 규정하는 **구조**에서는 우리에게 익숙한 개념을 기대할 수 있습니다.

수학의 모든 기초 용어는 이와 같은 방식으로 만들어집니다. **자연수**를 예로 들어볼까요? 자연수를 정의하는 방식 또한 앞서 가위바위보를 정의한 방식과 동일합니다. 단지 규칙의 수가 5개로 조금 더 많을 뿐이죠. 기호가 많이 등장에서 부담스러울 법도 한데, 구체적인 내용은 그다지 중요하지 않습니다. '정말 이런 식으로 자연수를 정의할 수 있구나' 정도의 인상만 받고 넘어가도 좋습니다.

자연수의 정의

아래의 다섯 가지 규칙을 만족하는 집합 N을 자연수로, 원소 p를 1로, 함수 $S(x)$를 'x의 다음 수'로 정의한다.

1. p는 N에 속한다.

2. $x \in N$이라면 $S(x) \in N$이다.

3. $S(x)=p$인 x는 존재하지 않는다.

---

4. N에 속하는 임의의 x, y에 대하여, $x \neq y$라면 $S(x) \neq S(y)$이다.

5. K가 다음 두 조건을 만족하는 집합이라고 하자.

    a. $p \in K$

    b. N에 속하는 임의의 x에 대해 $S(x) \in K$

이때, K는 N을 포함한다.

여기서 잠시 용어를 짚고 넘어갈게요. 지금까지 우리는 각각의 조건을 '규칙'이라고 불렀는데요, 수학자들 규칙이라는 표현 대신 **공리**라는 용어를 사용합니다. 특정 개념을 정의하는 규칙들의 모임은 **공리계**라고 부르죠. 방금 살펴본, 자연수를 정의하는 공리계의 이름은 **페아노 공리계**입니다.

페아노 공리계

아래의 다섯 가지 공리를 만족하는 집합 N을 자연수로, 원소 p를 1로, 함수 $S(x)$를 'x의 다음 수'로 정의한다.

공리 1. p는 N에 속한다.

공리 2. $x \in N$라면 $S(x) \in N$이다.

(중략)

공리 5. K가 다음 두 조건을 만족하는 집합이라고 하자.

    a. $p \in K$

    b. N에 속하는 임의의 x에 대해 $S(x) \in K$

이때, K는 N을 포함한다.

여기서 몇몇 분은 '이 다섯 가지 공리 말고 다른 공리를 사용해서 자연수를 정의할 수는 없나?'라는 의문을 가질 수도 있습니다.

매우 합당한 의문입니다. 사실 꼭 앞서 소개한 다섯 가지 명제를 공리로 선택할 필요는 없습니다. 공리계는 어디까지나 수학자들이 임의로 선택한 규칙입니다. 이는 수학의 다른 정리와 구별되는 점입니다. **정리**(Theorem)는 이전의 정의와 정리로부터 파생되는 논리적 필연입니다. 하지만 **공리**(Axiom)는 수학의 첫 출발지이기 때문에 그 어떤 규칙을 사용해도 괜찮습니다. 원한다면 아래와 같이 막무가내로 공리계를 설정해도 됩니다.

> **막무가내 공리계**
> 아래 두 가지 공리를 만족하는 집합 N을 자연수로 정의한다.
> 1. 1이 N에 속한다.
> 2. 1 이외의 원소는 N에 속하지 않는다.

위의 공리계를 사용하는 수학에서는 자연수가 1밖에 없는 셈입니다. 과연 위와 같은 공리계가 유용할까요? 위의 공리계에서 얻어낼 수 있는 정리는 페아노 공리계에서 얻어낼 수 있는 정리에 비해 턱없이 제한적일 것입니다. 이렇듯 수학적으로 의미 있는 공리계를 구성하는 것은 매우 까다로운 일입니다. 공리의 개수가 너무 적으면 발견할 수 있는 정리가 거의 없습니다. 그렇다고 공리의 개수가 너무 많으면 '최소한의 가정으로 풍부한 정리를 얻어낸다'는 수학의 이념에 반하게 됩니다. 직관 속에서 맴도는 개념을 최소한의 공리로 표현하는 것. 이것은 결코 쉬운 일이 아닙니다.

공리계를 만드는 것은 피아노를 연주하는 것과 비슷합니다. 누구나 피아노 건반을 두드릴 수는 있습니다. 하지만 아무렇게나 건반을 두드린다면 그저 소음에 불과할 뿐입니다. 피아노에서 아름다운 멜로디를 끌어내기 위해서는 신중한 고민과 설계가 필요합니다. 마찬가지로 누구든지 아무 조건을 가져와서 공리계를 만들 수 있습니다. 하지만 최소한의 공리로 풍부한 정리를 증명할 수 있는 공리계를 만드는 것은 수학계의 거성에게도 힘든 작업입니다.

지금까지의 이야기는 상당히 추상적이기 때문에 한 번에 이해하지 못해도 괜찮습니다. 그래도 몇 번 더 읽어보고, 책을 덮은 뒤 내용을 곱씹어 보면 점차 이야기의 흐름이 와닿을 겁니다.

수학으로만 예시를 드니 조금 딱딱한 감이 있어서 더 가벼운 예시를 가져왔습니다. 다음 예시는 수학적으로 정확하지 않습니다. '죽는다', '성장한다' 등과 같이 논리 기호 이외의 단어를 많이 사용했거든요. 이러한 부분은 감안하고 그 대신 수학의 구조가 아래와 같은 **공리**-**정의** - **정리**의 형태로 이루어져 있다는 사실을 기억해 주세요!

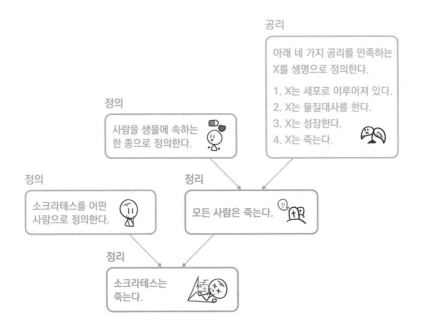

건반을 두드린다고 음악이 되는 건 아니다

공리계를 만들기 어려운 이유는 한 가지 더 있습니다. 공리계를 만들다 보면 **모순**이 생기기 쉽습니다. 모순이란 주어진 공리를 사용해 어떤 명제가 참이라는 것을 증명할 수도 있고, 거짓이라는 것을 증명할 수도 있는 상황을 말합니다.

> **모순된 공리계**
>
> 어떤 명제 P가 존재해 주어진 공리계를 통해 P와 P의 부정을 모두 증명할 수 있다면, 그 공리계는 모순되었다고 한다.

모순은 수학자들의 나이트메어입니다. 완벽하고 빈틈없는 논리를 자부하는 수학에서 모순은 어떻게든 피해야 하는 적입니다. 그래서 수학자들은 공리계를 구축할 때 모순이 생기지 않도록 심혈을 기울입니다.

모순을 없애려는 수학자들의 노력에도 불구하고 수학에서 모순이 발견된 적이 있습니다. 1901년에 발표된 **러셀의 역설**은 수학사에 큰 획을 그은 사건입니다. 러셀의 역설은 러셀의 집합에서 비롯되는 문장입니다.

> **러셀의 집합**
>
> R을 자기 자신을 포함하지 않는 집합의 집합으로 정의하자.
> 즉, $X \notin X$라면 $X \in R$이다.

언뜻 봐서는 위의 집합이 의미하는 바가 무엇인지 도저히 알기 어렵습니다. 차근차근 보도록 할게요.

집합에는 두 가지 부류가 있습니다. 첫 번째 부류의 집합은 자기 자신을 포함하는 집합입니다. 아래에 몇 가지 예시가 있습니다.

- **한국어로 적힌 문장들의 집합**은 한국어로 적힌 문장입니다. 따라서 이 집합은 자기 자신을 포함합니다.
- **열여덟 개의 글자로 이루어진 문장들의 집합**은, 18개의 글자로 이루어진 문장입니다.
- **명사들의 집합**은 명사입니다.

두 번째 부류의 집합은 자기 자신을 포함하지 않는 집합입니다. 사실 대부분이 여기에 해당합니다.

- **영어로 적힌 문장들의 집합**은 영어로 적힌 문장이 아닙니다.
- **색깔들의 집합**이 색깔은 아닙니다.
- **동사들의 집합**은 동사가 아닙니다.

러셀의 집합은 자기 자신을 포함하지 않는 집합, 즉 두 번째 부류의 집합들로 이루어져 있습니다. 그렇다면 러셀의 집합은 러셀의 집합에 속할까요?

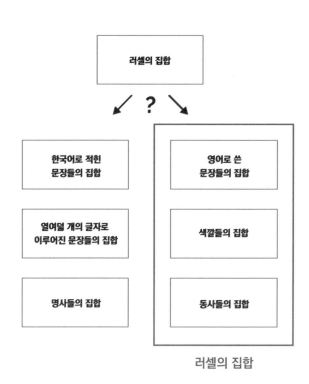

이 사소한 질문은 수학계에 큰 혼란을 불러왔습니다. 이 질문이 왜 문제가 될까요? 혹시 책을 슬슬 덮고 싶으시다면 지금 여기서 덮는 걸 추천드립니다. (자기 책을 언제 덮을지 알려주는 저자도 다 있네요!) 대신 다시 이 책을 읽게 될 때까지 이 질문에 대한 답을 생각해 보세요. 책을 계속 읽을 분도 다음 문단으로 넘기기 전에 고민해 보세요. 고민하는 습관은 여러분의 수학적 사고력이 자라나는 중요한 밑거름이 되어줄 테니까요.

먼저 러셀의 집합이 러셀의 집합에 포함된다고 가정해 볼게요. 러셀의 집합에 포함되는 모든 원소는 자기 자신을 포함하지 않으므로, 러셀의 집합은 자기 자신을 포함하지 않는 집합입니다. 하지만 우리는 러셀의 집합이 러셀의 집합에 포함된다고, 즉 러셀의 집합은 자기 자신을 포함한다고 가정했습니다. 이건 말이 안 되네요. 따라서 우리의 가정이 틀렸으며 러셀의 집합은 러셀의 집합에 포함되지 않음이 증명되었습니다.

그렇다면 러셀의 집합이 러셀의 집합에 포함되지 않는다고 가정해 보겠습니다. 러셀의 집합에 포함되지 않는 모든 원소는 자기 자신을 포함하므로, 러셀의 집합은 자기 자신을 포함하는 집합입니다. 하지만 이 결론은 가정과 어긋납니다. 따라서 우리의 가정이 틀렸고 러셀의 집합은 러셀의 집합에 포함됨이 증명되었습니다.

이렇게 러셀의 집합은 러셀의 집합에 포함됨을 증명할 수도 있고, 포함되지 않음을 증명할 수도 있습니다. 수학자들이 그토록 우려했던 모순이 발생했네요.

러셀의 역설로 인해 수학자들은 지금까지 막연하게 생각해 온 집합이라는 개념에 본질적인 문제가 있음을 깨닫게 됩니다. 다행히도 이 문제는 몇 주 뒤, 당사자인 러셀의 손에서 해결됩니다. 간단하게 요약하자면 러셀은 **계형**이라는 개념을 도입했습니다. 예를 들어 '빨간색', '노란색', '초록색' 등은 0계의 원소, 0계의 원소들을 포함하는 '색깔'은 1계의 원소, 0계 및 1계의 원소들을 포함하는 '명사'는 2계의 원소로 분류한 것입니다. 그리고 **같은 계형의 원소는 서로를 포함하지 못한다**는 제약을 추가했습니다. 즉, 러셀의 집합을 아예 금지해 버린 것이죠. 이렇게 대상들 간의 포함 관계를 계형을 통해 엄격히 분리함으로써 러셀은 자신의 역설을 해결할 수 있었습니다. 그러나 러셀의 계형 이론이 추구하는 바는 당시 수학자들이 중시한 가치와 달랐던 탓에 수학의 표준으로 자리 잡지 못했습니다. 현재에는 추가적인 공리를 통해 러셀의 역설을 방지한 1차 논리 바탕의 **ZFC 공리계**가 수학의 표준으로 사용됩니다.

유클리드 기하학과 비유클리드 기하학

오목과 볼록을 정의하는 과정에서 우리는 점과 선분의 정의를 잠시 미뤘습니다. 이제 공리계에 대해 배웠으니 점과 직선이 어떻게 정의되는지 알아볼게요. 점, 직선, 평면을 정의하는 공리계는 **힐베르트 공리계**입니다. 점, 직선, 평면은 매우 간단한 개념이기 때문에 정의하기 쉬워보이지만 힐베르트 공리계는 무려 20개의 공리로 이루어진, 수학에서 가장 복잡한 공리계 중 하나입니다. 20개의 공리는 다음과 같은데 다 읽지 않으셔도 괜찮습니다. (아니, 절대 모두 읽지 마세요. 하나하나 읽다 보면 어느덧 책을 던지고 싶어질지 모르거든요.)

힐베르트 공리계

점, 직선, 평면, '사이에 있다', '위에 있다', '같다'를 아래 20개의 공리를 만족하는 대상 및 관계로 정의한다.

1. 모든 두 점에 대해, 두 점을 잇는 직선이 존재한다.

2. 모든 두 점에 대해, 두 점을 동시에 지나는 직선은 2개 이상 존재할 수 없다.

3. 두 점 이상을 포함하는 모든 직선에 대해, 그 직선 위에 있지 않은 점이 하나 이상 존재한다.

4. 어떤 세 점이 한 직선 위에 있지 않을 때, 그 점을 모두 포함하는 평면이 존재한다. 모든 평면은 적어도 1개 이상의 점을 포함한다.

5. 어떤 세 점이 한 직선 위에 있지 않을 때, 그 점을 모두 포함하는 평면은 단 하나만 존재한다.

6. 어떤 직선 m 위에 있는 두 점이 평면 α 위에 있다면, α는 m 위의 모든 점을 포함한다.

7. 어떤 두 평면 α와 β가 점 A를 같이 포함한다면, 두 평면이 같이 포함하는 점이 하나 이상 존재한다.

8. 한 평면에 포함되지 않는 4개 이상의 점이 항상 존재한다.

9. 점 A와 C의 사이에 점 B가 있다면 점 B는 점 C와 A 사이에 존재하고 점 A, B, C를 지나는 직선이 존재한다.

10. 점 A와 C가 있을 때 직선 AC 위에 점 B가 존재하여 점 A와 B 사이에 C가 있다.

11. 한 직선 위에 있는 세 점에 대해, 그중 단 하나의 점만이 다른 두 점 사이에 있다.

12. 한 직선 위에 있지 않는 세 점 A, B, C가 있고 평면 ABC 위에 직선

m이 있고 그 직선이 A, B, C 중 어느 하나도 포함하지 않을 때, m이 선분 AB 위의 한 점을 포함한다면 선분 AC, 선분 BC 중 하나의 선분에서도 한 점을 포함한다.

13. 두 점 A, B가 있고 직선 m 위에 점 A'이 있을 때, 두 점 C와 D가 존재하여 AB와 $A'C$의 길이가 같고, AB와 $A'D$의 길이가 같도록 하는 A'이 C와 D 사이에 있다.

14. CD와 AB의 길이가 같고, EF가 AB와 길이가 같다면 CD와 EF의 길이는 같다.

15. 직선 m이 선분 AB와 BC를 포함하고 그 두 선분에 공통적으로 포함되는 점이 B 하나이고, 또한 직선 m이나 m'이 선분 $A'B'$과 $B'C'$을 포함하고 그 두 선분에 공통적으로 포함되는 점이 B' 하나일 때, AB와 $A'B'$의 길이가 같고, BC와 $B'C'$의 길이가 같다면 AC와 $A'C'$의 길이도 같다.

16. 각 ABC와 반직선 $B'C'$이 있을 때, 단 2개의 반직선 $B'D$와 $B'E$가 존재하여 각 $DB'C'$과 $\angle ABC$가 같다면 각 $EB'C'$과 각 ABC는 같다.

17. 3개의 점을 각각 양끝으로 하는 세 변의 모임을 삼각형이라고 하자. 두 삼각형 $\triangle ABC$와 $A'B'C'$이 AB와 $A'B'$의 길이가 같고 AC와 $A'C'$의 길이가 같고, $\angle BAC$와 $\angle B'A'C'$의 크기가 같다면 삼각형 ABC와 삼각형 $A'B'C'$은 같다.

18. 평면 위에 직선 m과 그 직선 위에 있지 않은 점 A가 있을 때, 그 평면에는 점 A를 포함하고 직선 m 위의 어떤 점도 포함하지 않는 직선이 많아야 하나 존재한다.

19. 반직선 AB와 선분 CD가 있을 때 AB 위에 n개의 점 A_1, A_2, $\cdots$, A_n이 존재하여 A_jA_{j+1}의 길이가 CD의 길이와 같고, $1 \le j < n$을 만

족하고 B는 A_1과 A_n 사이에 있다.

20. 위의 공리를 만족하는 점, 선, 면 이외의 대상은 존재하지 않는다.

고작 점, 직선, 평면을 정의하기 위해 20개의 공리나 사용하다니, 수학의 엄밀함은 보면 볼수록 경탄을 자아내게 합니다. 하지만 우리에게는 좀 과분한 감이 있네요. 이 책에서는 힐베르트 공리계에 비해 엄밀함이 떨어지지만, 핵심을 잘 담아낸 **유클리드 공리계**를 사용하겠습니다.

유클리드 공리계

점과 직선을 아래 5개의 공리를 만족하는 대상으로 정의한다.

1. 두 점을 잇는 선분은 항상 유일하게 존재한다.

2. 선분은 원하는 만큼 연장할 수 있다.

3. 한 점을 중심으로 하는 원을 그릴 수 있다.

4. 모든 직각은 같다.

5. 두 직선이 한 직선과 만날 때 같은 쪽에 있는 각의 합이 $180°$보다 작으면, 이 두 직선을 연장할 때 $180°$보다 작은 각을 이루는 쪽에서 반드시 만난다.

힐베르트 공리계보다는 훨씬 읽을 만하네요! 유클리드 공리계는 공리의 개수가 5개밖에 없고, '연장할 수 있다'와 '만난다' 등 논리 기호가 아닌 단어를 사용하기 때문에 엄밀함이 떨어지지만 도전할 만하죠.

다만 단숨에 이해되지 않는 5번 공리만 좀 더 자세히 살펴볼게

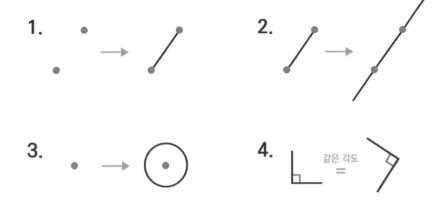

요. 먼저 **두 직선이 한 직선과 만날 때 같은 쪽에 있는 각의 합이 두 직각보다 작으면**이라는 말은, 다음 그림과 같이 두 직선(검은색)이 한 직선(파란색)과 만날 때, 같은 쪽(오른쪽)에 있는 두 각 A와 B의 합이 180°보다 작은 상황입니다. 즉 5번 성질은, 아래와 같은 상황의 경우 두 직선이 같은 쪽(오른쪽)에서 항상 만난다는 이야기입니다. 듣고 보니 그렇게 어려운 내용도 아니었지요?

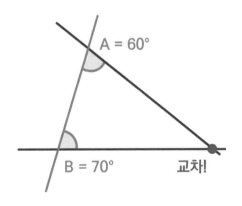

유클리드 공리계는 기하학의 표준으로써 수천 년 동안 사용되어 왔습니다. 유클리드 공리계가 처음 소개된 유클리드의 저서 《원론》이 기원전 3세기에 집필되었으니 말이죠. 유클리드의 《원론》은 성경에 이어 세상에서 두 번째로 많이 읽혔을 가능성이 높은 책입니다(와전된 이야기라지만 그만큼 엄청나다는 이야기니 작가로서 부럽지 않을 수가 없네요). 유클리드의 《원론》과 그의 공리계가 인류에 끼친 영향은 어마어마합니다. 유클리드는 자신의 공리계를 이용해서 기하학의 수많은 정리를 증명했습니다. 오죽했으면 중학교 때 배우는 기하학은 유클리드의 일기장이라는 우스갯소리도 있을 정도죠. 이 책의 부록에도 유클리드 공리계를 이용해 삼각형 내각의 합이 180°임을 증명하는 과정이 실려 있습니다.

이처럼 유클리드의 공리계는 오랜 시간 동안 학자들의 사랑(과 학생들의 미움)을 받아왔지만 비판이 아예 없었던 것은 아닙니다. 수학자들은 특히 유클리드의 5번 공리를 못마땅하게 생각했습니다. 나머지 4개의 공리는 모두 깔끔한데 5번 공리는 언뜻 읽으면 무슨 말인지 이해하기 어려우니까요. 그래서 수학자들은 1번부터 4번까지의 공리를 이용해 5번 공리를 증명할 수 있지 않을까 하고 고민했습니다. 하지만 수많은 노력에도 불구하고 유클리드의 5번 공리는 나머지 공리로부터 증명될 기미가 보이지 않았습니다.

그러다가 19세기 초 수학자들은 아예 유클리드의 5번 공리가 성립하지 않는 기하학이 존재할 가능성을 고려하기 시작합니다. 앞서 말했듯이 공리계는 누군가 임의로 만든 것입니다. 유클리드 공리계도 마찬가지고요. 따라서 유클리드 공리계가 어떤 특이한 기하학에서는 성립하지 않을지도 모른다고 생각한 것이죠. 실제로

19세기에 보여이 야노시, 베른하르트 리만 등의 수학자들이 유클리드 공리계가 성립하지 않는 기하학을 몇 가지 발표했습니다.

한 가지 예시를 보겠습니다. 유클리드의 1번 공리는 두 점을 잇는 선분이 유일하게 존재한다고 주장합니다. 이는 언뜻 들으면 당연한 사실 같습니다. 하지만 과연 그럴까요? 만약 두 점이 구면 위에 주어졌다면, 두 점을 잇는 선분은 무수히 많이 존재하게 됩니다.

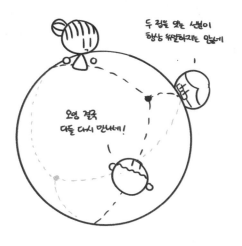

구면이나 쌍곡면(프링글스 감자칩처럼 생긴 곡면을 쌍곡면이라고 합니다) 위의 기하학에서는 1번 공리가 성립하지 않습니다. 또한 5번 공리도 성립하지 않습니다. 유클리드 공리가 성립하지 않으니 당연히 유클리드 공리계로부터 유도되는 수많은 정리도 구면이나 쌍곡면 위에서는 성립하지 않습니다.

앞서 유클리드 공리계를 이용해 증명할 수 있는 예시로 **삼각형의 세 내각의 합이 180°이다**라는 정리가 있었습니다. 하지만 구면 위의 삼각형과 쌍곡면 위의 삼각형의 세 내각의 합은 180°가 아닙니다. 아래 그림의 구면과 같이 양의 곡률을 가진 곡면 위의 삼각형은 내각의 합이 180°보다 크고, 쌍곡면과 같이 음의 곡률을 가진 곡면 위의 삼각형은 내각의 합이 180°보다 작습니다.

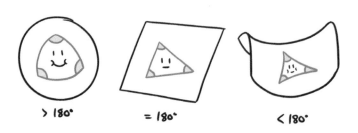

이처럼 공리계는 만고불변의 진리를 기술하지 않습니다. 공리계는 누군가 적절히 선택한 명제에 불과하며 그렇게 구성된 공리계는 특정 현상을 잘 설명할 수도 있지만, 어떤 현상에서는 적합하지 않을 수도 있습니다. 어떤 공리계를 선택하느냐에 따라 우리의 기하학이 평면 위에 있을 수도, 구면 위에 있을 수도, 쌍곡면 위에 있을 수도 있는 셈이죠. 그리고 그 선택에 따라 유도되는 정리들도 모두 제각각입니다.

어떠한 공간이 주어졌느냐에 따라 삼각형의 세 내각의 합이 다르다는 점은 꽤 유용하게 써먹을 수 있습니다. 만약 여러분이 지구가 정말 둥근지 확인하고 싶다면, 운동장 정도 크기의 삼각형을 그린 뒤 세 각의 합을 정확히 계산하면 됩니다. 실제로 TV에서 몇 번 진행된 적이 있는 실험인데 결과는 180°보다 살짝 크게 나옵니다.

지구가 둥근 것쯤이야 우리 모두 알고 있으니 그렇게 신기하게 느껴지지는 않습니다. 그러면 스케일을 키워보겠습니다. **일반상대**

성이론에 따르면 우주는 정적인 공간이 아니라, 휘고, 떨고, 요동칠 수 있는 동적인 공간입니다. 비유하자면 연못과 비슷합니다. 보통의 연못은 매우 잔잔하지만 연못 위에서 오리가 퍼덕이고 있거나, 누군가 연못에 돌을 던지면 수면이 일렁이고 출렁이면서 복잡한 양상을 띱니다. 우주도 마찬가지입니다. 예를 들어 무거운 별이 빠르게 움직이면 우주는 요동을 치며 중력파라고 불리는 파동을 전파합니다. 연못 속에서 빠르게 헤엄치는 물고기가 수면을 일렁이며 수면파를 발생시키듯 말이죠.[6]

또한 우주는 휠 수 있습니다. 우주의 곡률은 우주가 포함하는 물질과 에너지의 총량에 따라 결정됩니다. 단위 부피 속 평균적인 물질의 양이 많을수록 우주는 양의 곡률을 가지고, 적을수록 음의 곡률을 가집니다. 만약 우주가 휘어져 있다면 여러 가지 특이한 현상이 일어날 것입니다. 양의 곡률을 가진 우주에서는 평행하게 출발한 2개의 우주선이 점점 가까워지고, 음의 곡률을 가진 우주에서는 점점 멀어질 것입니다.

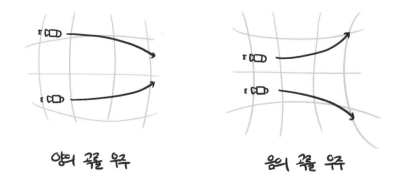

양의 곡률 우주   음의 곡률 우주

---

6 두 현상은 비슷해 보이지만 과학적으로 매우 다른 원리에 의해 발생하기 때문에 비유로만 참고하시길 바랍니다.

물론 우주가 휘어져 있다고 해도 워낙 크기 때문에 이러한 효과를 실제로 관측하기 위해서는 어마어마하게 먼 거리를 이동해야 하죠.

 그럼 우주는 어떻게 생겼을까요? 우주의 곡률을 계산하는 한 가지 방법은 앞서 이야기했듯이 우주에 커다란 삼각형을 그린 뒤 삼각형의 세 내각의 합을 구하는 것입니다. 하지만 실제로 우주에 커다란 삼각형을 그릴 수는 없기 때문에 물리학자들은 우주배경복사로부터 우주의 초기 모습을 분석하고, 그로부터 우주 내 점들의 공간적 관계를 구했습니다. 이 데이터를 통해 '만약 우주에 실제로 커다란 삼각형을 그렸더라면'이라는 질문에 대한 세 각의 합을 구할 수 있었습니다.

 그 결과 우주는 겨우 ±0.4퍼센트 오차 이내로 평평하다고 합니다. ±0.4퍼센트 오차면 여러분의 책상보다 더 평평할지도 모릅니다. 거의 완벽하게 평평한 셈이죠. 우주가 평평하다는 사실은 신기한 구조의 우주를 기대했던 분들에게 조금 실망스러운 결과일지도 모르겠네요. 하지만 우주가 평평하다는 것은 오히려 더욱 충격적인 사실입니다. 앞서 말했듯이 우주의 구조는 우주가 포함하고 있는 물질과 에너지의 총량에 따라 결정되는데, 우주가 평평하기 위해서는 이 요인들이 완벽하게 맞아 떨어져야 합니다. 물리학자들은 이렇게 낮은 확률에도 불구하고 우주가 어떻게 완벽한 유클리드적 구조를 가지고 있는지 골머리를 앓고 있습니다. 혹시 어떤 초월적 존재가 우주를 이렇게 완벽하게 만든 건 아닐까 하는 소름 끼치는 생각이 들기도 하네요.

괴델의 불완전성 정리

어느덧 공리계에 관한 이야기도 끝나갑니다. 마지막으로 수학의 가장 중요한 정리 중 하나인 **괴델의 불완전성 정리**로 이번 장을 마치려 합니다.

앞서 공리계에 생길 수 있는 가장 큰 문제점이 모순이라고 이야기했습니다. 하지만 공리계에 생길 수 있는 문제점은 한 가지 더 있습니다. 바로 **불완전성**입니다. P가 참임을 증명할 수도 있고 거짓임을 증명할 수도 있는 상황을 모순이라고 한다면, 불완전성은 P가 참임을 증명할 수도 없고 거짓임을 증명할 수도 없는 상황입니다.

> **불완전한 공리계**
> 어떤 명제 P가 존재해 주어진 공리계를 통해 P와 P의 부정을 모두 증명할 수 없을 때, 그 공리계는 불완전하다고 한다.

모순 못지않게 불완전성도 끔찍한 상황입니다. 그래서 20세기 초 수학자들은 힐베르트의 주도하에 **힐베르트 프로그램**을 계획했고, 모순이 없고 완전한 공리계를 만들고자 노력했습니다. 그리고 그들이 만든 공리계가 완전하다는 사실을 증명하고자 했죠. 야심 찬 목표였고 많은 진전도 있었습니다. 우리가 지금까지 이야기한 논리 기호의 개념이나, 공리계의 개념 대부분은 이때 정립되었을 정도였죠.

하지만 1931년 쿠르트 괴델이라는 수학자가 **괴델의 불완전성 정리**를 발표하며, 힐베르트 프로그램의 꿈과 희망을 박살 내버리고 맙니다. 괴델의 불완전성 정리는 아래 2개의 정리로 이루어져 있습니다.

괴델의 불완전성 정리

1. 페아노 공리계를 포함하는 모든 수학의 공리계는 모순되었거나 불완전하다.
2. 무모순적인 공리계는 스스로가 무모순임을 증명할 수 없다.

이 정리로 힐베르트 프로그램의 지지자들은 아연실색이 되었습니다. 잠시 기억을 상기하자면, 페아노 공리계는 자연수를 정의하는 공리계입니다. 즉, 괴델의 불완전성 정리에 따르면 자연수를 사용하는 모든 수학의 공리계는 모순되었거나 불완전하다는 겁니다. 사실상 수학의 모든 분야가 자연수를 사용하니 할 말 다 했죠. 게다가 아이러니하게도 힐베르트 프로그램의 창시자 힐베르트 자신이 선정한 '20세기의 가장 중요한 23개의 수학 문제' 중 첫 번째 문제가 증명과 반증도 불가능하다는 게 밝혀지면서 괴델의 불완전성 정리의 실례가 되었습니다. (이 문제가 무엇인지는 책의 뒷부분에 나오니 기대하세요!)

불완전성 정리의 증명은 상당히 신기한 논증을 사용합니다. 많은 서적에서 불완전성 정리의 증명을 보통 다음과 같이 소개합니다. 괴델은 아래와 같은 명제 P를 제시했습니다.

• P: P는 증명이 불가능하다.

P가 거짓이라고 가정해 볼게요. 그러면 P는 증명 가능하므로 P는

참입니다.[7] 하지만 이는 P가 거짓이라는 가정에 모순됩니다. 따라서 무모순성을 위해서는 P가 참이어야 합니다. 그런데 P가 참이라면 P는 증명이 불가능합니다. 이로써 괴델은 무모순적인 공리계에는 P와 같이 증명이 불가능한 명제가 존재할 수밖에 없음을 보였습니다.

그런데 이렇게만 괴델의 불완전성 정리의 증명을 요약하면 당대의 수학자들에게 실례인 것 같습니다. 당대 최고의 수학자들이 겨우 **P는 증명이 불가능하다**와 같이 간단한 명제를 생각하지 못하고 힐베르트 프로그램을 따랐을까요? 당연히 괴델 이전의 수학자들도 'P는 증명이 불가능하다'라는 명제를 알고 있었습니다. 하지만 그들이 이러한 명제를 심각하게 여기지 않은 이유도 타당했습니다. 'P는 증명이 불가능하다'와 같은 명제는 수학적 명제가 아닌 초수학적 명제이기 때문입니다.

수학적 명제란 논리 기호와 적절한 공리계를 통해 구성되는 명제입니다. 지금까지 우리가 다룬 거의 대부분의 명제가 수학적 명제이며 예시는 아래와 같습니다.

- $1 + 1 = 1'$ [8]
- 두 볼록한 도형의 공통 영역은 볼록하다.
- 삼각형의 세 내각의 합은 $180°$이다.

---

7 '증명 가능하다'와 '참'은 동의어가 아니라는 점을 지적해야겠네요. 증명 가능한 명제는 모든 모델에서 참이지만, 특정 모델에서 참인 명제는 증명 가능하지 않을 수도 있습니다. 모델은 책에서 언급되지 않은 개념으로 자세한 내용은 전문 서적을 참고하시길 바랍니다.
8 $1'$은 2의 또 다른 표현입니다.

이에 반해 **초수학적 명제**는 '수학적 명제에 대한 명제'입니다. 수학적 명제와 초수학적 명제의 차이를 비유하자면 1인칭 주인공 시점과 전지적 작가 시점의 차이와 비슷합니다.

- 1 + 1 = 1'은 1로 시작한다.
- '두 볼록한 도형의 공통 영역은 볼록하다'의 증명이 가능하다.
- '삼각형의 세 내각의 합은 180°이다'의 증명에는 유클리드의 5번 공리가 필요하다.

초수학적 명제는 공리계 내부에서 존재하는 명제가 아니라 공리계 외부에서만 존재하는 명제입니다. 그래서 P는 증명이 불가능하다와 같은 초수학적 명제를 반례로 들어 공리계의 모순성 또는 불완전성을 주장하는 것은 옳지 않습니다. 공리계가 모순되었다는 것은 공리계 내부에서 참이자 거짓인 명제가 존재한다는 의미이기 때문입니다.

하지만 괴델은 창의적인 테크닉을 이용하면 초수학적 명제를 수학적 명제로 변환하는 게 가능하다는 것을 보여줬습니다(제가 앞서 이 증명에서 신기한 논증을 사용한다고 말한 부분이 여기입니다). 괴델은 초수학적 명제를 수학적 명제로 변환하기 위해 **괴델 수**라는 아이디어를 고안했습니다. 괴델 수는 수학의 모든 기호와 명제, 그리고 증명을 자연수로 바꾸는 테크닉입니다. 괴델의 불완전성 정리가 페아노 공리계를 포함하는 공리계로 제한이 있는 것은 괴델 수를 사용하기 위해서 자연수가 필요하기 때문입니다.

지금부터 괴델의 아이디어를 설명할 텐데 내용이 다소 난해합니다. 읽다가 어려움을 느끼시는 분들은 다음 장으로 넘어가도 괜찮습니다(사실 이 부분은 제가 괴델 덕후이기 때문에 '덕력'으로 쓴 부분으로 교양 서적에는 어울리지 않는 난이도입니다.) 시작하기에 앞서 지금 소개하는 증명은 어니스트 네이글과 제임스 뉴먼의 책《괴델의 증명》을 참고했습니다.

파트 1. 괴델 수로 논리식을 코드화하기

괴델의 증명은 먼저 논리 기호와 페아노 공리계의 각 기호에 괴델 수라고 불리는 자연수를 매기는 것으로 시작합니다.

이와 같이 모든 기호에 숫자를 매기면, 수학의 모든 명제를 **코드화**할 수 있습니다. 방법은 다음과 같습니다. 먼저 주어진 명제의 모든 기호를 괴델 수로 바꿉니다. 그 후 n번째 괴델 수를 n번째 소수의 지수로 삼은 뒤, 각 소수의 거듭제곱을 모두 곱합니다. 이렇게 얻어진 수가 해당 명제의 괴델 수입니다. (다음 페이지 그림 참고.)

$1 + 1 = 1'$을 예로 들면 다음과 같습니다. 먼저 $1 + 1 = 1'$의 모든 기호를 괴델 수로 바꿉니다. 얻은 6개의 괴델 수를 다음과 같이 처음 6개의 소수의 지수로 삼습니다. 이를 모두 곱하면 $1 + 1 = 1'$의 괴델 수를 얻게 됩니다. 괴델 수를 구성하는 절차상 괴델 수는 보통 매우 큽니다.

이 과정을 통해 모든 논리식에는 고유한 괴델 수가 대응됩니다. 반대로 어떤 괴델 수가 주어지면 주어진 괴델 수를 소인수분해함으로써, 그 괴델 수가 의미하는 논리식이 무엇인지 알아낼 수 있습니다. 즉, **괴델 수와 논리식은 일대일대응**을 이룹니다.

기호	괴델 수	의미
¬	1	아니다
∨	2	또는
→	3	~라면
∃	4	존재한다
=	5	같다
1	6	1
'	7	다음 수
(	8	왼쪽 괄호
)	9	오른쪽 괄호
,	10	쉼표
+	11	덧셈
×	12	곱셈
x	13	변수 1
y	17	변수 2
z	19	변수 3
p	13^2	명제 1
q	17^2	명제 2
r	19^2	명제 3
P	13^3	술어 1
Q	17^3	술어 2
R	19^3	술어 3

$$1 + 1 = 1'$$

↓ 괴델 수 변환

$$6 \quad 11 \quad 6 \quad 5 \quad 6 \quad 7$$

↓ 소수 올림

$$2^6 \times 3^{11} \times 5^6 \times 7^5 \times 11^6 \times 13^7$$

$$= 330{,}966{,}150{,}822{,}539$$
$$640{,}681{,}273{,}000{,}000$$

파트 2. 괴델 수로 초수학적 술어를 수학적 술어로 변환하기

괴델 수는 흥미로운 결과를 도출합니다. 앞서 우리는 초수학적 명제가 '명제에 대한 명제'이기 때문에 공리계의 한계를 보이는 예시로 적합하지 않다고 언급했습니다. 하지만 괴델 수를 사용하면 '명제에 대한 명제'를 '자연수(괴델 수)에 대한 명제'로 바꿀 수 있습니다. 괴델 수를 사용해 초수학적 명제를 수학적 명제로 바꿈으로써, 공리계의 한계를 보일 수 있는 가능성이 생긴 것이죠! 예를 들어 '1 + 1 = 1'은 1로 시작한다'는 초수학적 명제입니다. 하지만 이 명제는 '괴델 수 330,966,150,822,539,640,681,273,000,000을 소인수분해했을 때 2의 지수는 6이다'라는 수학적 명제로 변환할 수 있습니다.

초수학적 명제	수학적 명제
'1 + 1 = 1'은 1로 시작한다	괴델 수 330,966,150,822,539,640,681,273,000,000을 소인수분해했을 때 2의 지수는 6이다.

나아가 우리는 임의의 주어진 명제가 1로 시작하는지 아닌지를 판별하는 술어도 만들 수 있습니다. 주어진 명제의 괴델 수가 x일 때, $y \times 2^6 = x$를 만족하는 y가 존재하지만 $y \times 2^7 = x$를 만족하는 y가 존재하지 않는다면, x가 의미하는 명제는 1로 시작하는 명제임을 알 수 있습니다. 즉, 아래와 같이 술어 StartsWithOne(x)을 정의하면,

$$\text{StartsWithOne}(g): \exists y \, (y \times 2^6 = x) \land \neg \, (\exists y \, (y \times 2^7 = x))$$

StartsWithOne(x)은 x가 의미하는 명제가 1로 시작할 때만 참을 반환합니다.

우리가 초수학적 술어 StartsWithOne(x)를 수학적 술어로 구성했듯이, 괴델은 초수학적 술어 IsProvable(x)를 수학적 술어로 구성하는 데 성공했습니다.

IsProvable(*x*)

괴델 수 *x*가 의미하는 논리식이 증명 가능할 때 참을 반환한다.

예를 들어 2 + 3 = 5의 괴델 수가 123이라면, 2 + 3 = 5는 증명이 가능하므로 IsProvable(123)은 참이다.

또한 괴델은 changeY(*x*)이라는 함수를 수학적으로 구성하는 데 성공합니다.

changeY(*x*)

괴델 수 *x*가 의미하는 논리식에서 등장하는 모든 *y*를 괴델 수 *x*로 바꾼 명제의 괴델 수를 반환한다.

예를 들어 *y* + 1 = 2의 괴델 수가 123이고 123 + 1 = 2의 괴델 수가 456일 때, changeY(123) = 456이다.

위 두 술어 및 함수를 구성하는 과정은 매우 길기 때문에 생략하겠습니다.

파트 3. G의 정의

IsProvable(*x*)와 changeY(*x*)를 사용해서 아래와 같은 술어 $G(y)$를 만들 수 있습니다.

$G(y)$

$G(y)$의 정의는 아래와 같다.

· $G(y)$: ¬IsProvable(changeY(*y*))

> $G(y)$는 changeY(y)가 의미하는 명제가 증명이 가능하다면 거짓을,
> 그렇지 않다면 참을 반환한다.

흥미롭게도 $G(y)$ 역시 논리식이기 때문에, 괴델 수로 바꿀 수 있습니다. $G(y)$의 괴델 수를 g라고 합시다.

$G(y)$에 y 대신 g를 대입하면 다음의 명제를 얻습니다. 이 단계가 증명의 핵심입니다. 술어에 자기 자신을 대입함으로써, 러셀의 역설과 비슷한 재귀가 발생할 것입니다.

$$G(g){:}\neg(\text{IsProvable}(\text{changeY}(g)))$$

파트 4. G(g)는 증명이 불가능하다!

$G(g)$의 의미를 살펴봅시다. $G(g)$는 괴델 수 g를 가진 술어 $G(y)$에서 등장하는 모든 y를, g로 바꾼 명제입니다. 따라서 $G(g)$는 괴델 수 changeY(g)가 의미하는 명제와 동일합니다! changeY(x)의 정의를 차근차근 따라가 보면 이를 명확히 알 수 있습니다.

> **changeY(g)**
>
> 괴델 수 g가 의미하는 논리식 $G(y)$에서 등장하는 모든 y를 괴델 수 g로 바꾼 명제의 괴델 수를 반환한다. 이는 곧 $G(g)$의 괴델 수이다.

따라서 $G(g)$의 괴델 수는 changeY(g)입니다. 그런데 G의 정의에 따르면, $G(g)$는 괴델 수 changeY(g)가 의미하는 명제가 증명이 가능하지 않을 때만 참을 반환합니다. 그런데 changeY(g)가 의미하는 명

제는 자신입니다. 즉, $G(g)$의 의미는 다음과 같습니다.

$$G(g): G(g)는 증명이 불가능하다.$$

이것이 우리가 찾고자 했던, **참이지만 증명이 불가능한 정리**입니다! 이로써 괴델의 제1불완전성 정리가 증명되었습니다. 제2불완전성 정리의 증명도 이와 비슷한 아이디어를 사용합니다.

여기까지 따라와 주신 독자분께 정말 대단하다는 말과 감사의 인사를 드립니다. 혹시 이 증명을 흥미롭게 느꼈다면 앞서 소개한 책을 살펴봐 주세요.

어떤 사람은 괴델의 불완전성 정리가 수학계의 비극이라고 생각합니다. 물론 수학이 모든 문제에 대한 답을 줄 것이라고 기대했던 사람들에게 괴델의 불완전성 정리는 안타까운 소식처럼 들립니다. 하지만 조금 다르게 생각할 수도 있지 않을까요? 저는 괴델의 불완전성 정리가 오히려 수학이 얼마나 세련된 학문인지를 보여준다고 생각합니다. 수학은 자기 자신의 한계를 증명할 수 있을 정도로 강력한 학문입니다. 자신이 사용하는 모든 개념을 논리적으로 기술하는 것에서 더 나아가, 스스로마저 형식화하고 증명의 대상으로 삼을 수 있는 학문은 수학밖에 없을 거예요. 이러한 수학의 명석한 객관성이 우리가 수학에서 배우고자 하는 모습 중 하나입니다.

1부는 수학의 엄밀함과 객관성이라는 측면을 조명하는 데 집중했습니다. 어떠셨나요? 다소 새로운 패러다임에 어색했을 수도 있지만, 어색함은 여러분의 뇌가 더 다방면으로 사고하는 방법을 익혀가고 있다는 증거입니다. 이제 수학의 기본적인 패러다임을 이해했으니, 2부에서는 본격적으로 수학자들이 펼치는 이론을 알아보겠습니다.

인간의 이성을 표현하는 12개의 추론 규칙

이렇게 1부를 끝내 버린다면 아마 누군가로부터는 욕을 좀 듣겠죠. 떡밥 회수를 제대로 하지 않았으니까요! 기억하실지 모르겠지만, 저는 1장에서 다음과 같이 말했습니다.

수학은 6개의 기호, 12개의 추론 규칙,
그리고 적절히 정의된 공리계로 구성되어 있다.

지금까지 우리는 6개의 기호는 무엇인지 알아봤고(논리 기호), 공리계가 무엇인지도 알아보았습니다. 그런데 12개의 추론 규칙을 빠뜨렸네요. 까먹은 건 아닙니다. 다만 이 내용이 다소 난해하면서도, 책 전체를 놓고 봤을 때 그렇게까지 중요한 내용이 아니라서 이렇게 따로 빼놓았습니다. 잠시 이전에 보았던 그림을 다시 살펴볼까요?

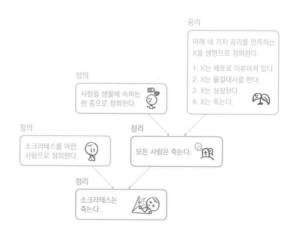

이 그림에서 알 수 있다시피, 수학은 논리 기호로 이루어진 공리계와 그로부터 비롯되는 다양한 정의를 논리적으로 엮어 새로운 정리를 발견하는 학문입니다. 하지만 여기서 한 가지 의문이 듭니다. 그림의 화살표(증명)들은 어떤 근거로 그려져 있는 걸까요? 이를 연구하는 수학의 분야가 **증명 이론**입니다. 증명 이론에서는 수학의 증명에서 어떠한 규칙을 허용할지 연구합니다. 예를 들어 '모든 사람은 죽는다. 소크라테스는 사람이다. 따라서 소크라테스는 죽는다'는 논리적으로 정확한 증명입니다. 하지만 '소크라테스는 죽는다. 소크라테스는 사람이다. 따라서 모든 사람은 죽는다'는 전혀 올바른 증명이 아닙니다. 소크라테스 한 명이 죽었다고 모든 사람이 죽을 것이라는 일반화를 증명할 수 없으니까요. 이와 같이 증명 이론에서는 어떤 논리적 도약을 허용하고 어떤 것을 불허할지 신중하게 결정합니다.

증명 이론에서 가장 유명한 추론 규칙 중 하나는 **겐첸의 자연연역법**입니다. 제가 수학이 12개의 추론 규칙을 사용한다고 말한 것은, 겐첸의 자연연역법을 염두에 두고 한 말입니다.

겐첸의 자연연역법

아래 12개의 추론 규칙을 증명에 사용할 수 있다.

1. 그리고 추가: p와 q로부터 $p \wedge q$를 증명할 수 있다.

2. 그리고 제거: $p \wedge q$로부터 p를 증명할 수 있다.[9]

---

9 q를 증명할 수도 있다.

3. 또는 추가: p로부터 $p \lor q$를 증명할 수 있다.[10]

4. 또는 제거(모든 경우를 따지기): 'Σ와 p로부터 r을 증명할 수 있다'와 'Σ와 q로부터 r을 증명할 수 있다'로부터 'Σ와 $p \lor q$로부터 r을 증명할 수 있다'를 증명할 수 있다.

5. 부정 추가(귀류법): 'Σ와 p로부터 q를 증명할 수 있다'와 'Σ와 p로부터 $\neg q$를 증명할 수 있다'로부터 'Σ로부터 $\neg p$를 증명할 수 있다'를 증명할 수 있다

6. 부정 제거(이중부정): $\neg \neg p$로부터 p를 증명할 수 있다.

7. ~라면 추가: 'Σ와 p로부터 q를 증명할 수 있다'로부터 'Σ로부터 $p \to q$를 증명할 수 있다'를 증명할 수 있다.

8. ~라면 제거(Modus Ponens): p와 $p \to q$로부터 q를 증명할 수 있다.

9. ∀-추가(일반화): $P(t)$로부터 $\forall x P(x)$를 증명할 수 있다. 단, t는 자유변수.

10. ∀-제거(특수화): $\forall x P(x)$로부터 $P(c)$를 증명할 수 있다.

11. ∃-추가: '$P(x)$가 C를 증명한다'로부터 '$\exists x P(x)$가 C를 증명한다'를 증명할 수 있다. 단, C는 x를 자유변수로써 가지지 않는다.

12. ∃-제거: 'Σ(x)와 $P(x)$가 C를 증명한다'로부터 'Σ(x)와 $\exists x P(x)$가 C를 증명한다'를 증명할 수 있다. 단, C는 x를 자유변수로써 가지지 않는다.

이상의 규칙 이외에는 사용할 수 없다.

겐첸의 자연연역법은 최소한의 규칙으로 인간의 모든 이성을 완

---

10 $q \lor p$를 증명할 수도 있다.

벽히 표현합니다. 여러분이 떠올리는 어떠한 추론도, 그 추론이 논리적이기만 하다면 겐첸의 열두 가지 규칙을 적절히 이용해서 증명할 수 있습니다. 고등학교 수학 시간에 들어본 듯한 **드모르간의 법칙**이나, **대우법** 등도 모두 증명할 수 있죠. 하지만 최소한의 규칙만 있는 만큼 겐첸의 자연연역법으로 무언가를 증명하기에는 꽤나 힘듭니다. 부록에 겐첸의 자연연역법을 이용해 드모르간의 법칙을 증명하는 과정이 수록되어 있으니, 논리학에 관심 있는 분들은 참고하길 바랍니다.

앞선 예시에서 '모든 생물은 죽는다'와 '사람은 생물이다'로부터 '모든 사람은 죽는다'를 추론하는 것은 겐첸의 추론 규칙 중 ∀-제거에 해당합니다.

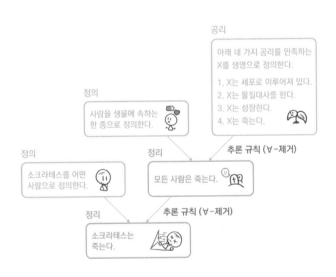

겐첸의 자연연역법 이외에 잘 알려진 증명 이론으로 **힐베르트 체계**가 있습니다. 그런데 힐베르트 체계는 겐첸의 자연연역법에 비해

훨씬 난해합니다. 힐베르트 체계가 너무 형식적이기 때문에 조금 더 '자연적인 추론'에 가까운 규칙을 만들기 위해 고안된 것이 겐첸의 자연연역법이거든요. (겐첸의 자연연역법마저 우리가 보기에는 그다지 '자연'스럽지 않지만요….)

증명 이론을 끝으로 수학의 기본적인 골격은 모두 알게 됐네요! 정리하자면 수학자들은 공리계에서부터 시작해 겐첸의 자연연역법이나 힐베르트 체계 등의 증명 이론을 기반으로 여러 정의와 정리를 엮어 나갑니다. 물론 수학자들이 증명을 할 때 복잡한 증명 이론을 머릿속에서 상기해 가며 한 줄 한 줄 힘겹게 써 내려 가지는 않습니다. 그냥 논리적 직관에 기대어 증명을 이어나가죠. 증명 이론은 그러한 직관이 실제로도 타당한지 확인하는 형식적 이론입니다.

2부

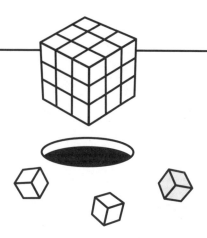

자유로운 구름이
떠다니는
수학의 들판

① 차원의 한계를 수학으로 넘어서기

아르센의 보물 훔치기

세계적으로 유명한 도적 아르센은 한 박물관에 수억 원을 호가하는 보물이 들어왔다는 기사를 읽고 곧바로 보물을 훔칠 계획을 세웠습니다. 사전 조사 결과 보물은 보라색 상자 안에 보관되어 있었고 조금이라도 건드리면 경보음이 울리는 파란색의 최첨단 장치가 설치되어 있다는 정보까지 얻게 됐습니다.

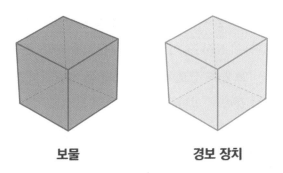

보물   경보 장치

아르센은 만반의 준비를 마치고 보물을 훔치러 갔습니다. 온갖 감시망을 뚫고 비밀 통로를 찾아낸 뒤 마침내 보물이 있는 방에 도착할 수 있었죠. 하지만 보물이 있는 방으로 간 아르센은 당황할 수밖에 없었습니다. 보물 대신 경보 장치로 이루어진 3×3 큐브밖에 보이지 않았거든요.

계획대로라면 지금 자신이 있는 방에 보물이 있어야 하는데 보물이 보이지 않다니. 잠시 후 아르센은 깨달았습니다. 철통 보안을 위해 박물관에서 보물을 경보 장치로 완전히 에워쌌다는 걸. 보물은 바로 저 큐브의 중앙에 있었습니다.

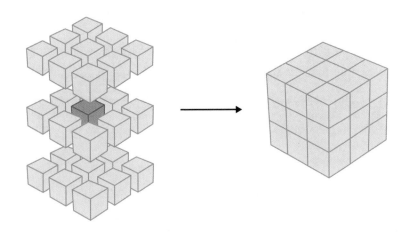

상황이 영 좋지 않네요. 파란색 경보 장치를 건드리지 않고 안에 있는 보물을 빼낼 방법은 없어 보이니까요. 결국 아르센은 보물을 포기하고 발길을 돌렸습니다. 끝.

아르센의 보물 훔치기-속편

무슨 이야기가 이렇게 맥없냐고요? 뭐 결말이 항상 우리 마음에 들 수 만은 없으니까요. 게다가 따지고 보면 이건 해피엔딩입니다. 도적이 보물을 훔치는 게 멋있어 보이긴 해도 사회적으로는 매우 좋지 않으니까요.

음… 그래도 어차피 이건 책 속의 얘기니까, 다시 상상력을 발휘해서 이야기를 조금 더 재미있게 만들어볼게요. 어쩌면 아르센이 보물을 훔치는 방법을 생각해 보는 과정에서 우리의 수학적 사고력을 기를 수 있을지도 모르니까요.

보물이 경보 장치로 에워싸여 있다고 해도 보물을 훔치는 게 완전히 불가능하지는 않습니다. 경보 장치가 어떻게 보물을 에워싸고 있는지에 따라 훔치는 것이 가능할 수도 있거든요. 예를 들어 납작한 보물이 아래와 같이 평면에 에워싸여 있는 경우를 생각해 볼게요.

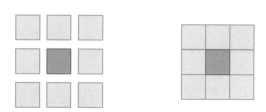

우리의 사고를 평면으로 한정하면 위 경우 역시 보물을 가져가는 것은 불가능합니다. 하지만 우리의 사고를 입체로 확장하면, 파란색을 움직이지 않고 보물을 가져갈 수 있습니다. 방법은 간단합니다. 보물을 그냥 들어 올리면 되죠.

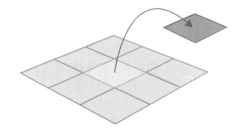

평면에서 보물은 가로와 세로로만 움직입니다. 하지만 입체에서 보물은 가로와 세로뿐 아니라 수직으로도 움직일 수 있습니다.

이 새로운 방향을 이용하면 경보 장치를 빠져나올 수 있습니다.

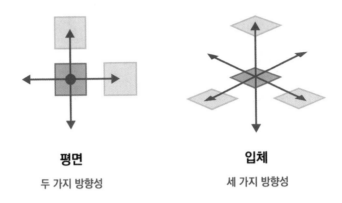

평면

두 가지 방향성

입체

세 가지 방향성

물체의 위치를 표현하는 데 필요한 방향의 최소 개수를 그 공간의 **차원**이라고 합니다. 평면에서는 두 가지 방향(가로/세로)으로 모든 위치를 표현할 수 있습니다. '가로로 +2m, 세로로 −1m'와 같이 표현하면 평면의 모든 위치를 다 표현할 수 있을 테니까요. 그래서 평면은 2차원입니다. 한편 입체는 세 가지 방향(가로/세로/높이)이 필요합니다. 따라서 입체는 3차원입니다.

> **차원**
> 주어진 공간에 있는 점의 위치를 표현하기 위해 필요한 숫자의 개수

1차원과 0차원은 어떻게 생겼을까요? 물체가 한 방향으로밖에 움직일 수 없다는 말은, 그 물체는 일직선으로만 움직인다는 뜻입니다. 즉 1차원은 직선입니다. 한편 0차원은 물체가 어떤 방향으로도 움직일 수 없다는 말입니다. 물체가 한곳에 고정되어 있다는 뜻

이므로 0차원은 점입니다.

0차원	점
1차원	직선
2차원	평면
3차원	입체

방금 우리는 2차원에서 무언가에 에워싸인 도형은 3차원을 통해 빠져나올 수 있다는 것을 알게 되었습니다. 이것은 한 차원 낮춰도 마찬가지입니다. 다음과 같이 1차원 직선 위에서 파란색 선분에 에워싸인 보라색 선분은, 평면을 통해 빠져나올 수 있습니다.

차원이 하나 늘어나면 도형이 무언가에 에워싸여져 있더라도 새로 추가된 방향을 통해 밖으로 빠져나올 수 있습니다. 이를 일반화하면 아래와 같습니다.

고차원을 통해서 빠져나오기
n차원에서 에워싸인 도형은, $n + 1$차원을 통해 빠져나올 수 있다.

이제 다시 아르센의 보물 이야기로 돌아갈게요. 아르센이 훔치고자 하는 보물은 3차원에서 완전히 에워싸여 있습니다. (이 그림, 제가 엄청 열심히 만들었기 때문에 한 번만 더 우려먹겠습니다.)

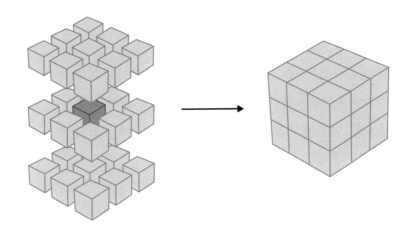

여기서 알아낸 사실을 3차원으로 확장해 적용하면, 큐브 속에 완전히 봉인된 보물은 상식적으로는 빼내기 불가능해 보이지만 **4차원 공간을 통하면 큐브를 분해하지 않고 빼낼 수 있다**는 것을 알 수 있습니다.

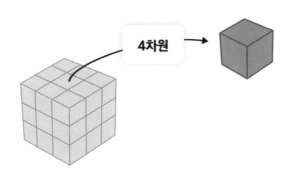

4차원

4차원은 3차원에 새로운 방향이 더해진 차원입니다. 4차원 생물체는 이 새로운 방향을 이용해 큐브 속의 보물을 손쉽게 가져갈 것입니다. 우리가 손쉽게 평면 위의 타일을 들어 올리듯이 말이죠. 게다가 4차원 생물체는 보물을 훔치다가 잡혀서 감옥에 갇혀도, 감옥 밖으로 손쉽게 탈출할 겁니다.

우리는 평생을 3차원에서 살았기 때문에 가로, 세로, 높이 이외의 새로운 방향이 없다고 생각합니다. 하지만 3차원을 넘어서는 수많은 차원은 논리적으로 가능하고, 실제로 존재할 가능성도 있습니다. 초끈이론에 따르면 우리의 우주는 10차원 이상이어야 지금과 같은 상태를 유지할 수 있다고 합니다.[1]

4차원의 신비함에 대해 조금 더 알아봅시다. **4차원에서는 3차원의 겉과 속이 한꺼번에 보입니다.** 이것이 무슨 말인지 이해하기 위해 먼저 한 차원 낮춰서 생각해 볼게요.

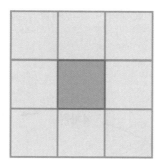

---

1 2000년대 초만 해도 초끈이론은 꽤 유망한 이론이었는데, 지금은 예전만큼 유망하지 않습니다. 그러니 '우주는 10차원이다!'라고 다른 분들에게 알려주지는 마세요.

우리와 같은 3차원 생물 입장에서는 앞의 그림처럼 경보 장치(파란색 사각형)와 함께 보물(보라색 사각형)이 보입니다. 하지만 2차원 생물은, 보물이 경보 장치에 완전히 가려져 보이지 않을 것입니다. 그들 입장에서 이 구조물을 바라보면 구조물의 경계인 파란색 선밖에 보이지 않을 것입니다. 그 안에 보물이 있다는 사실도 모를 수밖에요. 하지만 우리는 2차원에는 없는 3차원의 방향(높이)으로 사물을 내려다볼 수 있어 경보 장치의 겉(테두리)과 속(안에 있는 보물)을 한꺼번에 확인할 수 있습니다.

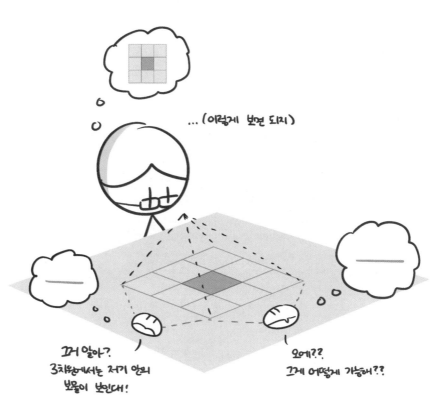

마찬가지로 3차원 생물인 우리에게는 경보 장치의 겉만 보이지만, 4차원 생물체가 다음의 큐브를 보면 우리에게는 잘 상상되지 않는 방향으로 큐브의 **겉과 속을 한 번에 볼 수 있을 것**입니다. 나아가 4차원 생물에게는 우리의 얼굴과 몸 속의 기관이 한꺼번에 보일 것이며, 어떤 집에 누가 살고 있는지는 물론이며 지구의 구조마저 한눈에 보일 것입니다. 상자 안에 갇힌 물건을 빼낼 수 있고, 겉과 속이 한꺼번에 보이는 4차원 세상은 우리에게 묘한 신비감과 함께 우리의 인식 범위 너머에 있는 수많은 공간에 대한 상상을 자극합니다. 4차원에 새로운 방향을 더하면 5차원이 되고 이런 식으로 6차원, 7차원까지 생각할 수 있겠지만, 이 책에서는 4차원에 집중하겠습니다. (4차원으로도 충분히 재미있거든요!)

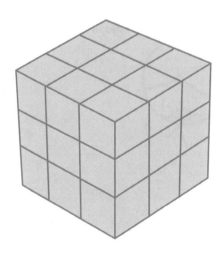

4차원 공이 3차원에서 굴러다닌다면?

4차원 생물체가 3차원 물체를 보면 겉과 속이 전부 보인다는 사실을 배웠습니다. 그렇다면 반대로, 3차원 생물체가 4차원 물체를 보면 어떨까요? 갑자기 여러분의 앞에 **4차원 공**이 나타난다면 어떻게 보일지 상상해 볼까요?

앞서 3차원에서 2차원이 어떻게 보이는지 떠올렸듯이, 2차원에서 3차원이 어떻게 보이는지를 떠올려 볼게요. 가령 3차원 공이 아래와 같이 2차원 평면을 뚫고 지나간다고 합시다.

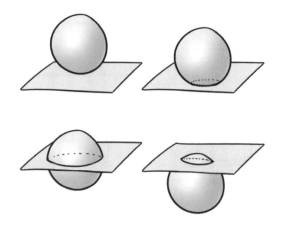

2차원 평면에 살고 있는 사람 입장에서 3차원 구의 움직임이 어떻게 보일까요? 2차원에 사는 사람 입장에서는 매우 혼란스러운 현상이 관측될 것입니다. 2차원의 사람은 3차원 구의 전체 모습을 관측할 수 없으며, 오로지 3차원 구가 2차원 평면과 이루는 교면의 모습만 관측할 수 있습니다. 그 때문에 2차원의 사람은 아무것도 없던 공간에서 갑자기 나타난 작은 원이 점점 커지는 모습을 관측할 것입니다.

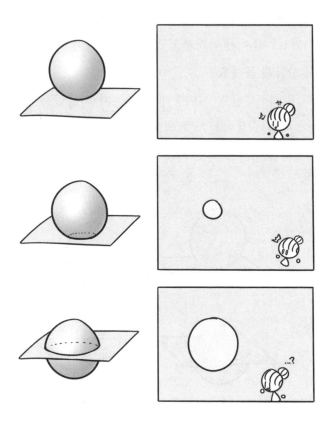

사실 2차원의 사람 입장에서 관측되는 도형은 원도 아닌 직선일 뿐입니다. 마치 우리가 3차원의 구를 관측할 때 실제로 보이는 건 원이듯이 말이죠. 그러나 우리가 원 위에 드리운 음영으로부터 실제로는 구의 한 단면이라는 것을 알아차릴 수 있듯이, 2차원의 사람도 직선 위의 음영으로부터 실제로는 원의 한 단면이라는 것을 알

아차릴 것입니다. 그러므로 이 책에서는 편의상 2차원 사람이 2차원 도형을 '본다'고 표현하겠습니다.

평면이 공의 중심을 지나고 나면 공과 평면의 교면은 다시 작아집니다. 그러다가 공이 평면을 완전히 떠나게 되면 이제 2차원 세상에서 원은 완전히 사라져 있겠죠.

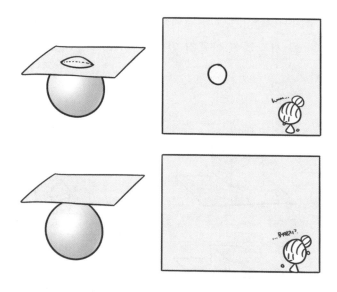

그렇다면 만약 4차원 공이 지구를 통과하면 우리는 무엇을 관측하게 될까요? 우리는 갑자기 나타난 공이 점점 커지는 모습을 관측할 것입니다. 그리고 4차원 구의 중심이 지구를 지나는 순간을 기점으로 공은 점점 작아지다가 이윽고 사라질 것입니다.

우리는 3차원에 살고 있기 때문에 3차원 공이 2차원 평면을 지나가는 경우는 쉽게 이해할 수 있습니다. 하지만 4차원은 본 적 없기 때문에 4차원 공이 3차원 세상을 지나갈 때 우리 눈에 보이는 현상을 온전히 이해하기 매우 힘듭니다.

 이번에는 4차원 큐브를 떨어뜨려 볼까요? 4차원 큐브는 **테서랙트**라고 부릅니다. 테서랙트가 여러분의 책상 앞에 떨어진다면 여러분은 무엇을 보게 될까요? 먼저 2차원에 있는 사람 앞에 정육면체가 떨어지는 상황을 생각해 봅시다. 2차원의 사람이 보게 될 도형은 큐브가 어떤 방향으로 떨어지느냐에 따라 다릅니다. 만약 정육면체가 그림과 같이 똑바로 떨어진다면, 2차원의 사람은 갑작스럽게 나타난 큰 사각형이 머물러 있다가, 한순간에 사라지는 것을 관측합니다.

만약 정육면체가 비스듬하게 떨어지면 2차원의 사람은 더욱 혼란스러운 현상을 관측합니다. 2차원의 사람은 아래와 같이 갑작스럽게 나타난 삼각형이 오각형이 됐다가, 육각형이 됐다가, 사각형이 되더니 어느 순간 사라지는 모습을 관측합니다.

테서랙트가 3차원 지구에 떨어질 때도 비슷한 일이 일어납니다. 만약 여러분의 책상 위에 테서랙트가 떨어진다면, 여러분은 갑작스럽게 나타난 피라미드가 정육면체가 됐다가 삼각기둥이 됐다가

잘린 입방체 모양이 되더니 순식간에 사라지는 모습을 관측할 것입니다. 몇몇 음모론자들은 고대 기록에서 이따금씩 언급되는 '갑자기 나타나서 이리저리 모습을 바꾸다가 사라지는 초월적 존재'가 사실 4차원 생명체라고 주장합니다.

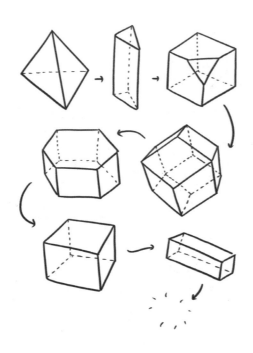

4차원을 그리는 방법

2차원 도형 중 곡선이 없는 도형은 다각형이라고 하고, 3차원 도형 중 모든 면이 평평한 도형은 다면체라고 합니다. 수학자들은 다각형과 다면체를 고차원까지 확장한 도형을 **다포체**(polytope)라고 부릅니다.

다포체

n차원 도형 중 '평평한' 면을 가진 도형을 n차원 다포체라고 부른다.

지금까지 우리는 4차원 큐브(테서랙트)를 이야기하며 4차원 다포체의 신기한 특징에 대해 알아보았습니다. 하지만 많은 분이 4차원 다포체의 성질보다는 4차원 다포체라는 게 어떻게 생겼는지를 더 궁금해할 거 같네요. 그래서 이번에는 4차원 다포체를 직접 그려 볼 겁니다!

조금 의아해할 수도 있겠네요. 우리는 3차원에 살고 있기 때문에 4차원을 그리는 건 불가능할 테니까요. 하지만 그렇지만은 않습니다. 예를 들어 종이는 2차원이지만 종이에도 정육면체를 그릴 수 있잖아요?

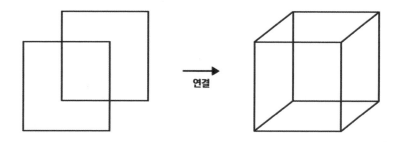

연결

정육면체 그림은 본질적으로 서로 다른 위치에 있는 2개의 정사각형을 이은 것에 불과합니다. 하지만 우리의 뇌는 3차원 도형을 인식하는 데 익숙해져 있기 때문에, 앞선 도형을 단순히 '두 정사각형을 연결한 도형'이 아닌 '3차원 정육면체의 투시적 표현'으로 인식할 수 있습니다. 그래서 평평한 종이 위에도 3차원 입체를 그릴 수 있는 것이죠! 마찬가지 방법으로 우리는 테서랙트도 그릴 수 있습니다. 아래와 같이 서로 다른 위치에 있는 2개의 정육면체를 이으면 됩니다. 오른쪽 그림은 테서랙트를 투시적으로 표현한 것입니다.

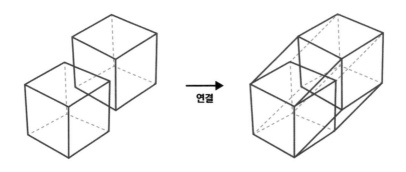

2개의 정사각형을 이은 도형이 정육면체를 투시적으로 표현하듯이 2개의 정육면체를 이은 도형은 테서랙트를 투시적으로 표현합니다! 하지만 우리의 뇌는 종이에 투영된 큐브는 잘 인식하지만 테서랙트를 인식하는 데는 영 소질이 없습니다. 이것은 어디까지나 인식론적인 한계일 뿐입니다. 만약 4차원에 익숙한 생명체가 테서랙트의 투시도를 본다면 우리가 정육면체의 투시도를 보는 것만큼이나 자연스럽게 인식할 것입니다.

테서랙트의 투시도를 조금 더 잘 이해하기 위해 정육면체의 투시도를 다시 보겠습니다. 아래 그림의 각 6개 면은 정사각형입니다. 하지만 2차원에 있는 사람은 이 사실에 반기를 들고 이렇게 말할지도 모릅니다. "아래의 도형이 6개의 정사각형으로 이루어져 있다고요? 말도 안 되네요. 여섯 개의 면 전부 평행사변형인데요?"

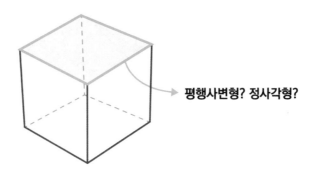

평행사변형? 정사각형?

따지고 보면 2차원 사람의 말도 맞습니다. 하지만 우리는 알고 있습니다. 사실 정사각형이지만 3차원의 공간에서 비스듬하게 바라보았기 때문에 평행사변형처럼 보일 뿐이라는 것을 말이죠. 이렇게 설명해 줘도 2차원 사람은 절대로 이해를 못하겠지만요.

테서랙트도 마찬가지입니다. 테서랙트는 8개의 정육면체로 이루어진 4차원 도형입니다. 하지만 우리 눈에는 테서랙트가 2개의 정육면체와 6개의 비스듬한 정육면체(평행육면체)로 이루어져 있는 것처럼 보이죠. 6개의 평행육면체도 관찰하기 쉽지는 않습니다만, 선을 조심스럽게 따라가다 보면 6개의 평행육면체를 찾을 수 있습니다. 평행육면체를 찾는 데 도움이 될 수 있도록 다음 그림에서 6개의 평행육면체 중 하나를 표시해 놓았습니다. 평행육면체는 사실 정육면체지만, 4차원의 축에서 비스듬하게 바라보고 있기 때문에 평행육면체처럼 보일 뿐입니다. 이 또한 우리의 입장에서는 어떻게 가능한지 쉽게 이해할 수 없지만 말이죠.

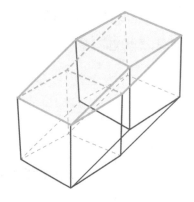

조금 다르게 접근해 보겠습니다. 테서랙트의 전개도는 어떻게 생겼을까요? 먼저 정육면체의 전개도는 아래와 같이 생겼습니다.

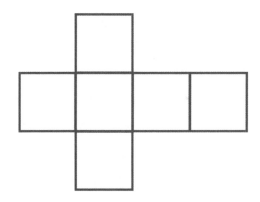

이 전개도를 3차원으로 확장하면 **테서랙트의 전개도**를 얻을 수 있습니다.[2]

---

2 엄밀히 따지면 정육면체의 전개도를 3차원으로 부풀린 것이 테서랙트의 전개도가 맞음을 증명해야 합니다만, 교양의 수준을 넘어서기 때문에 이 책에서는 생략하겠습니다.

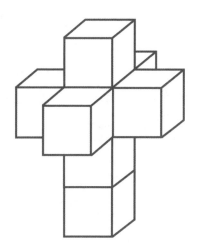

앞서 테서랙트는 8개의 정육면체로 이루어져 있다고 했는데, 테서랙트의 전개도를 보면 이 사실을 더 명확히 확인할 수 있습니다. 우리 눈에 7개의 정육면체가 보이고 1개의 정육면체는 나머지 정육면체에 둘러싸여 있네요.

위의 전개도는 3차원에서 접는 것이 불가능합니다. 정육면체의 전개도를 2차원에서는 접을 수 없듯이 말이죠. 하지만 4차원의 공간에서는 위의 전개도를 접을 수 있으며, 접은 결과의 투시도는 다음과 같습니다.

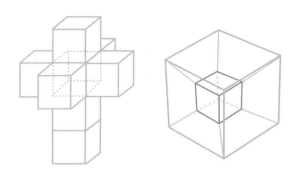

왼쪽 그림 전개도에서 빨간색으로 표시된 정육면체는 파란색으로 표시된 정육면체에 감싸져 있습니다. 그런데 앞의 그림을 보면 두 가지 궁금증이 떠오릅니다. 일단 노란색 정육면체는 어디로 간 것일까요? 그리고 더 앞서 확인한 테서랙트의 투시도는 똑같은 크기의 정육면체 2개를 이은 모양이었는데, 왜 그림 속 투시도는 다르게 생겼을까요?

이 질문을 해결하기 위해 다시 3차원 정육면체로 돌아가 볼게요. 우리에게 익숙한 정육면체의 투시도는 왼쪽과 같습니다. 하지만 오른쪽의 투시도 역시 정육면체의 투시도입니다. 정육면체 위에서 똑바로 내려다본 것이죠.

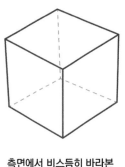

측면에서 비스듬히 바라본
정육면체의 투시도

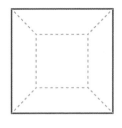

중앙에서 내려다본
정육면체의 투시도

언뜻 보기에 오른쪽의 투시도는 1개의 정사각형과, 그것을 감싸는 4개의 사다리꼴, 총 5개의 면으로만 이루어져 있는 거 같습니다. 하지만 실제로는 바깥쪽의 큰 정사각형 역시 정육면체의 한 면입니다.

4차원에서도 똑같은 논리가 적용됩니다. 우리가 첫 번째로 본 투시도와 두 번째로 본 투시도는 테서랙트를 보는 시점 때문에 다르게 보일 뿐, 둘 다 테서랙트의 올바른 투시도입니다. 두 번째로 본 테서랙트의 투시도는 7개의 육면체로 이루어져 있는 것처럼 보이지만, 사실은 바깥쪽의 큰 정육면체가 테서랙트의 여덟 번째 정육면체입니다. 전개도의 노란색 정육면체는 다음과 같이 숨겨져 있었던 것이죠!

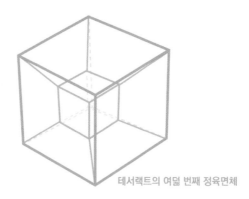

테서랙트의 여덟 번째 정육면체

백문이 불여일견이라죠. 테서랙트를 이해하는 데 도움이 될 만한 몇 가지 QR 코드를 첨부했습니다. 한번 확인해 보시길 바랍니다.

회전하는 테서랙트
(출처: exploratoria)

테서랙트 전개도 접기
(출처: Vladimir Panfilov)

테서랙트와 정육면체의 전개도 비교
(출처: Christopher Thomas)

가장 단순한 4차원 도형은?

잠시 4차원 말고 다른 이야기를 해볼게요. 혹시 카메라 삼각대는 왜 3개의 다리를 가지고 있는지 아시나요? 크게 두 가지 이유가 있습니다. 첫 번째 이유는 재료를 줄이기 위함입니다. 하지만 조금 더 근본적인 두 번째 이유는, 3개의 점은 항상 유일하게 평면을 결정하기 때문입니다. 이 말은 아무렇게나 3개의 점이 주어지더라도 항상 그 3개의 점을 포함하는 평면이 존재한다는 의미입니다.

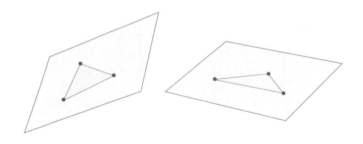

점이 더 주어진다면 이야기는 달라집니다. 4개의 점은 왼쪽과 같이 하나의 평면을 결정할 수도 있지만, 일반적으로는 오른쪽과 같이 평면을 유일하게 결정하지 못합니다.

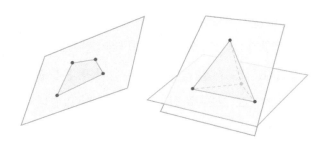

만약 삼각대 다리가 4개였다면, 그중 하나가 나머지 세 다리가 이루는 평면 위에 있지 않아(다르게 말하면 다리 중 하나가 지면에 닿지 않아) 흔들릴 수도 있기 때문에 카메라 거치대로 사용하기 어려웠을 것입니다. 하지만 3개의 다리는 항상 모든 다리가 지면에 닿도록 안정적으로 세울 수 있기 때문에 삼각대는 3개의 다리를 가지고 있는 거죠.

지금까지의 이야기는 중학교 기하 시간에 선생님들이 단골로 사용하는 예시입니다. 저는 수없이 많이 이 이야기를 들었습니다. 그런데 이 이야기를 들을 때마다 조금 의아한 부분이 있었습니다. 3개의 다리가 그렇게 좋다면 왜 의자 다리는 4개인 걸까요?

아마 이 책을 읽는 독자분도 다리가 4개인 의자에 앉았는데 한쪽 다리가 땅과 떨어져 있어서 의자가 흔들렸던 경험이 있을 것입니다. 다리가 3개라면 그런 일은 일어나지 않을 텐데 말이죠. 이 질문에 대한 답은 물리학과 관련 있습니다. 의자에 앉은 사람이 얼마만큼 등받이에 기대도 의자가 넘어지지 않고 버틸 수 있는지를 계산해 보면, 다리가 4개인 의자는 다리가 3개인 의자보다 약 2배 정도 더 많이 뒤로 기울여도 넘어지지 않는다고 합니다. 다리가 지면에 딱 맞지 않아 흔들리는 건 불편하지만 위험하지는 않습니다. 하지만 다리가 3개인 의자는 등받이에 힘을 과도하게 주면 쉽게 넘어지기 때문에 위험합니다. 그래서 의자의 다리는 4개로 만드는 것이 더 효율적입니다. 참고로 다리가 4개인 의자가 흔들릴 때 종이를 끼우거나 하지 않고도 고칠 수 있는 쉬운 방법이 있습니다. 이 이야기는 책의 뒷부분에서 다시 알아볼게요!

다시 본론으로 돌아가겠습니다. 3개의 점은 하나의 평면(2차원)을 유일하게 결정합니다. 한편 2개의 점은 하나의 직선(1차원)을 유일하게 결정합니다. 2개의 점을 잇는 직선은 유일하게 존재하니까요. 말이 좀 이상하긴 하지만, 1개의 점은 하나의 점(0차원)을 유일하게 결정합니다. 이로부터 $n+1$개의 점은 n차원 공간을 유일하게 결정할 것이라고 추측할 수 있습니다. 책에서 이 사실을 엄밀하게 증명하지는 않겠지만, 이 추측은 사실입니다. 따라서 4개의 점은 하나의 공간을 유일하게 결정합니다.

'하나의 공간을 유일하게 결정한다'라는 말이 어색하게 느껴질 수도 있습니다. 우리가 느끼기에 공간은 지금 우리가 살고 있는 이곳, 즉 하나밖에 없는 것 같으니까요. 하지만 3차원의 공간에 여러 개의 2차원 평면이 존재하듯이, 4차원의 공간에는 여러 개의 3차원 공간이 존재합니다(다음 페이지의 그림 참조). 4개의 점은 4차원의 공간에 존재하는 여러 개의 3차원 공간 중 하나를 유일하게 결정합니다.

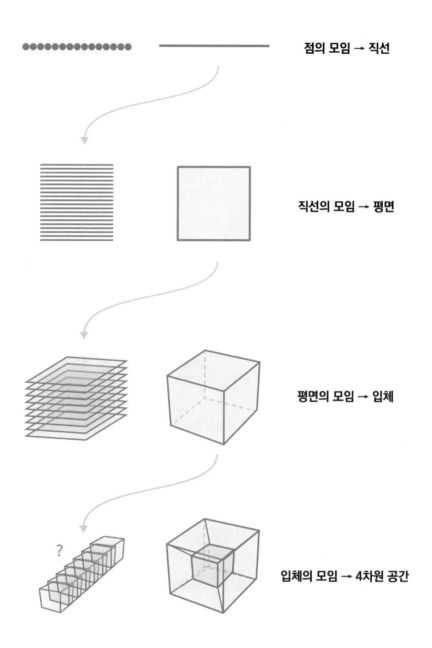

점의 모임 → 직선

직선의 모임 → 평면

평면의 모임 → 입체

입체의 모임 → 4차원 공간

$n+1$개의 점이 n차원 공간을 유일하게 결정할 때, $n+1$개의 점을 모두 연결하면 삼각형과 비슷한 다포체를 얻습니다. 3개의 점이 유일하게 평면을 결정할 때 그 점을 모두 이으면 삼각형을 얻고, 4개의 점이 유일하게 공간을 결정할 때 그 점을 모두 이으면 삼각형의 3차원 버전이라고 볼 수 있는 사면체를 얻습니다. 직선, 삼각형, 사면체와 같이 특정 차원에서 그릴 수 있는 가장 '단순한' 도형을 **심플렉스**(simplex)라고 부릅니다.

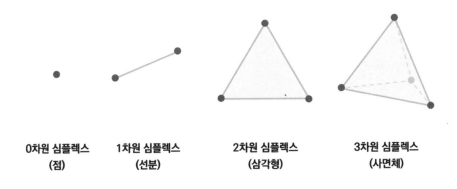

0차원 심플렉스 **(점)**	**1차원 심플렉스** **(선분)**	**2차원 심플렉스** **(삼각형)**	**3차원 심플렉스** **(사면체)**

심플렉스

n차원 공간을 결정하는 $n+1$개의 점을 이은 볼록다포체[3]를 심플렉스라고 한다. 심플렉스는 삼각형의 일반화라고 볼 수 있다.

심플렉스 중 모든 변이나 면 따위의 크기가 같은 다포체를 **정심플렉스 (regular simplex)**라고 부른다.

2차원 정심플렉스는 정삼각형, 3차원 정심플렉스는 정사면체다.

---

3 1부의 '볼록의 정의'에 의하면 삼각형이나 정사면체 등도 볼록한 도형입니다.

4차원 정심플렉스는 **정오포체**(5-cell)라고 부릅니다. 테서랙트와 마찬가지로 정오포체의 모습은 3차원 공간에서 온전히 나타낼 수 없지만 투시도는 그릴 수 있습니다. 정오포체의 투시도는 5개의 점을 이은 모양입니다.

정오포체의 투시도

이제 지금까지의 내용을 바탕으로 정오포체의 투시도를 해석해볼게요. 이름에서 알 수 있다시피 정오포체는 5개의 정사면체로 이루어진 다포체입니다. 4개의 정사면체는 찾기 쉽습니다. 아래 그림처럼요.

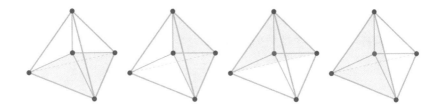

마지막 다섯 번째 정사면체는 제일 앞 그림에서 보이는 큰 정사면체 그 자체입니다. 그런데 왜 정사면체가 납작해 보일까요? 4차원의 공간에서 비스듬하게 바라보고 있기 때문입니다. 삼각형이 평면을 결정하는 가장 단순한 도형이듯, 오포체는 4차원에서 특정 공간을 결정하는 가장 단순한 도형입니다.

우주의 모양을 탐험하다

지금까지 고차원에 대해서 다뤘습니다. 고차원 이야기를 마무리하기에 앞서, 수학사의 에피소드를 살펴보겠습니다. **푸앵카레의 추측**에 대한 이야기입니다.

여러분 혹시 1부에서 이야기했던 위상동형의 개념을 기억하나요? 도형 A를 주무르기만 해서 도형 B로 바꿀 수 있으면 A와 B는 위상동형이라고 했었죠. 푸앵카레의 추측은 어떤 도형이 구면과 위상동형이기 위한 조건에 대한 정리입니다. 푸앵카레의 추측은 다음과 같습니다.

> **푸앵카레의 추측**
> 3차원 공간에서 모든 폐곡선이 하나의 점으로 모일 수 있다면,
> 그 공간은 3차원 구면과 위상동형이다.

흠, 무슨 말인지 하나도 모르겠네요. 걱정하지 마세요. 지금부터 자세히 설명하겠습니다. 먼저 문제를 하나 내볼게요. 꽤 헷갈릴 수 있으니 잘 생각해 보세요.

• 구면은 2차원 도형일까, 3차원 도형일까?

대부분 3차원이라고 답하고 싶은데 제가 '꽤나 헷갈리는 문제'라고 말해서 답하기 망설이고 있을 것 같네요. 사실 구면은 2차원 도형입니다. 왜인지는 이번 장의 앞 부분에서 등장한 차원의 정의를 떠올리면 알 수 있습니다.

> **차원**
> 주어진 공간에 있는 점의 위치를 표현하기 위해 필요한 숫자의 개수

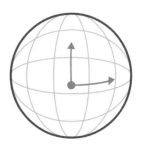

구면 위의 점을 표현하기 위해서는 위도와 경도, 단 2개의 숫자만 필요합니다. 그리고 구면 위에서 이동할 수 있는 방향은 가로와 세로, 두 가지 방향밖에 없습니다. 따라서 구면은 2차원입니다. **공은 3차원이지만 구면은 2차원입니다.**[4] 따라서 지구의 지표면 등과 같은 커다란 구면 위에 서 있으면 내가 서있는 바닥이 평면이라고 생각하기도 해요. 실제로는 3차원의 공간속에서 휘어진 2차원 평면이지만 말이죠. 일반적으로 다음 사실이 성립합니다.

---

4 수학에서 **공(ball)**은 구면 내부의 점을 모두 포함하는 도형을 일컫습니다. 즉 구면은 속이 비어 있는 껍데기이고 공은 속이 차 있는 도형입니다. 정확히 따지자면 구(sphere)가 속이 비어 있는 껍데기를 의미하며 구면은 비표준 용어입니다. 책에서는 교양의 수준을 고려하여 비전공자가 이해하기 편한 용어를 사용했습니다.

이 사실을 염두에 두고 다시 푸앵카레의 추측 이야기로 돌아와 볼게요. 그리고 본 푸앵카레의 추측을 다루기에 앞서, 조금 더 이해하기 쉬운 2차원에서의 푸앵카레의 추측을 다뤄보겠습니다.

이 푸앵카레의 추측은 어떤 의미일까요? 아래 왼쪽의 그림과 같이 2차원 구면과 위상동형인 도형의 경우, 도형 주위로 실(폐곡선)을 감은 뒤 실을 조이면 실은 하나의 점으로 모입니다. 하지만 구면과 위상동형이 아닌 2차원 도형의 경우에는 이야기가 달라집니다. 오른쪽 그림 도넛의 표면을 예로 들자면 실이 도넛의 구멍 사이를 통과하는 경우 실이 구멍의 벽에 막혀 한 점으로 모일 수 없습니다.

 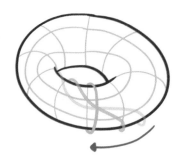

일반적으로 어떤 2차원 도형에 대해 그 도형을 둘러싸는 모든 폐곡선이 한 점으로 모일 수 있다면, 그 도형은 2차원 구면과 위상동형입니다. 한편 한 점으로 모이지 않는 폐곡선이 존재한다면 그 도형은 구면과 위상동형이 아닙니다.

2차원에서의 이 사실은 위상수학적으로 증명되어 있습니다. 하지만 푸앵카레는 이와 같은 성질이 고차원에서도 성립하는지 궁금했습니다. 다시 푸앵카레의 추측으로 돌아가볼게요.

> **푸앵카레의 추측**
> 3차원 공간에서 모든 폐곡선이 하나의 점으로 모일 수 있다면,
> 그 공간은 3차원 구면과 위상동형이다.

3차원 구면은 4차원 공의 경계입니다. 다시 한번 강조하자면, 3차원 구면은 3차원 공의 구면을 의미하는 것이 아닙니다. (네, 저도 엄청 헷갈립니다.) 3차원 구면은 4차원의 공간 속에서 휘어져 있기 때문에 우리가 머릿속으로 떠올릴 수 없는 형태를 취하고 있습니다.

푸앵카레의 추측은 다음과 같은 이야기로 이해할 수 있습니다. 2차원 생명체인 디멘은 커다란 도넛 모양의 행성 위에 살고 있습니다. 행성은 너무나도 크기 때문에 디멘은 자신이 도넛 위에 살고 있는지 알 수 없습니다. 어느 날 디멘은 자신의 행성이 어떻게 생겼는지 알고 싶어졌습니다. 고민 끝에 디멘은 기다란 밧줄을 가져와서 한쪽 끝은 자신의 집에 묶고 한쪽 끝은 자신의 허리에 묶은 뒤, 이리저리 돌아다니다 집으로 돌아왔습니다. 그 후, 밧줄을 쭉 잡아 당겼죠. 대부분의 경우, 디멘은 밧줄을 모두 회수할 수 있었습니다. 그런

데 하루는 디멘이 밧줄을 잡아당겼는데도 밧줄이 어딘가에 걸린 듯 당겨지지 않았습니다. 이를 근거로 디멘은 자기가 살고 있는 행성에는 2차원 생물인 자신에게는 보이지 않지만 3차원의 공간에서는 보이는 구멍이 있음을 알게 되었습니다.

만약 푸앵카레의 추측이 맞다면, 우리도 비슷한 방법으로 우주의 모양을 알 수 있습니다.[5] 우주의 크기만큼 기다란 밧줄을 준비해서(이미 이 단계부터 현실적으로 불가능하긴 하네요….) 한쪽 끝은 지구에 묶고 한쪽 끝은 로켓에 묶은 뒤, 로켓을 쏘아 우주의 공간을 이리저리 누비도록 한 다음에 지구로 귀환시킵니다. 그 후 밧줄을 잡아 당깁니다. 만약 밧줄이 항상 회수가 가능하다면 우주에는 구멍이 없습니다. 하지만 만약 밧줄이 회수 불가능한 경우가 있다면, 우주에는 우리에게는 보이지 않는 4차원 구멍이 적어도 하나는 존재한다는 의미입니다. 즉, 우주는 4차원 도넛(또는 구멍이 여러 개 뚫린 도넛)의 표면과 위상동형이라는 뜻입니다.

1900년 푸앵카레가 제시한 이 추측은 무려 100년 동안 풀리지 않은 난제 중의 난제였습니다. 그럼에도 이 문제가 갖는 수학적 중요성이 매우 컸기 때문에, 2000년에 지정된 7개의 밀레니엄 문제 중 하나로 채택되었습니다. 밀레니엄 문제는 클레이 수학연구소(Clay mathmatics Institute)에서 정한 21세기 사회에 크게 공헌할 수 있는 난제들이며, 하나의 문제를 풀 때마다 100만 달러(한화 약 11억 원)의

---

5 1부에서 다룬 우주의 모양은 우주의 곡률에 집중했고, 이번 장에서 다루는 우주의 모양은 우주의 위상, 즉 우주의 '구멍'에 집중합니다.

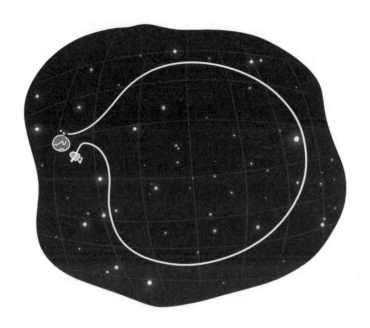

상금이 주어집니다. (맙소사… 순수수학이 항상 돈 못 버는 학문은 아니었군요.)

하지만 괜히 상금이 100만 달러인 것은 아닙니다. 2000년에 지정된 7개의 밀레니엄 문제 중 21년이 지난 지금까지 해결된 문제는 단 한 가지뿐입니다. 그 하나가 바로 푸앵카레의 추측입니다. 그런데 이 문제가 해결된 경위가 매우 특이합니다.

2002년 그리고리 페렐만(Grigori Perelman)이 arXiv(아카이브)라는 웹사이트에 푸앵카레의 추측을 증명했다는 주장과 함께 자신의 증명의 개요를 담은 프리프린트(preprint)를 올렸습니다. 프리프린트란 정식으로 심사를 받지 않은 논문을 말합니다. 논문 심사는 시간이 꽤 오래 걸리는 일이기 때문에 최근에는 프리프린트 형태로 자신의 결과를 미리 공개함으로써 학계 내에서의 토론이 더 활발히 일어나게끔 하고, 또한 누가 먼저 해당 주제에 대한 성과를 거두었는지 확실히 알 수 있도록 합니다. 물론 꼼꼼한 확인 후 프리프린트가 틀린 것으로 판명나는 경우도 꽤 있습니다.

페렐만은 수학계에서 거의 알려지지 않은 이름이었습니다. 대다수의 수학자는 '웬 아마추어가 푸앵카레의 추측에 도전했는데 보나마나 어디서 실수를 저질렀겠지' 하고 생각했습니다. 수학계에는 자신이 난제를 증명했다고 주장하는 아마추어 수학자들이 여러분의 생각보다 정말 많거든요. 지금도 페이스북이나 인터넷 커뮤니티를 조금만 돌아다니다 보면 자신이 **리만 가설**을 증명했다고 하거나, **페르마의 마지막 정리**의 쉬운 증명을 발견했다고 주장하는 사람들을 찾을 수 있습니다. 아니나 다를까 며칠 안 되어 페렐만의 논문에서 심각한 결점이 다수 발견되면서 그의 논문은 폐기되었습니다.

…가 아니었습니다! 이후 약 3년에 걸쳐 이루어진 검증 결과, 페렐만의 논문은 정확한 것으로 판명되었습니다. 게다가 그의 논문은 푸앵카레의 추측에 대한 증명뿐만 아니라 수학을 크게 진보시킬 만한 독창적인 아이디어로 가득 차 있었습니다. 이 공로로 페렐만은 일약 스타가 되었고, 그에게 수많은 교수 자리 제의와 강연 요청이 들어왔습니다(아마 강연 한 번에 수천만 원은 주겠다고 했을 겁니다). 클레이 수학연구소에서는 밀레니엄 문제의 상금 100만 달러를 주겠다고 했고, 국제 수학 연맹에서는 그에게 수학자의 최고 명예인 필즈상을 수여하겠다고 했습니다.

하지만 페렐만은 이 모든 명예와 상금을 거절했습니다! 페렐만은 "증명이 옳다면 다른 명예는 필요없다. 나는 동물원의 동물처럼

다른 사람들의 구경거리가 되는 것이 싫다"라며 언론과의 인터뷰
에도 응하지 않았습니다.[6] 사실 페렐만은 학생 시절 국제수학올림
피아드에서 만점으로 금메달을 따고, 이후 수학연구소에서 뛰어난
실적을 내며 교수직을 추천받은 적도 있었습니다. 하지만 공적인

---

6   그럼에도 2006년 국제 수학 연맹은 페렐만에게 필즈상을 수상했습니다. 페렐만은 이 수여식에
참석하지 않고 역사상 최초로 수상자 없는 필즈상 수여식이 진행되었습니다.

지위를 일체 거절하고 연구에만 전념했기 때문에 수학계에서 이름이 잘 알려지지 않았던 것입니다. 푸앵카레의 추측을 풀기 이전부터 그는 세상의 주목을 받는 것을 싫어했던 것이죠.

그럼에도 불구하고 언론에서 끈질기게 그를 인터뷰하려고 하자, 화가 난 페렐만은 아예 은둔 생활을 시작했습니다. 페렐만이 은둔 생활을 택한 데는 야우싱퉁(Shing-Tung Yau)이라는 수학자와의 갈등도 한몫했습니다. 야우싱퉁은 하버드대학교 교수로 매우 유명한 수학자입니다. 그는 제자들과 함께 푸앵카레의 추측을 풀고자 오랜 기간 노력했었습니다. 그런데 페렐만이 야우싱퉁보다 먼저 증명에 성공해 버렸죠. 하지만 야우싱퉁은 페렐만의 증명이 완전하지 않다며 반기를 들었고, (페렐만보다 늦은) 자신의 증명이야말로 완전하다고 주장했습니다. 세간의 평가에 따르면, 페렐만의 증명은 천재들의 논문이 으레 그렇듯 세세한 설명이 빠져 있지만 논리적으로는 완벽했다고 합니다. 하지만 야우싱퉁은 자신의 넓은 인맥을 활용해 심사 없이 자신의 논문을 학술지에 실었고, 야우싱퉁의 권위에 압박을 느낀 수학계는 조금씩 야우싱퉁의 편을 들어주기 시작했습니다. 이에 분노한 페렐만은 '주류 수학계의 도덕적 기준에 실망했다'라고 밝히고 잠적했습니다.

수학은 종이와 연필만으로 범우주적인 진리를 찾는 아름다운 학문입니다. 페렐만은 '나는 우주를 다룰 줄 안다. 100만 달러가 왜 필요하겠는가?'라는 말을 남기며 상금을 거절했습니다. 페렐만은 권력과 부를 위한 투쟁이 가득한 현실 세계를 딛고 넘어서, 아름다운 논리로 우주의 비밀을 파헤치는 삶을 살고 싶었기에 수학자라는 길을 택했습니다. 하지만 그런 수학자의 삶마저 사람들과의 이기

적인 투쟁으로부터 자유
롭지 못했습니다. 페렐만
의 이야기는 수학자의 이
상과 현실의 괴리를 보여
주는 안타까운 에피소드
입니다. 페렐만의 일화를
마지막으로 고차원에 대
한 이야기가 끝났습니다.
고차원에 대해서 더 하고
싶은 이야기가 많지만 이
정도에서 끝내는 게 좋겠
네요.

출처: 〈뉴요커〉

차원은 어렸을 때부터 저에게 정말 멋있고 매력적인 주제로 다가
왔습니다. 수학적으로 존재하지만 내가 인지할 수 없는 미지의 세
계는, 소설 속 판타지 세계 못지않게 저의 호기심을 자극했거든요.
중학생 시절에는 공책에 정오포체나 테서랙트와 같은 4차원 다포
체를 그려놓고 한동안 빤히 쳐다보고만 있기도 했었죠. 석가모니
가 나무 밑에서 명상만 하다가 진리를 깨달았듯이, 저 역시 4차원
다포체를 계속 보고 있으면 그 세계를 알 수 있지 않을까 했거든요.
물론 저는 결국 4차원을 이해할 수 없었습니다. 하지만 4차원에 대
한 동경은 제가 수학을 더 좋아하도록 만들어 준 하나의 계기가 아
니었을까 싶네요. 제가 그랬듯이 여러분도 4차원 이야기를 통해 수
학의 세계에서만 펼칠 수 있는 자유로움을 만끽하셨기를 바랍니

다. 다음 장에서는 수학의 자유로움을 보여주는 또 다른 예시 '무한'에 대한 이야기를 하겠습니다.

> 수학의 본질은 그 자유로움에 있다.
>
> — 게오르크 칸토어

②
무한을 넘어,
더 무한한 무한으로

무한호텔에 어서오세요

4차원 이동술을 익혀서 보물을 훔치는 데 성공한 아르센은 4차원을 건너뛰며 너무 많은 힘을 쓰느라 지쳤고 근처에서 묵을 만한 곳을 찾아 헤맸습니다. 하지만 하필 성수기라 아르센이 방문한 모든 호텔의 방은 이미 가득 차 있었습니다. 지친 몸으로 마을을 계속 걷던 아르센은 돌연 신기한 이름의 호텔을 발견했습니다.

힐베르트의 무한호텔
무한호텔에 어서오세요!
저희 호텔에는 방이 무한히 많습니다!
방이 없을 걱정은 안 하셔도 됩니다!

'방이 무한히 많다고…?' 하긴, 방금 아르센은 4차원을 통해 보물을 훔친 직후였으므로 이야기의 개연성 따위 신경 쓸 필요는 없겠네요. 아르센은 무한호텔이라면 자신이 묵을 수 있는 방이 있을 것이라 확신했습니다.

"어서오세요."

무한호텔의 호텔리어 디멘이 아르센에게 인사했습니다.

"여기서 하룻밤 묵고 싶은데요."

아르센의 말에 디멘은 난감한 표정을 지으며 말했습니다.

"아, 그러셨군요…. 손님, 죄송하지만 지금이 성수기인지라 무한호텔의 방이 가득 차 있습니다."

아르센은 혼란스러웠습니다.

"아니, 어떻게 무한히 많은 방이 다 찰 수가 있죠? 혹시 과장 광고였나요?"

"아니요, 손님. 저희는 분명 무한히 많은 방을 가지고 있습니다. 하지만 오늘이 워낙 성수기인지라 이미 무한히 많은 사람이 저희 호텔에 가득 차 있습니다. 죄송하지만 지금 남아 있는 방이 하나도 없습니다."

무한히 많은 방에 무한히 많은 사람이 가득 차 있다니, 아르센은 되는 게 없는 날이라고 생각했습니다. 그렇게 실망한 아르센이 호텔을 나가려는 순간, 갑자기 묘수가 떠오른 디멘이 아르센을 불러 세웠습니다.

"손님, 좋은 방법이 생각났습니다. 손님을 위한 방을 하나 마련할 수 있을 것 같네요. 잠시만 기다려 주시겠어요?"

디멘은 이내 안내 방송을 시작했습니다.

"아, 아. 힐베르트 무한호텔을 이용해 주고 계신 고객 여러분께 안내드립니다. 죄송하지만 호텔 내에 사정이 생겨 손님 모두가 객실을 이동해 주셔야 합니다. 1번 방의 손님은 2번 방으로, 2번 방의 손님은 3번 방으로, 3번 방 손님은 4번 방으로, 이렇게 n번 방의 손님은 $n+1$번 방으로 옮겨주시기 바랍니다. 불편을 끼쳐드린 점 사과드립니다."

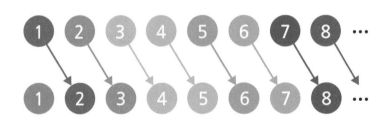

회색은 비어 있는 방을 의미함

방송이 끝나고 웅성웅성하는 소리가 몇 분 간 들리더니 곧 잠잠해졌습니다. 이동이 다 끝난 듯 했습니다. 디멘은 뿌듯한 표정으로 비어 있는 1번 방으로 아르센을 안내했습니다. 디멘은 **무한히 많은**

사람이 가득 찬 호텔에서, 누구도 내쫓지 않고 1개의 방을 비웠습니다. 아르센은 1번 방 안으로 들어갔고 디멘은 프런트로 돌아왔습니다.

몇 시간이 지나고 호텔 밖에서 시끄러운 소리가 들렸습니다. 밖으로 나가자 디멘 앞에 믿기지 않는 풍경이 펼쳐졌습니다. 무한히 많은 사람을 태운 버스가 호텔 앞에 서 있었던 것입니다.

가이드로 보이는 사람이 버스에서 내려 무한히 많은 사람이 묵을 방이 있는지 물었습니다. 디멘은 잠시 생각에 잠겼습니다.

잠시 여기에서 이야기를 끊을게요. 이 이야기는 힐베르트라는 수학자가 고안했습니다. 힐베르트라는 이름은 친숙하죠? 1부에서 힐베르트 프로그램, 힐베르트 공리계, 힐베르트 체계 등 여러 번 등장한 이름이니까요. 힐베르트는 20세기 수학의 거장으로 무한에 대해서도 관심이 많았는데요. 그런 그가 고안한 힐베르트의 호텔 이야기는 무한이라는 개념이 얼마나 우리의 직관과 어긋나는지를 잘 보여줍니다. 지금 디멘은 무한히 많은 사람으로 가득 찬 호텔에서 그 누구도 내쫓지 않고 무한히 많은 사람을 위한 방을 만들어야 합니다. 여러분이라면 어떻게 하실 건가요?

디멘은 가이드에게 가능하다고 말한 뒤, 방송실로 들어갔습니다. 다시 디멘의 안내 방송이 시작됐습니다.

"고객 여러분께 다시 안내해 드립니다. 죄송하지만 한 번 더 방을 이동해 주시기 바랍니다. 1번 방의 손님은 2번 방으로, 2번 방의 손님은 4번 방으로, 3번 방의 손님은 6번 방으로, 이렇게 n번 방의 손님은 $2n$번 방으로 옮겨주시기 바랍니다."

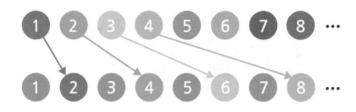

웅성웅성하는 소리가 들리더니 잠잠해졌습니다. 이제 홀수 번 방이 모두 비워져 있습니다. 디멘은 뿌듯한 표정을 지으며 가이드에게 무한히 많은 방을 마련했다고 말했습니다. 버스의 1번 좌석에 앉은 사람은 1번 방으로, 2번 좌석에 앉은 사람은 3번 방으로, 3번 좌석에 앉은 사람은 5번 방으로, 이렇게 무한버스의 모든 승객에게 방을 배정한 뒤 디멘은 다시 프런트로 돌아왔습니다.

몇 시간 후 또 호텔 밖에서 시끄러운 소리가 들렸습니다. 밖으로 나가자 디멘의 앞에 정말 정말 믿기지 않는 풍경이 펼쳐졌습니다.

무한히 많은 사람을 태운 무한히 많은 버스가 있었던 것입니다!

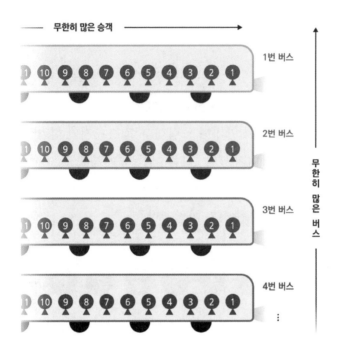

디멘은 정신이 아찔해졌지만, 이내 침착해하며 어떻게 이 모든 사람을 위한 방을 마련할 수 있을지 고민했습니다. 여러분도 함께 고민해 보겠어요?

디멘의 고민-2
호텔 앞에 무한히 많은 사람을 태운 버스가 무한히 많이 도착했다.
어떻게 하면 누구도 내쫓지 않고 모두에게 방을 마련해 줄 수 있을까?

또 한 번 묘수가 떠오른 디멘은 방송실로 들어가 호텔에 묵고 있는 손님들에게 다음과 같이 알렸습니다.

"고객 여러분께 다시 안내해 드립니다. 죄송하지만 한 번만 더 방을 이동해 주시기 바랍니다. 1번 방의 손님은 2번 방으로, 2번 방의 손님은 4번 방으로, 3번 방의 손님은 8번 방으로, 이렇게 n번 방의 손님은 2^n번 방으로 옮겨 주시기 바랍니다. 불편을 끼쳐드린 점 사과드리며 여러분의 양해에 감사드립니다."

그리고 버스에 탑승한 승객들에게는 다음과 같이 안내했습니다.

"여러분의 방은 다음과 같은 규칙으로 배정되었습니다. n번 버스의 k번 좌석에 탑승하고 계신 분께서는, '$n+1$번째 소수의 k제곱'번 방으로 들어가시면 됩니다. 예를 들어 3번 버스의 2번 좌석에 탑승하고 계신 분께서는 네 번째 소수의 2제곱(7^2), 즉 49번 방으로 들어가시면 됩니다."

지수는 버스에 탑승한 승객과 대응

$(n+1)$번째 소수^{k}

무한히 많은 소수는 무한히 많은 버스와 대응

서로 다른 두 소수의 거듭제곱이 같을 수는 없기 때문에 이러한 방식으로 방을 배정하면 어떠한 두 사람도 같은 방을 배정받지 않습니다. 또한 소수와 자연수의 개수는 무한하므로 모든 사람이 자신만의 방을 가질 수 있습니다! 그런데 더욱 흥미로운 사실이 있습니다. 이러한 방법으로 방을 배정하면 사실 방이 남습니다. 왜냐하면 6번 방과 같이 어떤 소수의 거듭제곱도 아닌 방은 누구에게도 배정되지 않으니까요. 더 엄밀히 말하면 거의 대부분의 방이 남게 됩니다! 다음 그림에서 검정색으로 표시된 방은 기존에 무한호텔에 묵고 있던 손님들이 새로 배정받은 방입니다. 유채색으로 칠해진 방은 해당하는 색의 버스에 탑승한 승객들이 배정받은 방입니다. 회색으로 칠해진 방은 누구에게도 배정되지 않은 방입니다. 비어 있는 방의 수가 압도적으로 많은 것을 확인할 수 있습니다.

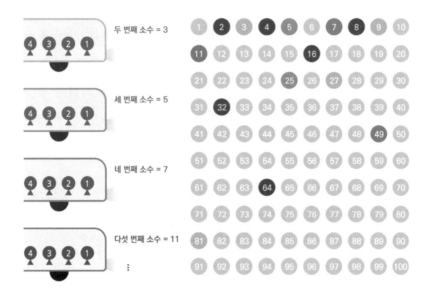

이로부터 우리는 무한의 불가사의한 특징을 엿볼 수 있습니다. 무한은 더하거나, 곱하거나, 심지어 제곱한다고 해도 더 커지지 않습니다. 오히려 무한은 무한의 제곱(무한 명의 사람×무한 대의 버스)을 전부 포함하고도 남을 수 있습니다.

이번 장에서는 힐베르트의 호텔과 같은 **무한의 불가사의함**에 대해 이야기해 보고자 합니다. 앞서 1부에서 수학은 직관에 의존해서는 안 되며, 논리로 신중하게 접근해야 하는 학문이라고 했습니다. 무한과 관련된 수학은 특히나 더 그렇습니다. 무한과 관련된 수학에서는 직관과 어긋나는 결과가 수도 없이 많습니다. 예를 들어 아래의 퀴즈를 풀어보시겠어요?

0.999...의 실체?

0.999...는 소수점 뒤에 9가 무한히 있는 수이다.

다음 중 0.999...와 관련된 설명 중 옳은 것은?

   a. 0.999...는 1보다 작다.

   b. 0.999...는 1과 같다.

   c. 0.999...는 1에 한없이 가까워지고 있는 수이다.

정답은 b입니다. 상식적으로는 소수점 뒤에 9가 아무리 많아도 소수점 앞의 숫자가 0이므로 1보다 작은 수일 것 같지만 그렇지 않습니다. 0.999...와 1은 정확히 일치합니다. 0.999...는 1에 '가까워지고 있는 수'도 아니고, 명확한 1입니다.

여러분이 이해하고 있는지 확인하기 위해 문제를 내보겠습니다. 초등학교 때 배운 **소수의 버림**을 기억하나요? 1.2를 버리면 1이 되고, 2.91을 버리면 2가 됩니다. 그럼 0.999...를 버리면 어떻게 될까요? 0이라고 생각했다면 안타깝게도 틀렸습니다. 0.999...와 1은 완전히 동일한 수이기 때문에, 0.999...를 버리는 것은 1을 버리는 것과 동일하며, 1을 버려봤자 1이므로 답은 1입니다.

0.999...가 1인 이유는 꽤나 간단하게 설명할 수 있습니다. 우리에게 조금 더 익숙한 아래 식의 양변에 3을 곱하면 됩니다.

$$1/3 = 0.3333...$$
$$1/3 \times 3 = 0.3333... \times 3$$
$$1 = 0.9999...$$

하지만 0.999...가 1인 것을 진심으로 받아들이는 것은 무척 어려운 일입니다. 그리고 위의 논증은 그럴듯해 보이지만, 무한소수에서도 통상적인 소수 곱셈 규칙이 성립한다는 보장이 없기 때문에 수학적으로 따지면 정확하지 못한 논증입니다.

조금 더 정확한 설명은 실수의 정의와 관련이 있습니다. 고등 수학에서 **실수는 완비성, 순서성, 그리고 체의 구조를 지닌 집합으로 정의합니다.**[7] 순서성이란 크기의 비교가 가능하다는 의미이며(1.2 < 2.3와 같은 비교가 가능), 체의 구조를 지녔다는 것은 '0으로 나누기'를 제외한 모든 사칙연산이 가능하다는 의미입니다. 완비성의 의미는 조금 더 복잡합니다.

실수의 완비성
공집합이 아닌 실수의 부분집합이 상계를 가지면 상한이 존재한다.

위 명제가 어떤 의미인지는 다루지 않겠습니다. 궁금하신 분은 왼쪽의 QR 코드를 통해 실수의 완비성에 대해 제가 작성한 포스트를 읽어보면 좋습니

---

7 완비성, 순서성, 그리고 체의 구조를 모두 지닌 집합은 실수 집합밖에 없음이 증명되어 있습니다. 예를 들어 자연수 집합 내에서는 나눗셈이 항상 가능하지는 않으므로 자연수는 체가 아닙니다. 정수는 완비성을 가지지 못하고 복소수 집합은 순서체가 될 수 없습니다.

다. 이보다 여러분이 아셔야 할 점은, 실수의 순서성과 완비성으로부터 아래의 정리를 유도할 수 있다는 사실입니다.

예를 들어 0과 1 사이에는 0.5가 존재하므로, 0과 1은 다른 수입니다. 하지만 0과 0 사이에 존재하는 수는 없으므로, 0과 0은 같은 수입니다.

위의 따름정리가 매우 당연하게 느껴지나요? 만약 위의 따름정리가 당연해 보인다면 0.999...와 1이 같다는 사실도 당연하게 느껴져야 합니다. 왜냐하면 **0.999...와 1 사이에 존재하는 수는 없으니까요**. 간혹 0.999...에 9 하나를 더 추가한 수는 0.999...와 1 사이에 있다고 주장하는 사람들이 있는데, 0.999...에 9 하나를 더 추가해 봤자 0.999...이므로 이 주장은 합당하지 않습니다.

이와 같이 무한과 관련된 연구는 매우 비직관적인 결론을 자주 내놓기 때문에 수학사에서 격렬한 논쟁을 불러일으켰습니다. 무한과 관련된 수학의 대가 중 한 명인 게오르크 칸토어(Georg Cantor)는 그의 연구를 반대하는 학자들의 비난 때문에 우울증에 시달렸고, 결국 정신병원에서 영양실조에 시달리다가 사망했을 정도입니다. 하지만 칸토어의 놀라운 아이디어는 후대에 그 진가를 인정받아 현대수학의 핵심적인 역할을 하고 있습니다. 지금부터 그 이론에 대해서 이야기해 보겠습니다.

모든 무한이 같지는 않다

칸토어의 이론은 **모든 무한이 같지 않다는 사실**에서부터 시작합니다. 예를 들어 모든 자연수와 실수는 무한히 많습니다. 다만 자연수는 수직선 위에 듬성듬성 존재하지만 실수는 수직선 위를 빼곡히 메꾸고 있습니다. 그 때문에 자연수의 무한보다 실수의 무한이 '더 빽빽한 무한'이라든가, '더 큰 무한'이라고 정의하고 싶을 법도 합니다. 칸토어는 이처럼 다양한 유형의 무한을 분류하는 문제에 흥미를 가졌습니다.

칸토어의 이론에 들어가기에 앞서, 혹시 1부 위상수학에서 잠깐 등장했던 **일대일대응**의 개념을 기억하시나요? 집합 A의 모든 원소들이 유일하게 집합 B의 원소들로 대응되고, 집합 B의 원소들 중 집합 A와 대응되지 못한 원소들이 존재하지 않을 때, 이러한 대응 관계를 일대일대응이라고 합니다.

만약 두 유한집합 사이에 일대일대응이 존재한다면, 두 유한집합은 같은 크기의 유한집합입니다. 이건 당연하죠. 칸토어는 이 사실을 무한집합일 때로 확장했습니다. 칸토어 이론에 따르면 일대일대응 관계가 존재하는 두 무한집합의 크기는 같습니다. 단 크기라는 용어는 다양한 상황에서 조금씩 다른 의미로 사용되므로, 칸토어의 이론에서 무한집합의 크기는 **기수**(cardinality)라고 부릅니다.

위의 정의로부터 아래의 따름정리를 얻을 수 있습니다.

예를 들어서 **홀수의 집합**과, **짝수의 집합**은 같은 기수입니다. 홀수는 자기 자신에 1을 더한 수와, 짝수는 자기 자신에서 1을 뺀 수와 각각 대응 관계를 이룹니다. 즉 모든 홀수와 짝수가 일대일로 대응됩니다. 따라서 짝수와 홀수는 같은 기수입니다.

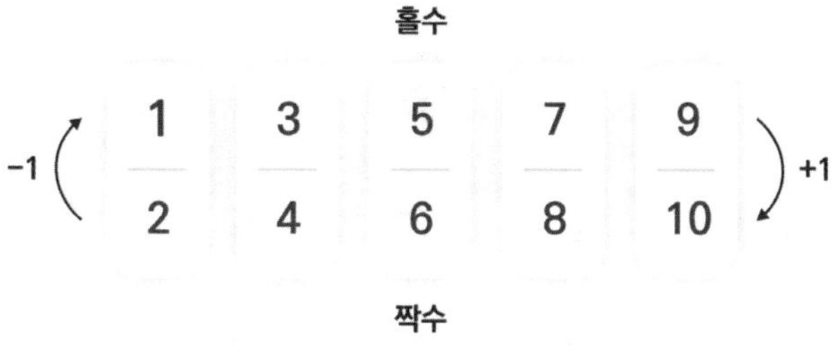

홀수

$$-1 \left(\frac{1}{2} \quad \frac{3}{4} \quad \frac{5}{6} \quad \frac{7}{8} \quad \frac{9}{10} \right) +1$$

짝수

또 다른 예를 들어볼게요. 0을 포함한 자연수의 집합을 확장된 자연수의 집합이라고 부릅시다. **자연수의 집합**과 **확장된 자연수의 집**

합의 크기를 비교해 볼까요? 직관적으로는 확장된 자연수의 집합이 자연수의 집합보다 더 클 것 같습니다. 하지만 확장된 자연수의 집합 각 원소에 1을 더하면 모든 원소를 자연수에 대응시킬 수 있습니다. 반대로 자연수의 집합의 각 원소에 1을 빼면 모든 원소를 확장된 자연수에 대응시킬 수 있습니다. 따라서 두 집합은 같은 기수입니다.

자연수의 집합과 **짝수의 집합**도 같은 기수입니다. 자연수에 2를 곱한 수와 짝수를 2로 나눈 수가 일대일로 대응되기 때문입니다.

자연수 집합과 같은 기수의 집합, 즉 짝수의 집합, 홀수의 집합, 확장된 자연수의 집합 등을 셀 수 있는 집합, 또는 **가산집합**(countable set)이라고 부릅니다.

> **가산집합(셀 수 있는 집합)**
> 자연수 집합과 같은 기수의 집합을 가산집합이라고 한다.

가산집합의 또 다른 예시는 **정수의 집합**입니다. 아래 그림과 같이 오른쪽 왼쪽으로 왔다 갔다 하면서 정수를 세면 0은 1과, 1은 2와, -1은 3과, 2는 4와 대응됩니다. 모든 정수와 자연수를 대응시킬 수 있으므로 정수도 가산집합입니다.

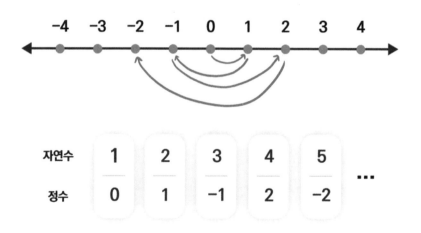

난이도를 한 단계 더 업그레이드해 보겠습니다. **격자점**이란 좌표의 각 성분이 정수인 점을 말합니다. 다음 그림에서 회색 점을 제외한 4개의 점은 모두 격자점입니다.

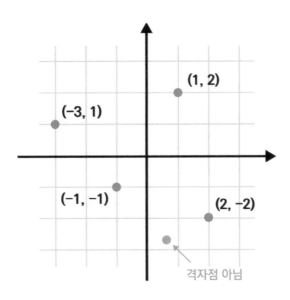

직관적으로 격자점의 집합은 자연수의 집합보다 훨씬 더 클 것 같습니다. 격자점은 1차원 수직선 위에 존재하는 자연수와 달리 2차원 평면 위에서 끝없이 펼쳐지니까요. 하지만 격자점 집합 역시 가산집합입니다. 아래와 같이 중앙에서 시작해서 나선 모양으로 빙글빙글 돌아가며 격자점에게 번호를 부여하면 모든 격자점에 빠짐없이 자연수를 대응시킬 수 있습니다.

그런데 지금 하고 있는 이 이야기 익숙하지 않나요? 네, 힐베르트 호텔에서 무한히 많은 사람을 호텔 안에 넣으려고 했던 것과 비슷하네요! 힐베르트의 무한호텔에는 자연수 개수만큼의 호실, 즉 가산 개의 호실이

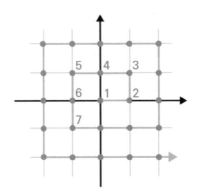

존재합니다. 이미 모든 방이 차 있던 상태에서 한 명의 손님이 와도 문제가 없었던 것은, **확장된 자연수의 집합 역시 가산집합이기 때문**입니다. 무한히 많은 사람이 몰려와도 모두에게 방을 내줄 수 있었던 것은, **정수 집합이 가산집합이기 때문**입니다. 한편 무한히 많은 사람이 타고 있는 버스가 무한히 많이 와도 모두에게 방을 내줄 수 있었던 것은 **격자점 집합이 가산집합이기 때문**입니다.

앞서 우리는 소수의 거듭제곱을 이용해 무한 대의 버스에 타고 있는 무한 명의 손님에게 방을 내어주었습니다. 하지만 지금의 설명처럼 각각의 손님을 좌표평면 위의 격자점으로 표현한 뒤 나선형으로 돌려 나가며 방을 배정하는 방법을 사용해도 괜찮습니다.

힐베르트의 호텔	칸토어의 이론
손님이 1명 더 와도 방을 내줄 수 있음	확장된 자연수 집합은 가산집합
무한 명의 손님을 태운 버스가 와도 방을 내줄 수 있음	정수 집합은 가산집합
무한 명의 손님을 태운 버스가 무한 대 와도 방을 내줄 수 있음	격자점 집합은 가산집합

셀 수 없을 정도로 큰 집합

지금까지 우리는 정수와 격자점을 만나봤습니다. 정수의 경우에는 오른쪽 왼쪽으로 번갈아 가며 세는 방법을 통해, 격자점의 경우에는 나선을 그려가며 세는 방법을 통해 자연수와 대응시킬 수 있었습니다. 이쯤 되면 모든 집합이 가산집합인 게 아니냐는 의문도 드네요. 하지만 가산집합이 아닌 집합도 존재합니다. 대표적인 예시가 바로 자연수의 **멱집합**입니다.

> **멱집합**
>
> 집합 S의 멱집합은, 집합 S의 모든 부분집합으로 이루어진 집합이다.
> 집합 S의 멱집합은 $P(S)$라고 표기한다.

예를 들어 집합 {1, 2}의 부분집합은 {}, {1}, {2}, {1, 2} 로 총 4개입니다(공집합도 집합의 부분집합이라는 것을 잊지 맙시다). 따라서 {1, 2}의 멱집합은,

$$P(\{1,2\}) = \{\{\}, \{1\}, \{2\}, \{1,2\}\}$$

입니다. 또 다른 예를 들자면, 집합 {1, 2, 3}의 멱집합은 다음과 같습니다.

$$P(\{1,2,3\}) = \{\{\}, \{1\}, \{2\}, \{3\}, \{1, 2\}, \{1, 3\}, \{2, 3\}, \{1, 2, 3\}\}$$

유한집합뿐만 아니라 무한집합의 멱집합도 생각할 수 있습니다. 예를 들어 자연수의 멱집합은 자연수의 모든 부분집합으로 이루어진 집합입니다. 짝수의 집합, 홀수의 집합, 3 하나로만 이루어진 집합, 3 이외의 모든 자연수로 이루어진 집합 등이 모두 자연수의 멱집합에 속합니다.

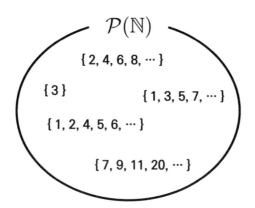

$\mathcal{P}(\mathbb{N})$

{ 2, 4, 6, 8, ⋯ }

{ 3 }   { 1, 3, 5, 7, ⋯ }

{ 1, 2, 4, 5, 6, ⋯ }

{ 7, 9, 11, 20, ⋯ }

자연수의 멱집합은 어떤 방법을 사용하더라도 자연수와 일대일 대응시킬 수 없습니다. 칸토어는 이 사실을 **대각선 논법**이라는 아름다운 논법을 통해 증명했습니다. 이 논법의 아름다움은, 에르되시 팔(Paul Erdős)이라는 저명한 수학자가 '신이 (가장 아름다운 증명만을 모아 놓은) 수학책을 가지고 다닌다면 그 책에 반드시 있을 증명'이라고 칭송할 정도였습니다.

대각선 논법은 다음과 같습니다. 우선 자연수의 모든 부분집합과 자연수 사이의 일대일대응이 가능하다고 가정합시다. 그 대응 방법이 어떨지는 모르겠지만 적당히 다음과 같다고 할게요. 우리의 목적은 이 가정의 모순을 찾아내어 가정이 틀렸음을, 즉 자연수의 모든 부분집합과 자연수 사이의 일대일대응이 불가능함을 보이는 것입니다.

자연수	부분집합
1	{ 2, 4, 6, 8, ⋯ }

2	{ 1, 3, 5, 7, … }
3	{ 3 }
4	{ 1, 2, 4, 5, 6, 7, … }
5	{ 2, 7 }
⋮	⋮

부분집합을 더 통일성 있게 표현하기 위해, 모든 부분집합을 O 와 X의 문자열로 표현하겠습니다. 만약 자연수 n이 부분집합에 포함되어 있으면 문자열의 n번째 자리를 O로, 포함되어 있지 않으면 X로 표기해 볼게요. 표에 있는 5개의 부분집합을 표기하면 아래와 같습니다.

자연수	부분집합	OX문자열
1	{ 2, 4, 6, 8, … }	XOXOXOXO…
2	{ 1, 3, 5, 7, … }	OXOXOXOX…
3	{ 3 }	XXOXXXXX…
4	{ 1, 2, 4, 5, 6, 7, … }	OOXOOOOO…
5	{ 2, 7 }	XOXXXXOX…
⋮	⋮	⋮

우리가 표에서 주의 깊게 봐야 할 것은 n번째 문자열의 n번째 자리입니다. 다음 표에서 파란색으로 표시된 부분이죠. 대각선 논법이라는 이름은 이 단계에서 비롯되었습니다.

자연수	부분집합	OX문자열
1	{ 2, 4, 6, 8, … }	XOXOXOXO…
2	{ 1, 3, 5, 7, … }	OXOXOXOX…

3	{ 3 }	XXOXXXXX…
4	{ 1, 2, 4, 5, 6, 7, … }	OOXOOOOO…
5	{ 2, 7 }	XOXXXXOX…
⋮	⋮	⋮

우리는 파란색으로 표시된 자리를 이용해서 새로운 O와 X의 문자열을 만들 것입니다. 이 새로운 문자열의 n번째 자리는, 자연수 n과 대응되는 문자열의 n번째 기호의 **반대**로 정합니다. 예를 들어 자연수 1과 대응되는 문자열의 첫 번째 기호가 X라면, 새로운 문자열의 첫 번째 기호는 O입니다.

자연수	부분집합	OX문자열	새 문자열
1	{ 2, 4, 6, 8, … }	XOXOXOXO…	O???????…
2	{ 1, 3, 5, 7, … }	OXOXOXOX…	OO??????…
3	{ 3 }	XXOXXXXX…	OOX?????…
4	{ 1, 2, 4, 5, 6, 7, … }	OOXOOOOO…	OOXX????…
5	{ 2, 7 }	XOXXXXOX…	OOXXO???…
⋮	⋮	⋮	

이 표에는 모든 문자열(부분집합)과 자연수가 빠짐없이 대응되어 있으므로, 새로 만들어진 문자열도 이 표의 어딘가에 수록되어 있어야 합니다. 하지만 새로 만들어진 문자열은 n번째 문자열의 n번째 자리에서 항상 어긋납니다! 때문에 이 문자열은 위의 표에 수록된 그 어떤 문자열하고도 일치하지 않습니다. 이는 우리의 가정과

모순되는 결과입니다. 따라서 자연수 멱집합과 자연수를 대응시키는 방법은 존재하지 않습니다.

대각선 논법을 통해 칸토어는 자연수의 멱집합은 셀 수 없을 정도로 큰 집합이라는 것을 증명했습니다. 자연수의 멱집합과 같이 자연수보다 더 큰 기수의 집합을 **비가산집합**(uncountable set)이라고 합니다.

자연수의 멱집합과 같은 기수를 가진 집합의 예시로는 **실수의 집합**이 있습니다. 자연수의 멱집합과 실수의 집합이 같은 기수임을 보이는 논증도 대각선 논법 못지않게 신기합니다. 증명의 단계는 다음과 같습니다. 먼저 자연수의 멱집합과 $[0, 1]$[8]이 같은 기수의 집합임을 보이고, 그 후 $[0, 1]$과 모든 실수의 집합이 같은 기수의 집합임을 보일 것입니다.

다음과 같이 $[0, 1]$에 속하는 임의의 점 x를 생각해 봅시다.

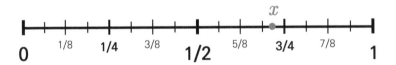

대각선 논법을 다루며 언급했듯이, 자연수의 멱집합은 O와 X의 무한한 나열과 일대일대응을 이룹니다. 우리의 목적은 0 이상 1 이하의 임의의 실수는 O와 X의 무한한 나열로 표현할 수 있음을 보이는 것입니다. 그러면 $[0, 1]$과 자연수의 멱집합 역시 일대일대응을

---

8 $[0, 1]$은 0 이상, 1 이하의 실수로 이루어진 집합의 표기법입니다.

이룸이 증명됩니다.

x를 O와 X의 무한한 나열로 표현하는 아이디어의 핵심은 1/2, 1/4, 1/8 등 $1/2^n$ 꼴의 길이를 가진 화살표를 사용해 x에 가깝게 다가가되, x를 넘어가지 않도록 하는 것입니다. 구체적인 과정은 다음과 같습니다. 첫 번째 화살표의 길이는 1/2입니다. 이 예시의 경우 x는 1/2보다 크기 때문에 1/2 화살표는 사용합니다. 첫 번째 화살표를 사용했다는 의미로 문자열의 첫 번째 자리를 O로 표시하겠습니다.

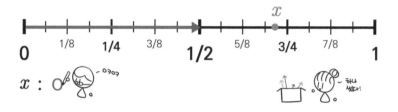

두 번째 화살표의 길이는 1/4입니다. 하지만 1/4 화살표를 사용하면 두 화살표의 총 길이가 x를 넘어섭니다.

넘어가면 안 되기 때문에 1/4 화살표는 사용할 수 없습니다. 두 번째 화살표는 사용하지 못했다는 의미에서 두 번째 자리를 X로 표시하겠습니다.

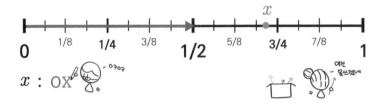

세 번째 화살표의 길이는1/8입니다. 1/8 화살표를 사용하면 x를 넘어서지 않으며 x에 더 가깝게 다가갈 수 있습니다. 따라서 1/8 화살표는 사용합니다. 세 번째 화살표는 사용했다는 의미로 문자열의 세 번째 자리를 O로 표시하겠습니다.

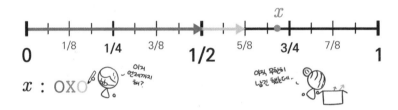

네 번째 화살표의 길이는 1/16 입니다. 1/16 화살표를 사용하면 x를 넘어서지 않으며 x에 더 가깝게 다가갈 수 있습니다. 따라서 1/16 화살표는 사용합니다. 네 번째 화살표는 사용했다는 의미에서 문자열의 네 번째 자리를 O로 표시하겠습니다.

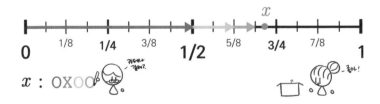

슬슬 감이 오나요? 위와 같은 과정을 계속 밟을수록, 화살표의 합은 x에 점점 가까워집니다. 따라서 위의 과정을 무한히 반복함으로써 얻어지는 O와 X의 무한한 나열은 x와 일대일대응을 이루게 됩니다! 몇 가지 예시는 다음과 같습니다.

x	대응되는 문자열
0	XXXXXXXXXXXXXX…
1	OOOOOOOOOOOOOO…
0.125(1/8)	XXOXXXXXXXXXXX…
0.333…(1/3)	XOXOXOXOXOXOXO…
$\pi - 3$	XXOXXOXXXXOOOO…
$\sqrt{2} - 1$	XOOXOXXOOOOXOX…

이로써 우리는 0과 1 사이의 실수와, O와 X의 무한한 문자열을 대응시키는 방법을 찾았습니다. 그다음 단계는 0과 1 사이의 실수와 모든 실수 사이의 일대일대응을 밝히는 것입니다. 이것은 매우 간단하고 기발한 아이디어로 쉽게 확인할 수 있습니다. 먼저 0과 1 사이의 실수는 왼쪽과 같은 선분으로 표현할 수 있습니다. 이 선분을 동그랗게 말아 오른쪽과 같은 반원으로 만듭니다.

그 후 다음과 같이 반원의 정중앙에 점을 찍은 뒤, 이 점으로부터

반원 위의 각 점을 이으면 0과 1 사이의 실수와 모든 실수를 대응시킬 수 있습니다! 예를 들어 반원 위의 0.5는 수직선 위의 0과 대응되고, 반원 위의 0.714...는 수직선 위의 5.618...과 대응됩니다. 반원 위의 점이 1에 가까워질수록 그 점에 대응되는 수직선 위의 점은 양의 방향으로 급격히 커지고, 반대로 반원 위의 점이 0에 가까워질수록 그 점에 대응되는 수직선 위의 점은 음의 방향으로 급격히 작아집니다.

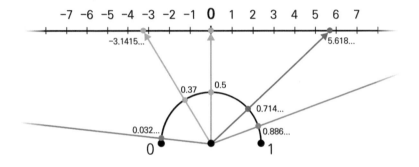

이로써 실수의 집합, 0과 1 사이의 실수의 집합과 O와 X의 무한한 문자열의 집합, 자연수 집합의 멱집합이 모두 같은 기수의 집합임이 증명되었습니다.[9]

지금까지 여러 가지 무한의 크기를 비교해 보았습니다. 꽤 긴 여정이었네요! 다시 기억을 상기할 겸, 다음 페이지에 지금까지의 논의를 하나의 그림으로 정리해 놓았습니다.

---

9 엄밀히 따지자면 반원을 직선에 대응시키는 과정에서 반원의 양 끝 점(0과 1)을 따로 처리해 주어야 하지만 이 과정은 생략하겠습니다.

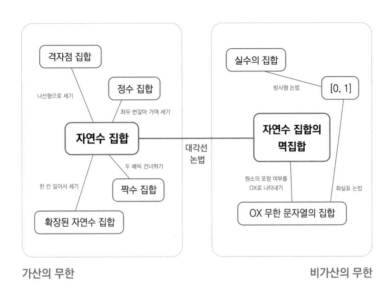

가산의 무한   비가산의 무한

연속체 가설과 알레프 수

지금까지 우리는 자연수 집합과 같은 기수의 집합, 자연수 집합의 멱집합과 같은 기수의 집합, 이렇게 두 가지 부류의 집합을 살펴보았습니다. 그런데 자연수 집합보다는 크고 자연수의 멱집합보다는 작은 기수의 집합이 존재할 수도 있지 않을까요? 여러분 생각이 어떨지는 모르겠지만, 적어도 칸토어는 그런 집합이 존재하지 않을 것이라고 생각했습니다. 칸토어는 자신의 가설을 **연속체 가설**이라는 이름으로 발표했습니다.

연속체 가설

자연수 집합보다 크고 자연수의 멱집합보다 작은 기수의 집합은 존재

> 하지 않을 것이다.

  1900년 힐베르트(이분은 지금 몇 번째 등장하는 걸까요)는 세계 수학자 대회 주최측으로부터 20세기에 풀어야 할 가장 중요한 문제를 선정해 달라는 부탁을 받습니다. 힐베르트는 신중한 고민 끝에 23개의 문제를 선정했는데, 그중 첫 번째가 연속체 가설이었습니다. 그만큼 연속체 가설은 수학계에서 중요한 문제로 인식되었습니다.

  이 글을 쓰는 2021년 기준 지금까지 단 하나의 문제(푸앵카레의 추측)만 풀린 밀레니엄 문제와는 달리, 힐베르트의 스물세 가지 문제는 꽤나 많이 풀렸습니다. 단 4개의 문제를 제외한 나머지 문제는 완전히 해결되었거나, 문제의 해석에 따라 해결되었다고 볼 수 있거나, 해결의 여부를 따지기에 문제 자체가 애매한 것이 있습니다. 힐베르트의 1번 문제인 연속체 가설도 풀렸습니다. 그런데 이 문제의 해답이 매우… 이상합니다.

  1940년 괴델은 다음 사실을 증명했습니다.

> **괴델의 결론(1940년)**
> 연속체 가설은 현 수학의 공리계와 무모순적이다.

  다시 말해 괴델은 연속체 가설이 현 수학의 범위 내에서 어떠한 논리적인 문제점을 가지지 않음을 보였습니다. 그러면 연속체 가설은 참이겠네요. 그렇죠?

  그런데 1963년 코헨이라는 수학자가 또 다른 사실을 증명합니다.

코헨은 연속체 가설의 부정 역시 어떠한 논리적인 문제점을 가지지 않는다는 것을 증명해 보였습니다. 괴델과 코헨의 연구로 인해, **연속체 가설은 참이라고 해도 되고, 거짓이라고 해도 되는 명제**임이 밝혀진 것이죠!

어떻게 가능하냐고요? 1부에서 괴델의 불완전성 정리를 다룰 때 모든 공리계는 무모순이거나 불완전하다고 언급했습니다. 연속체 가설은 괴델의 불완전성 정리의 실례일 뿐입니다.[10] 수학의 완전성과 무모순성을 굳게 믿었던 힐베르트가 가장 중요하게 생각한 문제가 불완전성의 실례가 된 것은 아이러니하네요.

무한집합의 기수는 **알레프 수**(Aleph Number)를 이용해서 표현합니다. 알레프는 히브리어 알파벳의 첫 글자로, $\aleph$와 같이 생겼습니다. 무한집합의 기수 중 가장 작은 기수가 $\aleph_0$, 그 바로 다음의 기수가 $\aleph_1$, 그다음은 $\aleph_2$, 이런 식으로 계속 나아갑니다.

현 수학의 공리계 내에서 자연수보다 낮은 기수의 집합이 존재하지 않음은 증명할 수 있습니다. 따라서 자연수 집합의 기수는 $\aleph_0$입니다. 하지만 연속체 가설의 불완전성 때문에 자연수의 멱집합의 기수는 따지기가 애매합니다. 연속체 가설을 인정한다면 자연수의 멱집합은 기수가 $\aleph_1$이지만, 연속체 가설을 인정하지 않는다면 $\aleph_2$

---

10 연속체 가설은 모순이 아닙니다. 괴델의 결론이 시사하는 바는 연속체 가설이 참이라는 사실이 아니라, 연속체 가설의 부정을 증명할 수 없다는 사실입니다. 코헨의 결론도 마찬가지이며 그 때문에 연속체 가설은 모순이 아닌 불완전한 명제입니다.

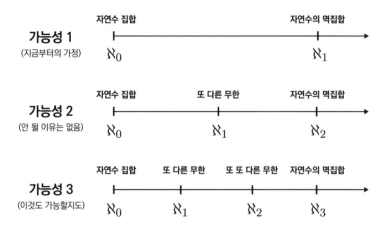

거나 그보다 더 높을 수도 있습니다. 이 책에서는 연속체 가설을 참인 것으로 인정해 자연수의 멱집합은 기수가 $\aleph_1$인 집합이라고 하겠습니다.

자연수의 멱집합보다 더 큰 기수의 집합으로는 '자연수의 멱집합의 멱집합'이 있습니다. 자연수의 멱집합의 멱집합은 대각선 논법을 사용하면 자연수의 멱집합보다 더 큰 기수의 집합임을 보일 수 있습니다. 그럼 자연수의 멱집합의 멱집합은 $\aleph_2$의 집합일까요?

일반화 연속체 가설은 기수가 $\aleph_n$인 집합의 멱집합의 기수는 $\aleph_{n+1}$이라고 주장합니다. 연속체 가설과 마찬가지로 일반화 연속체 가설도 참이라고 해도 상관없고, 거짓이라고 해도 상관없습니다. 일반화 연속체 가설도 참이라고 하면, 자연수의 멱집합의 멱집합은 기수 $\aleph_2$의 집합입니다. 자연수의 멱집합의 멱집합의 멱집합은 기수 $\aleph_3$의 집합입니다.

이처럼 알레프 수도 자연수와 마찬가지로 $\aleph_0, \aleph_1, \aleph_2, \aleph_3, \cdots$ 이렇게 무한히 이어집니다. 그렇다면 우리가 그 어떤 자연수보다 더 큰 크기인 $\aleph_0$를 상정했듯이, 그 어떤 알레프 수보다 더 큰 크기인 $\aleph_{\aleph_0}$를 상정할 수 있습니다. 그런데 이 책에서 자세히 설명하지는 않을 기수와 서수의 개념적인 차이 때문에 $\aleph_{\aleph_0}$라는 표기는 수학에서 사용하지 않고 대신 $\aleph_\omega$라는 표현을 사용합니다. $\aleph_\omega$는 우리가 아무리 멱집합을 여러 번 취해도 도달할 수 없는 상상을 초월하는 크기의 무한입니다.

완두콩으로 태양을 덮는 방법

지금까지 우리는 자연수의 집합이나 정수의 집합 등 대수적인 대상에 집중했습니다. 정수 집합은 자연수 집합보다 2배 더 크지만 기수는 동일합니다. 기하학적인 대상에도 마찬가지 논리가 성립합니다. 예를 들어 2개의 구는 1개의 구보다 2배 더 많은 점을 가지고 있지만, 2개의 구나 1개의 구 모두 기수 $\aleph_1$의 점을 가지고 있습니다.[11]

그러면 혹시 한 개의 구를 여러 개의 조각으로 적당히 자르고 잘 이어 붙이면 2개로 만들 수도 있지 않을까요? 이미 모든 방이 다 차 있는 힐베르트 호텔에서 무한 개의 방을 더 내줄 수 있듯이 말입니다. 이 문제를 고민한 스테판 바나흐(Stefan Banach)와 알프레드 타르스키(Alfred Tarski)는 실제로 가능하다는 것을 보였습니다. 바나흐와 타르스키의 결론은 직관과 너무나도 어긋나는 결과인 탓에

---

11 연속체 가설을 인정할 때

올바른 정리임에도 불구하고 '역설'이라는 이름이 붙었습니다.

> **바나흐-타르스키 역설**
> 구를 5개의 조각으로 적당히 쪼갠 후, 이 5개의 조각을 회전시키고 이동시키기만 해서 동일한 크기의 구 2개로 만들 수 있다.

바나흐-타르스키 역설에 따르면, 하나의 구로부터 2개의 구를 만드는 것이 가능합니다. 그뿐만 아니라 2개의 구로부터 4개의 구를 만들고, 4개의 구로부터 8개의 구를 만들고, 이런 식으로 계속 만들어 나갈 수도 있습니다. 때문에 바나흐-타르스키 역설은 '완두콩과 태양의 역설'이라고도 불립니다. 완두콩을 적당히 자르고 다시 붙이는 과정을 충분히 반복하면 태양을 덮을 수도 있다는 의미에서 붙은 이름입니다.

하지만 이 책에서 바나흐-타르스키 역설을 증명하지는 않을 것입니다. 다음의 QR 코드를 통해 바나흐-타르스키 역설의 개괄적인 증명을 훌륭하게 설명하는 영상을 볼 수 있으니 참고해 주세요 (안타깝지만 한국어 자막은 없습니다). 이 책에서는 바나흐-타르스키 역설의 증명과 비슷한 아이디어를 담고 있는 **하이퍼웹스터 역설**을 소개하겠습니다. 하이퍼웹스터 역설도 바나흐-타르스키 역설과 마찬가지로 어떤 대상을 쪼개고 이어 붙이기만 해서 똑같은 크기의 대상을 여러 개 만들어내는 방법에 대한 역설입니다(하이퍼웹스터 역설은 첨부한 QR 코드 영상의 초반 부분에서도 언급됩니다).

(출처: Vsauce)

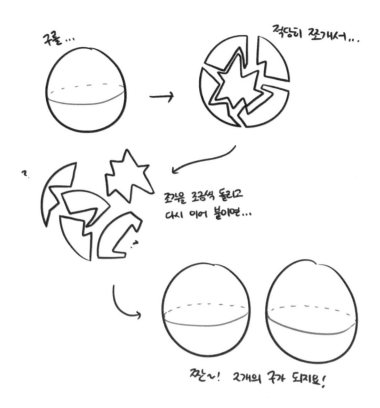

구를…

적당히 쪼개서…

?

쪼각을 조금씩 돌리고
다시 이어 붙이면…

짠~! 2개의 구가 되지요!

　하이퍼웹스터는 여느 수학 이야기가 다 그렇듯이 상상 속의 사전입니다. 이 사전에는 가능한 모든 알파벳의 문자열이 전부 수록되어 있습니다. 이 사전은 a, aa, aaa, aaaa, …와 같이 무한히 많은 a의 나열로 시작합니다. 이렇게 무한한 a의 나열 다음에는 ab, abaa, abaaa, …와 같이 ab로 시작하는 무한히 많은 문자열의 나열이 이어집니다. 사전의 맨 마지막[12]에는 zzzzz… 가 적혀 있습니다(다음 장의 그림 참고). 이 사전에는 띄어쓰기만 안 되어 있을 뿐 가능한 모

12　하이퍼웹스터는 무한히 많은 문자열이 수록된 사전이므로 '마지막 문자열'이라는 표현에는 어폐가 있습니다. 엄밀한 접근을 위해서는 하이퍼웹스터를 무한한 집합열의 합집합으로 정의해야 하지만 이 책에서는 조금 덜 엄밀한 표현을 사용하겠습니다.

든 생각, 문장, 이야기가 들어 있습니다.

하이퍼웹스터는 대단한 사전이지만, 이 사전의 편집장은 한 가지 고민이 있습니다. 사전이 너무 방대하기 때문에 제작비가 만만치가 않습니다. 고민하던 편집장은 묘한 꼼수를 생각해냈습니다. 바로 사전을 분권하는 것이죠. 편집장은 a로 시작하는 문자열만 따로 모아서 [하이퍼웹스터 A 에디션]으로, b로 시작하는 문자열만 따로 모아서 [하이퍼웹스터 B 에디션]으로, 이러한 방식으로 [하이퍼웹스터 Z 에디션]까지 출판하기로 했습니다.

이렇게 분권하면 장점이 있습니다. [하이퍼웹스터 A 에디션]의 모든 문자열은 a로 시작한다는 사실을 독자들도 알고 있기 때문에 굳이 문자열 맨 앞에 있는 a는 쓰지 않더라도 독자들이 알아서 a를 넣을 것입니다. 예를 들어 [하이퍼웹스터 A 에디션]에 수록된 pple은 독자들이 알아서 apple로 읽겠죠. 때문에 편집장은 인쇄비를 더 줄이기 위해 [하이퍼웹스터 A 에디션]에 수록된 모든 단어에서 맨 앞의 a를 생략한 [하이퍼웹스터 A 에디션 생략본]을 출판하기로 했습니다.

그런데 말이죠, [하이퍼웹스터 A 에디션]에는 **a로 시작하는 모든 단어**가 수록되어 있습니다. 따라서 앞에 있는 a를 제거한 [하이퍼웹스터 A 에디션 생략본]에는 **모든 단어**가 수록되어 있는 셈입니다. 즉, [하이퍼웹스터 A 에디션 생략본]과 하이퍼웹스터는 동일한 사전입니다! 따라서 하이퍼웹스터를 A부터 Z까지 총 26개의 에디션으로 분권한 뒤 각 에디션의 앞 글자를 생략하면, 26개의 새로운 하이퍼웹스터가 만들어집니다.

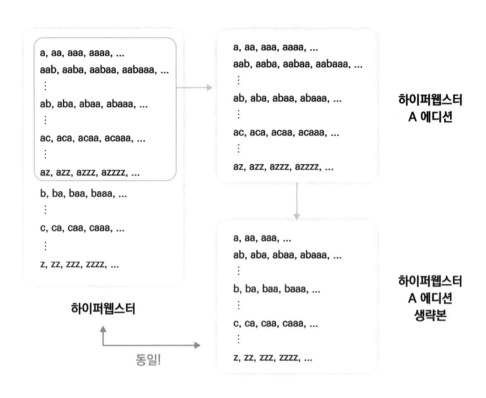

a, aa, aaa, aaaa, ...
aab, aaba, aabaa, aabaaa, ...
⋮
ab, aba, abaa, abaaa, ...
⋮
ac, aca, acaa, acaaa, ...
⋮
az, azz, azzz, azzzz, ...
b, ba, baa, baaa, ...
⋮
c, ca, caa, caaa, ...
⋮
z, zz, zzz, zzzz, ...

하이퍼웹스터

a, aa, aaa, aaaa, ...
aab, aaba, aabaa, aabaaa, ...
⋮
ab, aba, abaa, abaaa, ...
⋮
ac, aca, acaa, acaaa, ...
⋮
az, azz, azzz, azzzz, ...

하이퍼웹스터
A 에디션

a, aa, aaa, ...
ab, aba, abaa, abaaa, ...
⋮
b, ba, baa, baaa, ...
⋮
c, ca, caa, caaa, ...
⋮
z, zz, zzz, zzzz, ...

하이퍼웹스터
A 에디션
생략본

동일!

바나흐-타르스키 역설의 아이디어도 하이퍼웹스터 역설과 비슷
합니다. 무한히 많은 단어가 수록된 사전을 분권하는 것만으로 26개
의 동일한 사전이 만들어지듯이, 무한히 많은 점으로 이루어진 구를
쪼개는 것만으로 2개의 새로운 구를 만들 수 있습니다. 대신 하이퍼
웹스터는 어떤 알파벳으로 시작하느냐에 따라 사전을 분권했지만,
바나흐-타르스키 역설은 구를 이루는 각 점의 방향성이 위쪽, 아래
쪽, 오른쪽, 왼쪽, 중앙 중 어느 방향이느냐에 따라 구를 쪼갭니다.

바나흐-타르스키 역설로 무한을 연결하는 이야기가 끝났습니

다. 바나흐-타르스키 역설을 현실에서 구현하는 것은 불가능합니다. 이 역설은 구가 무한히 많은 점으로 이루어져 있다는 사실에 기반하는데, 현실에서 모든 물체는 유한 개의 원자로 이루어져 있기 때문입니다.

이 때문에 몇몇 사람들은 바나흐-타르스키 역설과 같은 정리를 찾아내는 게 무슨 쓸모가 있냐고 물을 수도 있습니다. 하지만 지금까지 누누이 강조했듯이, 수학은 현실에 사용하기 위해 존재하는 학문이 아닙니다. 수학은 인간이 사유할 수 있는 범위를 넓히기 위해 존재하는 학문입니다. 현실 세계에서 우리는 가장 작은 크기의 무한인 $\aleph_0$에 접근조차 할 수 없습니다. 태양의 크기, 은하의 크기, 우주의 크기, 이들은 인간의 시각에서는 상상을 초월할 정도로 크게 느껴지지만, 무한의 시각에서는 태평양에 떨어지는 빗방울에 불과합니다. 하지만 태양과 은하의 크기, 우주의 크기에 비해 보잘것없는 인간은 논리와 수학을 이용해 무한을, 그리고 무한을 넘는 무한을 사유할 수 있습니다.

아이러니하게도 이 세상에서 가장 무한에 가까운 것은 지름이 930억 광년을 넘는 우주가 아니라, 지름 고작 15센치미터에 남짓한 인간의 뇌 속에서 사유되는 논리입니다. 추상적인 사고를 통해 상상의 한계를 극복하는 것, 이것이 수학의 환상적인 매력 아닐까요?

수학계의 뜨거운 감자, 선택 공리

바나흐-타르스키 역설이나 하이퍼웹스터 역설이 가능한 것은 **선택 공리** 때문입니다. 선택 공리는 현대 수학에서 채택하는 집합론의 공리계인 ZFC 공리계 중 가장 논쟁이 많았던 공리입니다. 선택 공리를 집합론의 공리계에 추가해야 할지, 말아야 할지는 20세기 수학의 큰 논쟁거리였습니다.

> **선택 공리**
> 유한 개 또는 무한 개의 집합으로부터 각각 원소를 하나씩 선택해 새로운 집합을 구성할 수 있다.

예를 들어보겠습니다. 아래와 같은 3개의 집합이 있다고 합시다.

$$S_1 = \{a, b, c\}$$
$$S_2 = \{d, e, f, g\}$$
$$S_3 = \{h, i\}$$

선택 공리에 따르면, 위 3개의 집합에서 각각 하나씩 원소를 골라 새로운 집합을 구성하는 것이 가능합니다. 예를 들어 S_1으로부터 b, S_2로부터 d, S_3로부터 h를 골라 아래의 집합 S를 구성할 수 있습니다.

$$S = \{b, d, h\}$$

선택 공리는 유한 개의 집합뿐만 아니라 무한 개의 집합에서도 위와 같은 과정을 허용합니다. 예를 들어 소수 p에 대해 S_p는 p의 거듭제곱으로 이루어진 집합이라고 합시다. p가 2일 때로 예를 들면 $S_p = \{2, 2^2, 2^3, 2^4, \cdots\}$ 입니다. 소수는 무한히 많이 있으므로, S_p 집합도 $S_2, S_3, S_5, S_7, S_{11}, \cdots$ 등 무한히 많이 있습니다. 선택 공리에 따르면 무한히 많은 S_p의 집합에서 각각 하나의 거듭제곱을 적당히 선택해 아래와 같이 각 소수의 특정 거듭제곱으로 이루어진 집합을 구성할 수 있습니다.

$$S = \{2^4, 3^7, 5^9, 7^{12}, \cdots\}$$

음… 지금 여러분이 무슨 생각을 하고 있는지 알 것 같네요. '이건 완전 당연한 소리 아냐?'라고 생각했겠죠? 처음에는 수학자들도 이 공리를 정말 당연하게 생각했습니다. 너무나 당연한 탓에 19세기까지 수학자들은 선택 공리를 공리로 인지하지도 않았을 정도였습니다.

하지만 집합론 관련 연구가 더욱 발전하면서 선택 공리는 양의 탈을 쓴 늑대라는 사실이 밝혀졌습니다. 당연해 보이는 선택 공리를 인정하는 순간 매우 이상한 결과를 도출하게 되거든요. 그중 하나가 바로 바나흐-타르스키 역설과 하이퍼웹스터 역설입니다. 이 두 역설은 선택 공리가 있어야만 성립합니다. 하이퍼웹스터 역설의 경우 하이퍼웹스터를 분권하는 것이 가능하다는 것을 보장하기 위해 선택 공리가 필요합니다. 바나흐-타르스키 역설도 비슷한 과정에서 선택 공리를 필요로 합니다.

선택 공리의 기이함과 관련해 거론되는 또 다른 예시는 **비가측 집합의 존재성**(existence of non-measurable set)입니다. 일반적으로 실수로 이루어진 집합은 그 집합을 수직선 위에 표현함으로써 집합의 길이를 측정할 수 있습니다. 예를 들어 1부터 5 사이의 모든 실수로 이루어진 집합을 생각해 볼게요. 이 집합은 아래와 같이 표기할 수 있습니다.

$$S = (1, 5)$$

집합 S를 수직선 위에 표시하면 아래와 같습니다.

위 선분은 수직선 위에서 4만큼의 길이를 차지합니다. 따라서 집합 S는 길이 4의 집합입니다.[13]

그러나 모든 집합이 양의 길이를 가지는 것은 아닙니다. 예를 들어 오직 3만 원소로 가지고 있는 집합을 수직선 위에 표시하면 단 하나의 점에 불과합니다. 이와 같은 집합의 길이는 0입니다.

---

13 엄밀히는 르베그 측도 4의 집합이라고 표현해야 합니다.

(출처: PBS)

그런데 선택 공리를 도입하면 길이가 0이라고 해도 모순이 일어나고, 길이가 0이 아니라고 해도 모순이 일어나는 집합을 구성하는 것이 가능합니다. 이러한 집합을 비가측 집합이라고 합니다. 비가측 집합을 구성하는 과정은 다소 복잡하기 때문에 이 책에서는 생략하겠지만, 관심 있는 분들은 QR 코드의 훌륭한 영상을 참고하시길 바랍니다(이 영상도 한국어 자막은 없습니다. 영어를 열심히 공부하라는 데 이유가 있었군요…).

바나흐-타르스키 역설이나 비가측 집합의 존재성 등 선택 공리가 도출하는 수많은 비직관적 결과 때문에 많은 수학자는 선택 공리를 공리로 인정하는 것에 거부감을 보였습니다. 하지만 선택 공리는 동시에 정렬 정리나 초른의 보조정리와 같은 강력한 정리를 증명할 수 있는 너무나도 유용한 공리였습니다. 선택 공리를 공리로 인정할지 말지에 대한 긴 논쟁이 있었지만, 현대에는 선택 공리를 집합론의 공리로 인정하는 것이 중론입니다.

3부

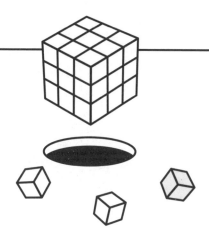

보물이 숨어 있는
수학의 숲

①
문제 속에 감춰진
비둘기를 찾아서

보물이 숨어 있는 수학의 숲

우리는 수학이라는 정교한 기술을 익혀가고 있습니다. 1부에서
는 수학이 어떤 가이드라인을 사용하는지, 2부에서는 수학의 새로
운 개념이 어떻게 만들어지는지 알아보았습니다. 3부에서는 수학
적 사고력을 이용해서 문제를 같이 풀어보도록 할게요.

저는 수학 문제를 푸는 과정이 지도를 들고 숲속에 숨어 있는 보물을 찾으러 가는 모험과 비슷하다고 생각합니다. 숲속에 숨어 있는 보물을 찾기 위해서는 수많은 갈림길을 마주하게 됩니다. 단서는 보물 지도에 있지만 그 길을 찾아 나가는 것은 우리의 몫입니다. 막다른 길을 마주치고는 실망감에 휩싸일지도 모르지만 가끔씩 보물 지도에 주어진 단서와 정확히 일치하는 풍경을 만나는 짜릿함을 느낄 수도 있을 것입니다.

수학 문제를 푸는 과정도 마찬가지입니다. 문제에 주어진 단서를 짜맞춰 나가는 것은 우리의 몫입니다. 다양한 아이디어를 시도해보지만 대부분의 경우 별 소득 없이 문제 주위를 맴돌 뿐입니다. 하지만 머리를 짜내서 생각해 낸 아이디어가 단서와 딱 맞아떨어지는 순간, 마치 숲속에 숨겨진 보물을 찾아낸 듯한 기분이 들 겁니다.

3부를 구상하면서 최대한 복잡한 수식을 쓰지 않으면서도, 즐거운 반전이 있고, 또 여러분의 수학적 사고력을 길러줄 수 있는 문제를 선정하려고 애썼습니다. 그러니 수식이나 계산에 익숙하지 않더라도 제가 가져온 문제에 기꺼이 도전해 주세요. 그 과정에서 여러분도 숲속의 보물, 문제 속 답을 찾는 재미를 느끼면 좋겠습니다.

우리가 탐험할 첫 번째 숲은 **비둘기의 숲**입니다. 이곳에는 어떤 보물이 숨어 있을까요?

두 개의 문제, 하나의 원리

우리가 찾을 첫 번째 보물은 다음 문제의 답입니다.

> **숨어 있는 보물**
> 한 변의 길이가 2인 정사각형 안에 5개의 점을 찍을 때,
> 거리가 1.42보다 작은 두 점의 쌍이 항상 존재하는가?

다음 그림의 경우 두 점 A와 B사이의 거리가 1.42보다 작습니다. 위 문제에서는 어떤 방법으로 5개의 점을 찍든, 항상 거리가 1.42보다 작은 2개의 점을 찾을 수 있는지를 물어봅니다.

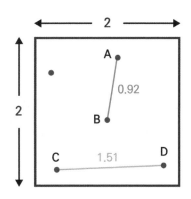

흠… 꽤 어려운 문제네요. 5개의 점을 찍는 경우의 수는 무한히 많기 때문에 일일이 다 확인해 볼 수 없습니다. 어떻게 찾아가야 할지 도저히 감이 안 잡힙니다. 보물이 너무 꼭꼭 숨어 있는 거 같으니 단서를 드릴게요.

보물의 단서

서울시에 머리카락 개수가 같은 두 사람이 항상 존재할까?
서울시의 인구는 약 1,000만 명이고, 사람의 머리카락 개수는
약 10만 개다.

단서가 너무 뜬금없죠? 우리가 찾아야 하는 보물은 기하학적 문제의 답입니다. 반면 단서로 제공된 문제는 기하학과 관련 있기는커녕 수수께끼 같네요. 하지만 이 단서를 해결하면 보물로 향하는 지름길을 손에 넣을 수 있습니다. 어떻게 이 단서를 풀어야 할지 고민해 보세요.

우리가 탐험하고 있는 이 숲의 이름은 **비둘기의 숲**입니다. 제가 이러한 이름을 붙인 것은 이 숲을 공략하는 핵심 전략이 **비둘기집 원리**이기 때문입니다.

비둘기집 원리

n개의 비둘기 집에 n마리보다 많은 비둘기가 들어가려고 하면,
적어도 하나의 비둘기 집에는 2마리 이상의 비둘기가 들어가야 한다.

비둘기집 원리는 실생활에서도 종종 등장하는 익숙한 개념입니다. 예를 들어 3명과 가방 4개가 있다면, 적어도 1명은 2개 이상의 가방을 들어야 합니다. 물론 2명이 2개씩 나눠 들거나, 1명이 4개의 가방을 다 들 수도 있고요. 그러나 어떠한 경우에도 **적어도** 1명은 2개 **이상**을 드는 수고를 해야 합니다.

머리카락 문제는 비둘기집 원리로 접근할 수 있습니다. 서울 시민을 비둘기로, 서울 시민의 머리카락 개수를 비둘기 집이라고 두겠습니다. 머리카락이 1개인 사람은 1번 집으로, 2개인 사람은 2번 집으로, 이런 식으로 모든 비둘기(서울 시민)들이 자신의 집(머리카락 개수)을 찾아간다고 할게요. 서울시에서 머리카락이 가장 많은 사람이 넉넉잡아 100만 개의 머리카락을 가지고 있다고 하면, 비둘기 집은 총 100만 개가 있습니다. 하지만 서울 시민은 1,000만 명이나 되네요. 비둘기 집의 원리에 의해 적어도 하나의 집에는 2명 이상의 서울 시민이 들어갑니다. 따라서 서울시에는 항상 머리카락의 개수가 같은 2명이 존재합니다! ■[1]

이렇게 보니 머리카락 문제는 무척 간단하네요. 하지만 이 문제

---

1 ■는 증명이 완료되었음을 의미하는 기호입니다.

를 보자마자 풀어내는 사람은 드뭅니다. 문제의 해답은 누구나 이해하지만 그 해답으로 향하는 본질을 찾아내는 것은 훨씬 어려운 일이거든요. 수학을 공부하는 이유가 여기에 있습니다. 수학의 목적은 숫자 놀음에 익숙해지기 위한 것이 아니라 문제의 본질을 꿰뚫는 능력을 기르고 이 능력을 삶에 녹여내는 데 있습니다.

생일이 같은 사람이 존재할 확률

비둘기집 원리와 관련된 또 다른 유명한 문제가 있습니다.

> ### 비둘기 숲속의 생일 문제
> 미국 의회의 의원 중 생일이 겹치는 사람이 적어도 한 쌍 존재하는가?
> 의원은 총 535명이다.

마찬가지로 비둘기집 원리로 접근하면 간단하게 풀리는 문제입니다. 365개의 날짜가 각각 비둘기 집이라고 합시다. 각 의원들은 자신의 생일에 맞는 비둘기 집을 찾아갑니다. 하지만 의원의 수가 비둘기 집의 수보다 많기 때문에 적어도 하나의 비둘기 집(날짜)에 2명의 의원이 들어가야 합니다. 때문에 미국 의원 중에는 생일이 겹치는 2명이 항상 존재합니다.

문제를 대한민국 의원으로 설정하지 않은 이유는 대한민국 의원 수가 300명이기 때문입니다. 비둘기집 원리를 적용하기에는 사람이 조금 모자르네요. 하지만 조금 다른 시각으로 접근해 볼까요? 잠시 비둘기의 숲을 떠나 **확률의 숲**으로 여행을 가볼게요.

> ### 확률의 숲속 생일 문제
> 대한민국 국회의원 중 생일이 겹치는 사람이 적어도 한 쌍 존재할 확률은 얼마인가?
> 국회의원은 총 300명이다.

100퍼센트는 아닐 것입니다. 100퍼센트이기 위해서는 적어도 366명은 필요하니까요. 그래도 꽤 높긴 할 거 같네요. 어떻게 생각하세요? 70퍼센트? 아니면 80퍼센트 정도?

이 문제의 답을 알아내기 위해 먼저 5명 중 생일이 겹치는 사람이 있을 확률을 구해볼게요. 이 확률은 100퍼센트에서 5명 모두 생일이 다를 확률을 뺀 값입니다.

확률의 정의는 아래와 같습니다.

$$확률 = \frac{특정\ 사건이\ 일어나는\ 경우의\ 수}{일어날\ 수\ 있는\ 모든\ 경우의\ 수}$$

이 식을 사용해 5명 모두 생일이 다를 확률을 구해볼게요. 분모는 5명의 생일 날짜로 가능한 모든 조합의 개수이므로 365를 다섯 번 곱한 365^5입니다. 분자는 어떻게 될까요? 먼저 첫 번째 사람의 생일은 365개의 날짜 중 하루를 임의로 선택할게요. 그럼 두 번째 사람의 생일은 첫 번째 사람의 생일을 제외한 364개의 날짜 중에서 선택해야 합니다. 세 번째 사람은 첫 번째 사람과 두 번째 사람의 생일을 제외한 363개의 날짜 중에서, 네 번째 사람은 362개의 날짜 중에서, 다섯 번째 사람은 361개의 날짜 중에서 선택해야 합니다. 그러므로 5명 모두 생일이 다를 확률은 아래와 같습니다.

$$\frac{365 \times 364 \times 363 \times 362 \times 361}{365^5}$$

이제 5명 중 생일이 겹치는 사람이 있을 확률도 계산할 수 있겠네요.

$$1 - \frac{365 \times 364 \times 363 \times 362 \times 361}{365^5} = 2.7\%$$

매우 낮은 확률이네요. 하긴 5명 중 생일이 겹치는 2명이 있다는 것은 꽤나 놀라운 일입니다. 이 논리를 확장하면, n명이 모였을 때 생일이 겹치는 사람이 적어도 한 쌍 존재할 확률은 아래와 같습니다.

$$1 - \frac{365 \times 364 \times \cdots \times (365 - n + 1)}{365^n}$$

이 공식을 통해 생일이 겹치는 사람이 존재할 확률이 그렇지 않을 확률보다 크기 위해서는 최소한 몇 명의 사람이 모여야 하는지를 구할 수 있습니다. 결과는 놀랍습니다. 많은 사람들이 100명에서 200명 정도로 꽤 많이 필요하다고 생각하지만, 실제로는 **고작 23명**만 모이면 됩니다. 위의 공식에 n에 23을 대입하면, 확률이 50.7퍼센트가 나옵니다. 대부분 한 반에 25명 정도의 학생이 있으니, 생일이 겹치는 친구가 있는 경우가 그렇지 않았던 적보다 더 많았을 것입니다.

하지만 아마 여러분은 같은 반에서 생일이 겹치는 친구가 있었던 적을 거의 떠올리지 못할 것입니다. 제 경험에도 없네요. 이 수학적 결과와 기억의 괴리감은 심리적인 이유로 설명할 수 있습니다. 만약 **나의 생일**과 **타인의 생일**이 같다면, 그 사실은 오랫동안 기억에 남습니다. 하지만 **타인의 생일**과 **또 다른 타인의 생일**이 같다는 사실은 기억 속에서 빠르게 없어집니다. 게다가 매우 가까운 관계가 아닌 이상 타인의 생일을 외우고 다니지 않으므로 두 타인의 생일이 같다는 사실은 알아차리기 힘듭니다. 생일이 겹치는 사람을 많이 만났지만 그 사실을 인지하지는 못했던 것이죠.

그렇다면 300명의 국회의원 중 생일이 겹치는 사람이 있을 확률은 얼마일까요? 이 확률은 상상을 초월할 정도로 큽니다. 99.99999...94퍼센트입니다(소수점 뒤로 9를 79개나 써야 하기 때문에 중간에 생략했습니다). 300명은 비둘기집 원리를 사용해서 생일이 겹치는 2명의 존재성을 입증하기에는 부족한 인원이지만, 확률의 원리를 사용하면 로또 1등에 연달아 열 번 당첨될 정도로 극악한 확률이 아닌 이상 생일이 겹치는 사람이 있다고 확신해도 되는 정도라는 걸 알 수 있습니다.

정사각형과 비둘기 집

그럼 다시 보물을 찾으러 가볼게요.

단서로 주어진 문제가 비둘기집 원리에 관해서였으니, 이 문제의 핵심도 비슷할 것 같네요. 어떻게 풀면 좋을까요? 힌트를 하나 더 드리자면 **피타고라스 정리**를 사용해야 합니다.

이 문제는 비둘기집 원리를 적용하기 조금 더 까다롭습니다. 무엇을 비둘기로, 무엇을 비둘기 집으로 설정해야 할지 잘 모를 수 있거든요. 하지만 종이 위에 정사각형을 그리고 5개의 점을 반복해서 찍다 보면 점점 비둘기와 비둘기 집이 눈에 들어올지도 모릅니다.

문제의 반례를 찾기 위해서는 5개의 점을 서로 최대한 멀리 떨어뜨려야 합니다. 만약 5개가 아니라 4개의 점을 서로 최대한 멀리 떨어뜨려서 찍으려면 어떻게 찍어야 할까요? 이건 쉽네요. 4개의 점을 정사각형의 꼭짓점에 최대한 가깝게 찍으면 됩니다. 그러나 5개의 점을 찍으려고 하면 문제가 생깁니다. 귀퉁이는 4개밖에 없기 때문에 5번째 점의 입지가 난처해집니다. 슬슬 문제 속에 숨어 있는 비둘기집 원리가 보이기 시작하나요?

정사각형을 4등분하고 각각의 구역이 이 문제의 비둘기 집이라고 하겠습니다. 그리고 5개의 점은 비둘기입니다. 비둘기가 비둘기 집보다 많으므로 비둘기집 원리에 의해 적어도 하나의 구역에는 2개 이상의 점이 존재합니다. 다음 그림을 보면 오른쪽 아래에 2개의 점이 있습니다. 이 사소한 발견이 이 문제를 푸는 열쇠입니다.

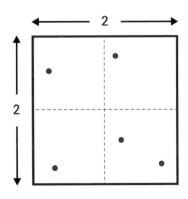

하나의 구역 안에 있는 2개의 점이 최대한 떨어질 수 있는 경우는 아래와 같습니다.

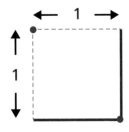

이때 두 점 사이의 거리가 얼마일까요? 다음과 같이 두 점 사이의 거리를 한 변으로 하는 정사각형(파란색)을 그려 알아볼게요.

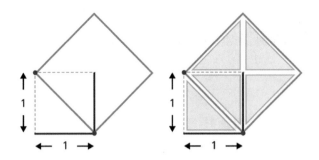

오른쪽 그림에서 알 수 있다시피 작은 정사각형은 노란색 삼각형 2개로 이루어져 있고, 파란색 큰 정사각형은 똑같은 삼각형 4개로 이루어져 있습니다. 따라서 파란색 정사각형의 넓이는 작은 정사각형 넓이의 딱 2배입니다. 즉, 파란색 정사각형의 넓이는 2입니다.

정사각형의 넓이는 한 변의 제곱이죠. 따라서 파란색 정사각형의 한 변의 길이, 즉 하나의 구역 내에서 2개의 점이 서로 최대한 떨어질 수 있는 거리를 x라고 하면 $x^2 = 2$이므로, $x = \sqrt{2}$입니다.

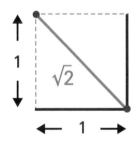

드디어 서서히 보물이 드러나고 있네요. 1.42의 제곱은 2.0164로 2보다 큽니다. 따라서 $\sqrt{2}$는 1.42보다 작죠. 하나의 구역 내에서 2개의 점이 최대한 떨어질 수 있는 거리는 1.42보다 작습니다. 그런데 정사각형에 5개의 점을 찍으면 항상 2개의 점이 하나의 구역을 공유합니다. 따라서 항상 1.42보다 작은 2개의 점이 존재합니다! ■

보물의 해답

한 변이 1인 정사각형을 4등분하면 비둘기집 원리에 의해 적어도 하나의 구역에는 2개 이상의 점이 존재한다.

이 두 점의 거리는 $\sqrt{2}$보다 클 수 없는데, $\sqrt{2}$가 1.42보다 작으므로 문제에서 요구하는 두 점은 항상 존재한다.

본래의 문제와는 아무 관련 없어 보이던 비둘기집 원리가 문제를 푸는 가장 중요한 열쇠일 줄은 몰랐네요. 여러 가지 아이디어를 시도하다가 한 가지 아이디어가 딱 들어맞을 때의 쾌감, 이것이 아마 수학이 실생활에서 그다지 쓸모없음에도 불구하고 그토록 많은 사람이 연구하는 이유일 겁니다.

피타고라스 정리

앞의 문제를 풀기 위해서 우리는 한 변의 길이가 1인 정사각형의 대각선 길이는 $\sqrt{2}$라는 사실을 알아냈습니다. 하지만 이 사실은 훨씬 더 쉽게 구할 수 있습니다. 아무리 수학에 문외한인 사람이라도 들어는 봤다는 그 유명한 피타고라스 정리를 사용하면 됩니다.

피타고라스 정리는 두 점 사이의 거리를 구하는 방법에 관한 정리입니다. 아래와 같이 세로 방향으로 a, 가로 방향으로 b만큼 떨어진 두 점이 있다고 할게요. 두 점 사이의 거리를 c라고 하면 아래의 관계가 성립합니다.

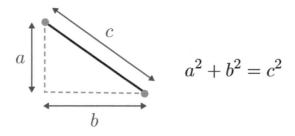

$$a^2 + b^2 = c^2$$

피타고라스 정리의 증명은 생각보다 도전해 볼 만합니다. 그럼 이제 다음 단서를 보고 생각해 보세요. 단서는 '넓이'입니다.

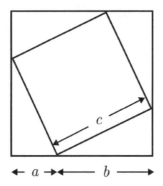

피타고라스 정리는 3차원으로도 확장할 수 있습니다. 가로 방향으로 a, 세로 방향으로 b, 수직으로 c만큼 떨어진 두 점의 거리를 d라고 하면 아래의 관계가 성립합니다.

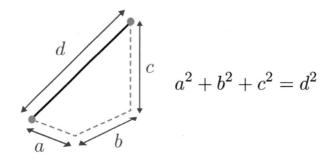

$$a^2 + b^2 + c^2 = d^2$$

3차원에서의 피타고라스 정리는 2차원 피타고라스 정리로부터 바로 증명할 수 있습니다. 이 증명도 여러분이 도전해 볼 수 있는 문제로 남기도록 할게요. 3차원에서의 파타고라스 정리는 나중에 요긴하게 쓰일 테니 공식을 정확히 외우지는 않더라도 이러한 정리가 있다는 사실은 기억해 두고 있기를 바랍니다.

두 번째 보물

이대로 비둘기 숲을 떠나면 아쉬우니까 한 가지 보물을 더 찾고 갈까요?

두 번째 보물

주어진 5개의 격자점 중에서 두 점의 중점이,

다시 격자점이 되는 두 점을 고를 수 있는가?

문제의 말이 어렵기 때문에 조금 더 자세히 설명하겠습니다. **격자점**은 각 좌표가 모두 정수인 점을 말합니다. **중점**이란 두 점을 이은 선분의 정중앙에 있는 점을 말합니다. 아래 그림에서 점 M은 점 A와 B의 중점입니다.

다음 그림과 같이 5개의 격자점이 무작위로 주어져 있다고 할게요. 여기에서 적절한 2개의 격자점을 선택해 두 격자점의 중점도 격자점이 되도록 할 수 있을까요? 이 경우에는 가능합니다. 5개의 점 중 A, B로 표시한 두 점의 중점은 격자점입니다.

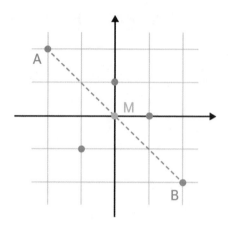

이와 같이 중점도 격자점이 되는 두 격자점을 항상 찾을 수 있을까요? 힌트를 주자면 두 점 (a, b)와 (c, d)의 중점은 $(\frac{a+c}{2}, \frac{b+d}{2})$입니다. 예를 들어 $(1, 2)$와 $(3, 0)$의 중점은 $(2, 1)$입니다.

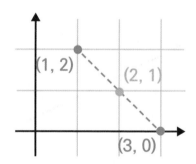

참고로 이 문제의 답은 부록에 있습니다. 여러분이 직접 문제를 해결하는 짜릿함을 느끼기를 바라며 이 페이지에서 답안을 삭제했습니다. 이제 우리는 비둘기의 숲을 떠날 겁니다. 새로운 숲이 우리를 기다리고 있습니다.

②
√(x)

머그잔 안,
계핏가루의 왈츠

어린 시절의 소소한 탐구

지금은 프로그래밍과 수학을 공부하고 있지만, 초등학생 때 저는 과학자가 되고 싶었습니다. 그 당시 만물의 이치를 설명하는 과학의 능력에 매료됐거든요. 실험실에서 연구를 하는 과학자의 모습은 마치 인류의 지성을 개척해 나아가는 탐험가처럼 보였죠. 그러나 시간이 지나면서 현실 세계에서 답을 찾는 것보다는 이성적인 세계에서 진리를 구하는 데 관심을 가지게 되었고, 제 열정은 수학이나 프로그래밍 같은 추상적인 학문으로 옮겨갔습니다.

하지만 과학자를 꿈꿨을 당시에는 제 꿈에 꽤 진지했어요. 저희 집에서 창고로 쓰던 방을 비운 뒤 그 방을 실험실로 사용할 정도였죠. 인터넷에서 갖가지 시약이나 실험 기구를 구입한 뒤 책에서 본 실험을 직접 해보곤 했습니다. (그러면서 페트리접시도 터뜨려 보고 카펫도

이걸 어떻게 저으면 모든 점이 움직이지..?

태우면서 저는 실험실 안전수칙의 중요성을 실감했습니다.)

제가 그 작은 방에서 했던 실험 중 하나는 액체를 젓는 다양한 방법을 관찰하는 것이었어요. 대부분이 커피에 설탕이나 시럽을 넣은 후 원형으로 빙글빙글 젓습니다. 그런데 이 방법은 단점이 있습니다. 머그잔 가장자리에 있는 액체는 빠르게 회전하지만, 머그잔 중앙에 있는 액체는 거의 움직이지 않기 때문에 섞이지 않는다는 것이죠. 미숫가루 같은 경우 원형으로 액체를 저으면 겉만 제대로 섞이고 중앙에는 가루가 뭉쳐 있는 상황이 발생하기 쉽습니다.

저는 어떻게 섞으면 액체의 모든 부분을 섞을 수 있을지 궁금했습니다. 그래서 액체의 움직임을 관찰하기 위해 머그잔 속 액체 위에 계핏가루를 뿌린 뒤, 여러 가지 방법으로 저어봤습니다. 역동적인 액체를 떠다니는 계핏가루의 움직임을 관찰하다가 한 가지 흥미로운 사실을 발견했습니다. 제가 시도한 모든 방법에는 휘젓기 전과 휘저은 후의 위치가 동일한 계핏가루가 항상 존재했던 것입니다(그림에서 파란색 점). 이와 같이 커피를 휘젓기 전과 휘저은 후의 위치가 동일한 점을 **고정점**이라고 합니다.

고정점
변환이 취해지기 전과, 취해진 후의 위치가 동일한 점

그렇다면 커피를 젓는 모든 방식에는 항상 고정점이 존재할까

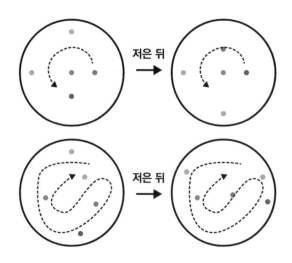

요? 완벽하게 커피를 젓는 것은 불가능할까요? 조금 더 자세히 탐구했으면 좋았겠지만 안타깝게도 저는 금세 다른 주제에 흥미를 가지게 되었고 이 질문은 점점 머릿속에서 잊혀졌습니다. 그러다가 수학을 공부하며 이 의문을 다시 접하게 되었죠. 이에 대해 여러분과 이야기해 보고자 합니다. 이번에 우리가 탐험할 커피의 숲에서 찾을 보물은 아래와 같습니다.

> **커피의 숲속 숨어 있는 보물**
> 커피를 휘젓는 과정은 항상 고정점을 가지는가?

갑자기 분위기 색칠놀이

이 보물은 비둘기의 숲속 보물보다 훨씬 더 찾기 어렵습니다. 그렇기 때문에 여러분께 많은 단서를 드릴 거예요. 커피 젓기 문제를 풀기에 앞서, 조금 뜬금없어 보이지만 나중에 중요하게 쓰일 이야기를 하겠습니다.

아래와 같이 세 꼭짓점 B, Y, R로 이루어진 삼각형이 있습니다. 이 삼각형을 오른쪽의 그림과 같이 더 작은 삼각형으로 분할하는 것을 **삼각분할**이라고 합니다.

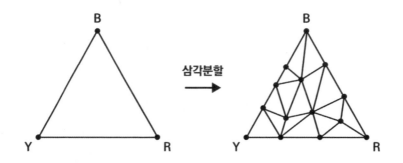

모든 점이 다 검은색이면 밋밋하니까, 각 점을 세 가지 색깔 중 하나로 색칠하겠습니다. 단, 아래 세 가지 조건을 지키면서 색칠할 게요.

1. 꼭짓점 B는 파란색, 꼭짓점 Y는 노란색, 꼭짓점 R은 빨간색으로 칠한다.
2. 큰 삼각형의 세 변 위에 있는 점들은 양 끝 점의 색깔 중 하나로 칠한다.
3. 그 외의 점들은 아무렇게나 칠한다.

위의 세 가지 조건을 만족하면서 삼각분할을 색칠하는 것을 **슈페**

르너의 색칠이라고 합니다. 슈페르너의 색칠의 첫 번째 조건에 따라 먼저 3개의 꼭짓점을 노란색, 파란색, 빨간색으로 색칠하겠습니다. 그리고 두 번째 조건에 따라 노랑-파랑 변 위의 점을 노란색 또는 파란색으로 색칠하고, 나머지 두 변도 똑같은 식으로 색칠하겠습니다. 마지막으로 삼각형 내부의 점들은 마음 가는 대로 색칠하면 슈페르너의 색칠이 끝납니다.

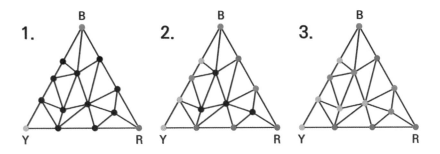

슈페르너의 색칠은 몇 가지 특징을 가지고 있습니다. 한 가지 특징은 아래와 같습니다. 이 성질은 보물로 향하는 첫 번째 단서입니다.

> **첫 번째 단서-슈페르너 홀수성**
> 삼각형의 각 변에서, 양 끝 점이 서로 다른 색인 선분의 개수는 항상 홀수다.

예를 들어 오른쪽의 예시에서 변 BY는 3개의 노랑-파랑 선분을, 변 YR은 1개의 빨강-노랑 선분을, 변 RB는 3개의 빨강-파랑 선분을 가집니다. 모두 홀수네요.

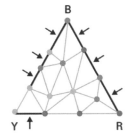

슈페르너 홀수성은 **수학적 귀납법**을 사용

해서 증명할 수 있습니다. 수학적 귀납법은 도미노와 비슷한 증명 법입니다. 만약 아래 2개의 사실이 참이라면,

1. 첫 번째 도미노가 쓰러진다.
2. n번째 도미노가 쓰러지면 $n+1$번째 도미노도 쓰러진다.

결과적으로 **모든 도미노가 쓰러질 것**임을 알 수 있습니다. 마찬가지로 어떤 명제 $P(n)$에 대해 아래 두 사실이 참이라면,

1. $P(0)$가 참이다.
2. $P(n)$이 참이라면 $P(n+1)$도 참이다.

명제 $P(n)$이 모든 자연수에 대해 성립함을 알 수 있습니다. 이러한 증명 방식이 수학적 귀납법입니다. 수학적 귀납법을 사용해서 변 BY 위에는 노랑-파랑 선분이 항상 홀수 개임을 증명해 볼게요. 변 BY 위에서 슈페르너 홀수성이 성립함을 보이면 나머지 두 변에서도 똑같은 논리를 적용할 수 있습니다.

첫 번째 도미노는 변 BY 위에 점이 하나도 없는 경우입니다. 이때 노랑-파랑 선분은 변 BY 그 자체, 1개밖에 없는 홀수 개입니다.

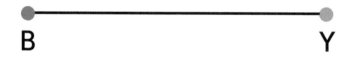

이것으로 첫 번째 도미노가 쓰러졌습니다. 이제 살펴봐야 할 것은 변 BY 위에 점이 n개 있을 때 노랑-파랑 선분의 개수가 홀수라면, 변 BY 위에 점이 $n+1$개 있을 때도 노랑-파랑 선분의 개수가 홀수임을 증명하는 것입니다.

> **수학적 귀납법을 이용해 슈페르너 색칠의 홀수성 증명하기**
>
> 변 BY 위에 점이 n개 있을 때 노랑-파랑 선분의 개수가 홀수라면, 변 BY 위에 점이 $n+1$개 있을 때도 노랑-파랑 선분의 개수가 홀수임을 증명하시오.
>
> **힌트**: $n+1$번째 점이 파랑-파랑 선분 위에 있을 때, 노랑-노랑 선분 위에 있을 때와 노랑-파랑 선분 위에 있을 때로 나누어서 생각해 보자.

새로 찍는 $n+1$번째 점이 파란색 점이라고 가정하겠습니다. 노란색 점을 찍는다고 해도 마찬가지 논리를 적용할 수 있으므로 이 가정에 문제는 없습니다. 새로운 파란색 점을 찍을 때 가능성은 세 가지가 있습니다. 각각의 경우 노랑-파랑 선분의 개수가 어떻게 변하는지 보겠습니다.

1. 파랑-파랑 선분 위에 파란색 점을 찍는다.
2. 노랑-노랑 선분 위에 파란색 점을 찍는다.
3. 노랑-파랑 (또는 파랑-노랑) 선분 위에 파란색 점을 찍는다.

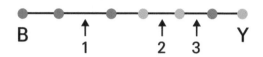

1번의 경우, 파란색 점을 새로 찍으면 노랑-파랑 선분이 추가되거나 사라지지 않습니다. 그러므로 노랑-파랑 선분의 개수는 여전히 홀수입니다.

2번의 경우, 노랑-파랑 선분이 2개 추가됩니다. 그런데 홀수에 2를 더해도 홀수이기 때문에 노랑-파랑 선분의 개수는 여전히 홀수입니다.

마지막 3번의 경우, 파란색 점을 찍으면 기존의 노랑-파랑 선분이 파괴되고 이와 동시에 새로운 노랑-파랑 선분이 하나 생깁니다. 따라서 노랑-파랑 선분의 개수는 여전히 홀수입니다.

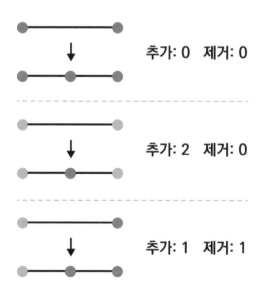

세 경우 모두 새로운 점을 추가해도 노랑-파랑 선분의 개수는 홀수 개로 유지됩니다. 따라서 수학적 귀납법에 의해 슈페르너 색칠의 홀수성이 증명되었습니다. ■

슈페르너의 여행

지금 우리는 커피를 휘저을 때 고정점이 존재하는가에 대한 질문을 해결하기 위해 슈페르너의 색칠을 탐구했습니다. 슈페르너 색칠은 홀수성이라는 특징을 가집니다. 비록 지금까지의 이야기는 커피와 전혀 관계 없어 보이지만, 이 모든 논의는 나중에 이 문제를 해결하는 매우 중요한 단서가 될 것입니다.

슈페르너의 색칠 이야기를 조금 더 해볼게요. 슈페르너 색칠에서 각각의 삼각형이 방이고 노랑-파랑 선분이 문이라고 생각해 봅시다. 어떤 노랑-파랑 선분을 통해 삼각형 안으로 들어가서 몇 개의 방을 방문한 뒤, 다른 노랑-파랑 선분을 통해 밖으로 나오는 과정을 **슈페르너의 여행**이라고 부르도록 할게요. 단, 노랑-파랑 선분을 제외한 다른 선분은 통과할 수 없으며 이미 방문한 방은 다시 갈수 없습니다. 다음 페이지의 왼쪽 그림은 성공적인 슈페르너의 여행의 모습입니다. 하지만 모든 여행이 성공적이지는 않습니다. 오른쪽 그림처럼 중간에 갈 곳이 사라져 버리기도 합니다. 이런 여행은 **실패하는 여행**이라고 부르도록 할게요.

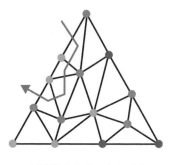

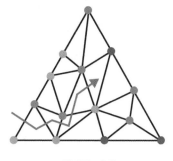

| 성공적인 슈페르너의 여행 | 실패한 여행 |

슈페르너의 여행과 관련해 흥미로운 정리가 있습니다. 이 정리
는 보물로 향하는 두 번째 단서입니다.

두 번째 단서-실패하는 여행의 존재성
모든 슈페르너 색칠에는 실패하는 여행이 존재한다.

실패하는 여행의 존재성은 슈페르너 홀수성을 사용해 증명할 수
있습니다. 변 BY 위의 문의 개수가 홀수라는 사실과 실패하는 여행
의 존재성이 어떠한 관련이 있을까요?

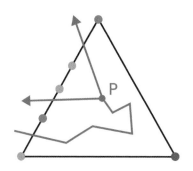

먼저 짚고 넘어갈 것은 슈페르너 여행에서는 앞선 그림과 같은 갈림길이 불가능하다는 점입니다. 슈페르너 여행에서 갈림길이 존재하기 위해서는 오른쪽 그림과 같이 하나의 입구와 2개의 출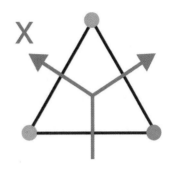구를 가진 방이 있어야 합니다. 즉, 3개의 문이 존재하는 방이 필요한데, 삼각형의 세 변 모두 노랑-파랑 선분일 수는 없으므로 슈페르너 여행에서 갈림길은 불가능합니다. 갈림길이 불가능하므로 하나의 입구를 통해 두 개의 서로 다른 출구로 나오는 여행 역시 불가능합니다. 즉 **슈페르너 여행의 입구와 출구는 일대일로 대응**됩니다. 따라서 모든 슈페르너 여행이 성공적이기 위해서는 모든 노랑-파랑 선분이 자신의 출구가 되어줄 또 다른 노랑-파랑 선분을 가지고 있어야 하죠. 모든 선분이 자신의 짝을 가지고 있기 위해서는 노랑-파랑 선분의 개수가 짝수여야 합니다. 하지만 슈페르너 색칠의 홀수성에 의해 노랑-파랑 선분의 개수는 홀수입니다. 따라서 슈페르너 색칠에는 실패하는 여행이 반드시 존재합니다.■

실패하는 여행의 존재로 인해 아래의 또 다른 정리를 증명할 수 있습니다. 이것이 보물로 향하는 세 번째 단서입니다.

> ### 세 번째 단서-슈페르너의 보조정리
> 슈페르너의 색칠대로 칠해진 삼각분할에는 세 꼭짓점이 모두 다른 색인 삼각형이 존재한다.

지금까지 사용한 삼각분할을 예시로 들면, 세 꼭짓점의 색이 모두 다른 삼각형을 3개 찾을 수 있습니다. 그렇다면 슈페르너의 보조정리를 어떻게 증명할 수 있을까요?

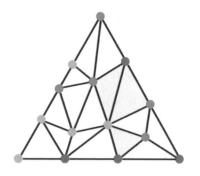

슈페르너의 여행이 실패했다는 것은 여행 도중 탈출할 수 없는 방을 만났다는 뜻입니다. 그런데 슈페르너의 여행에서 탈출할 수 없는 방은 세 꼭짓점이 모두 다른 색인 삼각형이 유일합니다. 노랑-파랑 선분을 통해 들어온 삼각형에서 밖으로 나가는 길, 즉 노랑-파랑 선분이 없는 유일한 경우는 나머지 한 꼭짓점이 빨간색인 경우밖에 없습니다.

그런데 실패하는 여행이 항상 존재하므로, 세 점이 모두 다른 색깔인 삼각형도 항상 존재한다는 것을 알 수 있습니다. ■

증명의 클라이맥스

슈페르너 보조정리를 마지막으로 슈페르너 색칠과 관련된 모든 증명이 끝났습니다. 드디어 이번 숲의 주인공, 커피가 등장할 차례입니다. 먼저 커피가 담긴 머그잔이 삼각형이라고 가정하겠습니다. 커피의 모든 분자를

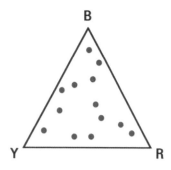

한꺼번에 다룰 수 없으니, 일단 적당히 선택한 몇 개의 갈색 점에만 집중하겠습니다. 그리고 선택한 점이 커피를 휘저은 후 다음과 같이 옮겨졌다고 할게요.

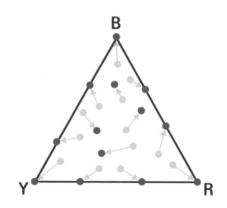

옮겨진 점을 세 가지 색 중 하나로 색칠하겠습니다. 화살표의 방향이 B 꼭짓점을 향하고 있으면 파란색으로, Y 꼭짓점을 향하고 있으면 노란색으로, R 꼭짓점을 향하고 있으면 빨간색으로요. 이 방법대로 색을 칠하면 커피를 저은 후 꼭짓점 B에 위치하는 점은 항상 파

란색으로 색칠됩니다. 마찬가지로 꼭짓점 Y에 위치하는 점은 노란색, 꼭짓점 R에 위치하는 점은 빨간색으로 색칠됩니다. 또한 커피를 저은 후 변 BY 위에 위치하는 점은 파란색 또는 노란색으로, 변 YR 위에 위치하는 점은 노란색 또는 빨간색으로, 변 RB 위에 위치하는 점은 빨간색 또는 파란색으로 색칠됩니다.

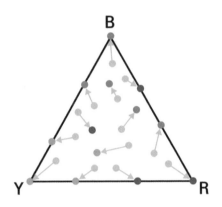

오옷! 어쩐지 익숙하지 않으신가요? 이 색칠 방법은 슈페르너의 색칠의 모든 조건을 만족합니다! 이것이 보물로 향하는 마지막 단서이자 가장 중요한 단서입니다.

마지막 단서-슈페르너의 색칠과 커피 휘젓기의 연관성
커피를 휘저은 뒤 각 점이 움직인 방향의 꼭짓점에 따라 색칠하는 것은 슈페르너 색칠의 모든 조건을 만족한다.

따라서 슈페르너의 보조정리에 의해 다음과 같이 세 꼭짓점의 색이 모두 다른 삼각형이 존재합니다. 이제 보물이 눈앞에 보입니다. 세 꼭 짓점의 색이 모두 다른 삼각형이 존 재한다는 사실로 보물의 답을 구할 수 있을까요?

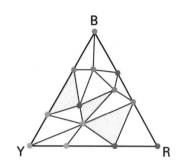

커피의 숲속 숨어 있는 보물
커피를 휘젓는 과정은 항상 고정점을 가지는가?

똑같은 논리를 위 그림에서 표시된 녹색 삼각형 안에서도 적용할 수 있습니다. 녹색 삼각형 중 하나를 고른 뒤, 그 삼각형의 세 꼭짓 점을 각각 B', Y', R'이라고 할게요. 선택한 삼각형 내부의 몇 개의 점을 고른 뒤, 휘젓기 전으로부터 휘저은 후의 이동 방향이 향하는 꼭짓점에 따라 작은 삼각형 내부의 점을 색칠해 보겠습니다. 그러 면 우리는 또다시 슈페르너의 보조정리에 의해 세 꼭짓점이 모두 다른 색깔인 더 작은 삼각형을 찾을 수 있습니다.

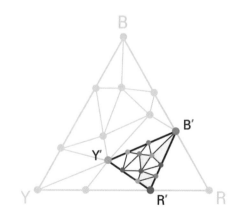

그리고 저 작은 삼각형 내부에서 또다시 똑같은 논리를 적용하다 보면, 아래와 같이 삼각형의 크기는 점점 작아질 것이고 이윽고 하나의 점으로 수렴할 것입니다.

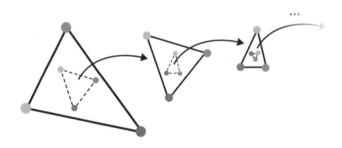

삼각형의 세 꼭짓점이 수렴하는 점을 P라고 합시다. 점 P는 매우 특별한 점입니다. 점 P는 노란색, 빨간색 그리고 파란색으로 동시에 색칠되어야 하기 때문입니다. 이는 단 하나의 가능성을 시사합니다. **점 P는 고정점**입니다! 점 P가 움직이지 않는 경우에만 P는 노란색, 빨간색, 파란색 중 아무 색이나 취할 수 있습니다. 따라서 삼각형 컵 안에서 커피를 저으면 항상 고정점 P가 존재합니다. ■

머그잔이 원형이라면?

머그잔이 삼각형인 경우 커피를 어떻게 휘젓든 간에 항상 고정점이 존재한다는 것을 살펴봤습니다. 하지만 머그잔이 삼각형일 리 없죠. 이제 우리가 얻은 결과를 바탕으로 원형 머그잔에서 문제를 풀어보겠습니다. 핵심 아이디어는 다음과 같습니다. 원형의 머그잔에서 커피를 젓는 과정을 세 가지 단계로 나눠서 생각할 것입니다.

1. 원형의 머그잔을 삼각형의 머그잔으로 변환한다.
2. 변환한 삼각형의 머그잔에서 커피를 젓는다.
3. 삼각형의 머그잔을 다시 원형의 머그잔으로 역변환한다.

우리는 2번 과정에서 고정점이 존재한다는 사실을 알고 있습니다. 이 사실을 응용하면 원형의 머그잔에서 일어나는 휘젓기에도 고정점이 존재한다는 사실을 증명할 수 있습니다.

이 부분은 난이도가 있습니다. 이 책 전체를 통틀어 가장 어려운 부분입니다. '삼각형 머그잔이 뭐예요, 저는 원형 머그잔에서 문제를 풀고 싶어요!'라는 분들은 이제부터 집중해 보세요. 커피를 휘젓는 변환을 f라고 하고, 커피 내부의 어떤 한 점을 x라고 하겠습니다. f로 인해 옮겨진 x의 위치는 $f(x)$입니다.

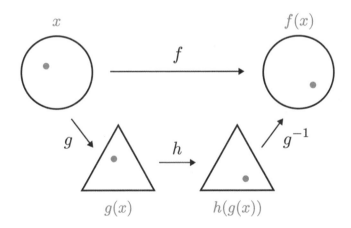

먼저 원형 머그잔을 삼각형 머그잔으로 바꾸는 변환 g를 찾을 것입니다. 그다음 변환 f에 대응되는 변환 h를 찾아야 합니다. 변환 h는 원형 머그잔에서 이루어지는 변환 f를 삼각형 머그잔에서 그대로 구현해야 합니다. g의 역변환, g^{-1}을 적용해 다시 머그잔이 원형으로 바뀌었을 때 점의 위치는 $f(x)$와 일치해야 합니다. 이 논의를 정리하면 다음과 같습니다.

변환	설명
f	원형 머그잔에서 커피를 휘젓는 변환
g	원형 머그잔을 삼각형 머그잔으로 바꾸는 변환
h	삼각형 머그잔에서 커피를 휘젓는 변환
g^{-1}	삼각형의 머그잔을 원형 머그잔으로 바꾸는 변환(g의 역변환)

$$조건: f(x) = g^{-1}(h(g(x)))$$

먼저 변환 g를 찾아볼게요. 변환 g는 원 내부의 모든 점을 원에 내접하는 삼각형 내부로 온전히 옮기는 변환입니다. (이제부터 할 이야기는 글만 읽으면 무슨 말인지 이해가 어려우니 다음 그림을 참고해 주세요.) 점 x와 원의 중심을 잇는 직선을 그리면 이 직선은 원과 한 점에서 만납니다. 이 점을 T라고 하고 T와 원의 중심 사이의 거리를 a, 그리고 x와 원의 중심 사이의 거리를 b라고 할게요.

변환 g는 다음 과정을 통해 이루어집니다. 먼저 원에 내접하는 삼각형(점선)을 그립니다. 이 삼각형은 조금 전에 그은 직선과 한 점에서 만납니다. 이 점을 T'이라고 하겠습니다. 점 T'을 $a:b$의 비율로 중심을 향해 가깝게 옮긴 점을 $g(x)$라고 하면 변환 g는 원의 모든 점을 삼각형 안으로 일대일로 옮깁니다. 원의 둘레 위의 점은 삼각형의 둘레 위로 옮겨지고, 원의 내부의 점은 삼각형의 내부로 옮겨집니다.

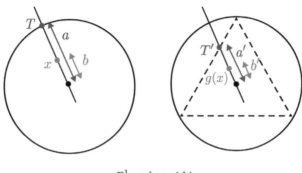

단, $a{:}b = a'{:}b'$

위의 과정을 거꾸로 밟으면 g의 역변환 g^{-1}을 얻습니다. 이제 변환 h를 찾아봅시다. 변환 h는 아래의 조건을 만족해야 합니다.

$$g^{-1}(h(g(x))) = f(x)$$

먼저 양변에 g를 취하면, 좌변의 g^{-1}이 상쇄됩니다.

$$h(g(x)) = g(f(x))$$

$x = g^{-1}(y)$로 치환하면, 좌변의 h 속에 들어있는 g^{-1}이 상쇄됩니다.

$$h(g(g^{-1}(y))) = h(y) = g(f(g^{-1}(y)))$$

따라서 $h(y) = g(f(g^{-1}(y)))$ 입니다. y는 알파벳 문자에 불과하므로 다시 x로 바꿔도 되며, 그 결과 아래의 식을 얻습니다.

$$h(x) = g(f(g^{-1}(x)))$$

우변의 g, f, g^{-1}은 모두 존재하는 변환이므로, 좌변의 h 역시 존재하는 변환임을 알 수 있습니다. 이것으로 우리는 앞서 표에 수록했던 모든 변환을 찾아냈습니다.

h는 삼각형 내부에서 일어나는 변환이므로 고정점을 가집니다. 이 사실을 이용하면 f도 고정점을 가짐을 증명할 수 있습니다. 이제 마지막 단계입니다.

삼각형에서 원형으로 도약하기

h가 고정점을 가지면, f도 고정점을 가진다는 것을 보이시오.

---

h의 고정점을 P라고 하겠습니다. 즉,

$$h(P) = P$$

입니다. 그런데 $h(x) = g(f(g^{-1}(x)))$이므로,

$$g(f(g^{-1}(P))) = P$$

입니다. 양변에 g^{-1}을 취하면 좌변의 g가 상쇄됩니다.

$$f(g^{-1}(P)) = g^{-1}(P)$$

P는 삼각형 내부의 점이므로 $g^{-1}(P)$는 원 내부의 점입니다(g^{-1}은 삼각형을 원으로 바꾸는 변환이니까요). $g^{-1}(P)$를 Q라고 하겠습니다. 그러면 위의 식은,

$$f(Q) = Q$$

로 쓸 수 있습니다…. 오! Q는 f의 고정점입니다! 이로써 원형 머그잔에서 일어나는 임의의 변환 f에 대해서도 항상 고정점을 찾을 수 있음을 증명했습니다! ■

커피의 숲을 떠나며 쓰는 기행문

기나긴 여정이었네요. 우리의 여정을 다시 되새겨 볼게요.

1. 우리의 여행은 **슈페르너의 색칠**로 시작했습니다.
2. 수학적 귀납법을 이용해 **슈페르너 홀수성**을 증명했죠.
3. **슈페르너 여행**의 개념을 도입한 뒤, 슈페르너 여행의 입구와 출구가 일대일대응이라는 점과 슈페르너 홀수성으로부터 **실패하는 여행의 존재성**을 확인했습니다.
4. 실패하는 여행이 존재한다는 사실은 세 꼭짓점의 색이 모두 다른 삼각형이 반드시 존재한다는 **슈페르너 보조정리**로 이어졌

습니다.

5. 그런데 놀랍게도 **커피를 젓는 과정**은 **슈페르너의 색칠**로 해석할
   수 있었죠.
6. 따라서 슈페르너 보조정리로부터 **무한히 삼각형을 수축**해 나아
   가 고정점이 존재할 수밖에 없음을 증명할 수 있었습니다.
7. 마지막으로 **삼각형 머그잔을 원형으로 바꾸는 방법**을 찾아낸 후
   함수방정식을 풀어낸 끝에 드디어 문제를 해결했습니다.

슈페르너 색칠은 정말 아름다운 수학 문제입니다. 커피 입자의
움직임을 색칠한 뒤 무한수축을 통해 고정점을 찾는 아이디어는
예술적입니다. 이 증명 과정에서 놀라움의 감탄이 나오는 순간이
있었다면 저는 대만족입니다. 수학이 아름다운 학문이라는 말을
들어는 봤지만 도대체 뭐가 아름답다는 것인지 와닿은 않던 여러
분에게, 이번 장의 내용이 '수학이 아름답다는 것은 이런 것이구나'
를 느끼게 해주었다면 좋겠네요.

비단 원형 머그잔뿐만 아니라 대부분 형태의 머그잔은 삼각형 머
그잔으로 일대일 변환할 수 있습니다. 예를 들어 아래의 오각형 머
그잔 내부의 점 x는 이전과 마찬가지 방법을 통해 삼각형 내부의 점
$g(x)$로 옮길 수 있습니다.

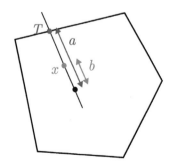
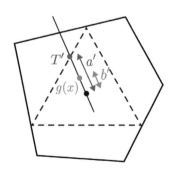

하지만 항상 삼각형으로 변환하는 것이 가능하지는 않습니다. 여러분 혹시 1부에서 다룬 오목과 볼록을 기억하시나요? 만약 머그잔이 오목한 도형이라면 앞서 설명한 방법으로 머그잔을 삼각형으로 변환하는 것은 불가능합니다! 왜 그런지는 우리가 1부에서 다루었던 볼록과 오목의 정의를 떠올리며 고민해 보기를 바랄게요.

삼각형 변환이 가능할 조건
왜 오목한 머그잔에서는 변환 g가 성립하지 않을까?

이 때문에 오목한 머그잔의 경우에는 고정점이 없는 변환이 있을 수도 있습니다. 1부에서 우리는 도넛이 오목한 도형임을 확인했습니다. 그러고 보니, 정말로 머그잔이 도넛 모양인 경우에는 아래 그림과 같이 원형으로 저어서 커피의 모든 입자를 옮길 수 있네요!

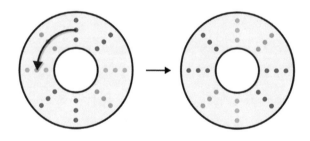

반대로 머그잔이 볼록하다면 항상 삼각형 머그잔으로 변환할 수 있습니다. 따라서 볼록한 머그잔에서 일어나는 휘젓기에는 항상 고정점이 존재합니다. 이것을 일반화한 것이 바로 **브라우어르 고정점 정리**입니다.

> **브라우어르 고정점 정리**
> 볼록한 공간 내에서 일어나는 연속적인 변환은 고정점을 가진다.

또 1부에서 다뤘던 용어가 등장했네요! 연속적인 변환이 무엇인지 기억나시나요? 주어진 공간을 자르거나 다른 공간을 갖다 붙이지 않는 변환을 의미합니다. 엡실론-델타 논법을 사용하면 조금 더 엄밀하게 정의할 수 있었죠.

이제 커피의 숲과 작별할 시간입니다. 마지막 숲이 우리를 기다리고 있습니다.

지구 정반대에 있는 인연을 찾아서

지구를 관통하는 터널

어렸을 적 땅을 파고 계속 들어가다 보면 지구 반대쪽에서 나오지 않을까 하는 상상을 해본 적 있나요? 나중에 지구과학을 배우며 이러한 터널을 만드는 일이 불가능하다는 것을 알게 되지만, 그래도 꽤 재미있는 상상입니다. 물리학에서 유명한 문제 중 지구의 중심을 지나는 터널을 뚫은 뒤, 거기에 택배를 떨어뜨리면 지구 반대편에 도착하기까지 얼마나 걸릴지 계산하는 문제가 있습니다. 놀랍게도 택배 무게와 상관없이 고작 42분밖에 안 걸린다고 합니다. 나

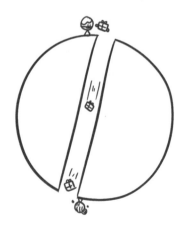

중에 엄청난 기술력으로 그런 터널을 만들 수 있다면 혁명적인 퀵서비스가 되겠네요.

하지만 안타깝게도 이러한 터널을 만들 수 있는 기술력이 생겨도 지구 관통 퀵서비스가 서울에서 시행될 것 같지는 않습니다. 서울의 정반대편은 바다이기 때문이죠. 멀지 않은 곳에 아르헨티나와 우루과이가 있지만 아깝게 어긋납니다. 그나마 지구 직통 퀵서비스의 한국 1호점으로 가능성이 있는 곳은 제주도입니다. 제주도의 반대편은 브라질과 우루과이의 국경이기 때문에 꽤 유리한 위치거든요.

지구를 관통하는 터널을 뚫었을 때, 터널 양끝의 두 점은 **대척점**의 관계에 있다고 합니다.

대척점

점 P가 구면 위의 점일 때, P의 대척점은 구면 위 P의 반대편에 있는 점을 말한다.

지구 대부분은 바다로 이루어져 있기 때문에 대척점에 있는 두 지점이 모두 육지인 경우는 많지 않습니다. 심지어 태평양의 대척점이 태평양인 경우도 있습니다. 즉, 태평양의 어느 한 점에서는 지구를 관통하여 다시 태평양으로 나오는 것이 가능합니다. 태평양은 그 정도로 어마어마하게 큰 바다거든요.

대척점은 수학에서도 중요하게 다뤄지는 개념이며 이를 사용해서 풀 수 있는 문제도 꽤 있습니다. 이번 장에서는 대척점을 사용해 풀 수 있는 문제 중 아름다운 예시를 보려고 합니다.

돌아온 도적 아르센

혹시 고차원 기하학을 이야기하면서 등장했던 아르센을 기억하나요? 책에서 한 번만 등장하고 사라지기는 아쉬웠는지 아르센은 또 다른 보물을 훔칠 계획을 세웠습니다. 이번에는 뤼팽이라는 도적과 함께하기로 했습니다. (매우 오리지널한 이름이죠?) 이번에 훔칠 목표물은 다이아몬드와 에메랄드가 여러 개 박혀 있는 값비싼 목걸이입니다. 다음 그림에서 파란색 마름모가 다이아몬드고 초록색 마름모가 에메랄드입니다.

두 도적은 목걸이를 손쉽게 훔쳤습니다. 이제 목걸이를 2명이 공평하게 나눠 가지면 됩니다. 두 도적은 각자 똑같은 수의 다이아몬드와 에메랄드를 가져갈 수 있도록 목걸이를 자르기로 합의합니다. 하지만 목걸이를 자르면 자를수록 목걸이의 가치가 떨어지기 때문에 가능한 한 적은 횟수로 목걸이를 잘라야 합니다. 어떻게 해야 할까요?

목걸이를 한 번만 잘라서는 목적을 이룰 수 없습니다. 하지만 목걸이를 두 번 자르면 가능합니다. 다음 그림에서 점선으로 표시한 두 지점을 자른 다음에 *A*와 *C* 조각을 아르센에게, *B* 조각을 뤼팽에게 주면 두 도적이 각각 똑같은 수의 다이아몬드와 에메랄드를 가져갑니다.

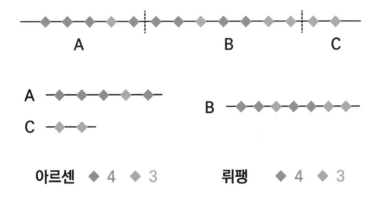

다행히 목걸이를 두 번만 잘라서 목적을 이룰 수 있었습니다. 하지만 두 번만 잘라서 목적을 이루는 것이 항상 가능할까요? 즉, 다이아몬드와 에메랄드가 어떻게 배열되어 있는지 상관없이 항상 목걸이를 두 번만 자르면 보석을 똑같이 분배할 수 있을까요? 이 문제를 풀어보기에 앞서 여러분도 목걸이를 몇 개 그려본 다음 문제의 조건을 만족하도록 목걸이를 분할해 보세요. 대부분의 경우 조금만 고민하면 문제의 조건을 만족하는 분할 방법을 찾을 수 있을 것입니다. 우리의 목적은 문제의 조건을 만족하는 분할 방법이 항상 존재함을 증명하는 것입니다. 이 문제가 마지막 숲인 **목걸이의 숲** 속에 숨어 있는 보물입니다.

> **목걸이의 숲속 숨어 있는 보물**
> 짝수 개의 에메랄드와 짝수 개의 다이아몬드가 무작위로 배열된 목걸이가 주어졌을 때, 2회 이내로 목걸이를 잘라서 2명이 똑같은 수의 에메랄드와 다이아몬드를 가져가도록 분배하는 것이 항상 가능할까?

그나저나 대척점을 이용해서 풀 수 있는 문제를 소개해 주겠다고 하더니 왜 뜬금없이 목걸이 이야기가 나온 걸까요? 네, 목걸이 분할은 대척점을 이용해야만 풀 수 있는 문제입니다. 이 문제는 언뜻 기하학이나 구면과는 아무런 관계가 없어 보입니다. 하지만 커피 휘젓기와 슈페르너의 색칠놀이가 사실 동일한 문제였듯이, 목걸이 분할 문제도 아름다운 논리를 통해 대척점 찾기로 귀결될 것입니다. 지금부터 목걸이의 숲속으로 여정을 시작해 볼게요.

기온이 동일한 두 대척점이 존재할까?

늘 그래왔듯이 먼저 보물을 향하는 첫 번째 단서를 주겠습니다.

> **첫 번째 단서**
> 지구상에 기온이 정확히 동일한 대척점의 쌍이 항상 존재하는가?

예를 들어 지금 여러분이 있는 곳의 기온이 25.1782℃인데, 지구 정반대의 기온도 25.1782℃라면 매우 신기한 일일 것입니다. 위 문제는 이런 신기한 대척점을 항상 찾을 수 있는가를 물어봅니다. 직관적으로는 언제나 존재하기는커녕 수십 년이 지나도 대척점이면서 기온까지 동일한 지점은 생기지 않을 것 같습니다. 하지만 과연 그럴까요?

위의 단서를 풀기에 앞서 훨씬 더 쉬운 문제를 살펴볼게요. 아래와 같이 직선 위쪽과 아래쪽에 각각 점이 하나씩 찍혀 있습니다. 이때 사이에 있는 직선을 만나지 않고 두 점을 연속적으로 이을 수 있을까요? 단, 직선은 양 끝으로 끝없이 뻗어나갑니다.

당연히 불가능합니다. 두 점을 잇기 위해서는 반드시 사이에 있는 직선을 지나야 합니다. 이것을 **중간값 정리**라고 합니다.

중간값 정리는 직관적으로는 당연한 사실입니다. 하지만 중간값 정리를 수학적으로 엄밀하게 증명하는 것은 생각보다 매우 힘든 일입니다. 그 증거로 중간값 정리의 증명 중 한 줄을 발췌해 놓겠습니다.

$$\exists c = \sup S \ \therefore \exists a^* \in (c-\delta, c] \cap S \ f(c) < f(a^*) + \epsilon \leq u + \epsilon$$

한 줄만으로도 중간값 정리의 엄밀한 증명은 이 책의 수준을 한참 벗어난다고 느꼈을 것입니다. 중간값 정리를 증명하기 위해서는 엡실론-델타 논법이나 실수의 완비성 등의 성질을 이용해야 합니다. 그러므로 우리는 중간값 정리가 성립한다는 사실을 인정하고 조금 전의 단서를 풀어보겠습니다.

> **첫 번째 단서**
> 지구상에 기온이 정확히 동일한 대척점의 쌍이 항상 존재하는가?

먼저 지구 위의 아무 점이나 고른 뒤, 그 점을 P라고 하겠습니다. 그리고 P의 대척점을 P'이라고 할게요. P와 P'을 지나며 지구를 반으로 나누는 큰 원을 그리겠습니다(왼쪽 그림). 그리고 이 원의 반쪽 부분만 떼어내서 일직선으로 쭉 펴볼게요(오른쪽 그림).

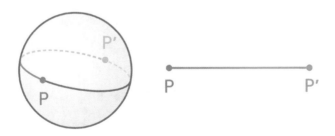

만약 P의 기온과 P'의 기온이 같다면 바로 문제를 해결해 버린 셈입니다. 그러나 P의 기온과 P'의 기온이 다르다고 해볼게요. 예를 들어 P의 기온은 25℃이고 P'의 기온은 15℃라고 합시다. P는 자신의 대척점보다 기온이 10℃ 더 높습니다. 이 사실을 표현하기 위해 P 위로 10만큼 떨어진 곳에 점을 찍고, 이 점을 A라고 할게요. 거꾸로 P'은 자신의 대척점보다 기온이 10℃ 더 낮습니다. 마찬가지로 이 사실을 표현하기 위해 P' 아래로 10만큼 떨어진 곳에 점을 찍을게요. 이 점은 B라고 하겠습니다.

눈치 좋은 독자 분들은 위의 그림을 보자마자 머릿속이 중간값 정리로 번뜩이기 시작했을 것입니다. P와 P' 사이에 몇 개의 점을 추가로 더 찍은 뒤, 각 점에서의 자신과 자신의 대척점과의 기온차를 마찬가지 방법으로 표시하면 이 문제와 중간값 정리 사이의 연관성이 뚜렷이 보입니다.

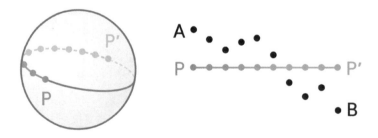

앞선 그림에서는 P와 P' 사이에 있는 점 중 일부만을 찍었기 때문에 점과 점이 끊어져 있습니다. 하지만 실제로는 P와 P' 사이에 무수히 많은 점이 있으며, 그 점과 대척점과의 기온차를 모두 표시하면 아래와 같이 A와 B를 연속적으로 잇는 선이 그려집니다.

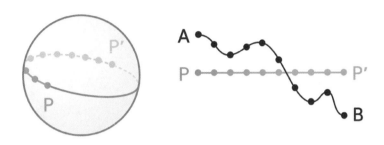

그런데 중간값 정리에 의해 A와 B를 잇는 선은 중간에 있는 선분과 적어도 한 번은 만나야 합니다. 아래 그림에서 빨간색으로 표시된 점 X가 바로 그 지점입니다. 그런데 이는 곧 X와 X의 대척점 X'의 기온차가 0임을 의미합니다. 즉 X와 X'의 기온이 정확히 동일하다는 뜻입니다. 따라서 지구상에는 점 X와 같이 자신의 기온과 대척점의 기온이 동일한 지점이 항상 존재합니다! ■

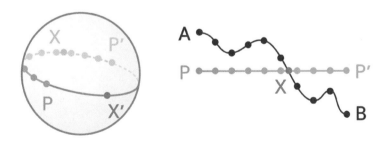

굳이 비교하는 대상이 기온일 필요는 없습니다. 지구상에서 나타나는 모든 연속적인 데이터가 위의 명제를 만족합니다. 예를 들어 지구상에는 항상 습도가 같은 대척점의 쌍이 존재하며 기압이 같은 대척점의 쌍도 존재합니다.

흔들리는 탁자를 고치는 방법

저는 카페에 가는 것을 좋아합니다. 일상 속에서 가장 쉽게 낭만을 찾을 수 있는 방법인 것 같거든요. 카페에 앉아 아메리카노를 마시면서 창밖의 사람들이 이리저리 움직이는 걸 보고 있으면 도시의 활발함과 카페의 따스한 조명이 한데 어우러져 재미있는 감상을 만들어냅니다.

하지만 카페에 앉아 있는 일이 항상 낭만으로 가득 차 있는 것은 아닙니다. 특히 내가 앉은 자리의 탁자가 흔들린다면… 어휴, 끔찍하죠. 무의식으로 탁자 위에 올려버린 팔 때문에 탁자가 기울어져 커피가 쏟아지는 불상사가 생겨버릴지도 모르거든요.

탁자의 다리가 3개라면 탁자는 흔들거리지 않습니다. 앞서 설명한 고차원에서 알아봤듯이 3개의 점은 평면을 유일하게 결정하기 때문입니다. 하지만 다리를 4개 가진 탁자가 균일하지 못한 지면 위에 있으면 흔들릴 수밖에 없습니다.

흔들리는 탁자를 고치는 가장 쉬운 방법은 노트에서 종이를 1장 찢은 뒤, 적당히 접어서 탁자의 짧은 다리와 바닥 사이에 끼우는 것입니다. 괜찮은 방법이지만 몇 가지 문제가 있습니다. 일단 마땅한 종이를 가지고 있지 않을 가능성이 있으며, 종이를 잘 끼워 넣었다 해도 시간이 지나면 종이가 점점 더 납작해지기 때문에 다시 책상이 흔들립니다.

　다행히도 종이를 끼우는 것보다 더 좋은 방법이 있습니다. 바로 중간값 정리를 응용하면 됩니다! 중간값 정리를 어떻게 응용하면 기우뚱한 탁자를 고칠 수 있는지 생각해 볼까요?

보너스 퀴즈-기우뚱한 탁자 고치기

똑같은 길이의 다리를 4개 가진 탁자가 균일하지 못한 바닥 위에 있어 기우뚱거린다.

어떻게 하면 종이 등의 도구 없이 탁자가 기우뚱거리지 않도록 할 수 있을까? 단, 지면은 연속적이기 때문에 구멍이 없다고 가정한다.

　아래와 같이 탁자의 4개 다리를 각각 A, B, C, D라고 할게요. 앞서 말했듯이, 3개의 점은 평면을 유일하게 결정하기 때문에 3개의 다리를 가진 탁자는 안정적입니다. 그렇기에 다리 B, C, D는 안정적으로 지면과 닿아 있습니다. 하지만 다리 A는 지면과 떨어져 있습니다.

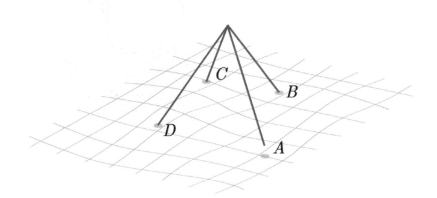

계속 위와 같은 3D 그림을 그렸다가는 죽어갈 거 같으니 아래와 같이 위의 상황을 도식화하겠습니다. 각 점에 적힌 기호는 다리의 끝과 지면의 높이 차를 의미합니다. *B*, *C*, *D*에 적혀 있는 0은 다리 *B*, *C*, *D*가 지면과 맞닿아 있음을 의미하며 *A*에 적혀 있는 +는 다리 *A*가 지면보다 더 높이 떠 있음을 의미합니다.

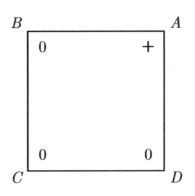

A, *B*, *C*, *D*의 다리 길이는 모두 같습니다. 그럼에도 다리 *A*가 공중에 떠 있다는 것은, 다리 *A* 밑의 지면이 나머지에 비해 상대적으로 낮은 지대에 있다는 뜻입니다. 그렇다면 여기서 문제를 내보겠습니다.

다리 *B*, *C*, *D*를 지면에 고정한 채 탁자를 90°만큼 반시계 방향으로 돌리면 다리 *A*는 지면보다 더 위에 있을까, 지면보다 더 아래에 있을까?

생각해 보셨나요? 다리 *A*는 지면보다 **더 아래**에 위치할 것입니다. 책상을 돌리기 이전, *A*의 지대는 나머지 세 지대보다 평균적으로 낮습니다. 그런데 책상을 돌리면 다리 *A*는 낮은 지대를 벗어나고 다리 *D*가 그 낮은 지대에 위치합니다. 그러므로 다리 *B*, *C*, *D*를 지면과 맞닿은 채 책상을 돌리면 다리 *A*의 지대가 다리 *B*, *C*, *D*의 평균적인 지대보다 높아지므로, 다리 *A*는 지면 아래를 파고 들어갈 것입니다.

오오! 혹시 여러분의 머릿속이 중간값 정리로 번뜩이기 시작하나요? 중간값 정리에 의해 탁자를 0°에서 90°로 돌리다 보면, 다리 *A*와 바닥의 높이 차가 양수에서 음수로 변화는 도중 0이 되는 순간이 생깁니다! 이 순간 모든 다리 *A*, *B*, *C*, *D*가 지면과 맞닿아 있으므로 탁자는 안정적으로 지면 위에 서 있게 됩니다. (그림에서는 각도가 52°일 때로 예를 들었습니다.)

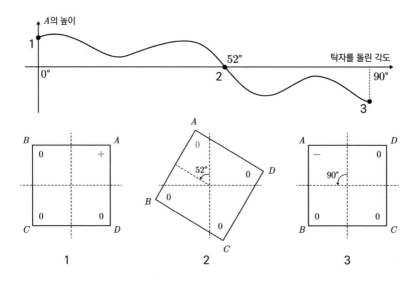

즉, 흔들리는 탁자를 흔들리지 않도록 고치는 방법은 매우 간단합니다. 그냥 탁자를 돌리다 보면, 어느 순간 흔들리지 않게 됩니다! ■

보너스 퀴즈의 정답
탁자를 돌리다 보면 중간값 정리에 의해, 탁자가 안정적으로 서 있는 순간이 생긴다.

보르수크-울람 정리

보물로 향하는 첫 번째 단서를 성공적으로 풀었습니다. 이번에 드릴 두 번째 단서는 다음과 같습니다.

두 번째 단서
지구상에는 기온과 습도가 모두 정확히 동일한 대척점의 쌍이 항상 존재하는가?

첫 번째 단서를 풀면서 우리는 기온이 동일한 대척점은 항상 존재한다는 것을 알아냈습니다. 두 번째 단서는 기온뿐만 아니라 습도까지 동일한 대척점이 존재하는지를 물어봅니다. 이 문제는 어떻게 풀 수 있을까요?

힌트를 드릴게요. 앞서 우리는 P와 P'을 잇는 경로에는 기온이 동일한 대척점의 쌍이 적어도 하나는 존재한다는 것을 확인했습니다. 그런데 P와 P'을 잇는 경로는 무한히 많습니다. 그러므로 기온이 동일한 대척점의 쌍도 무한히 많음을 알 수 있습니다. 아래 그림의 $\langle X_1, X_1' \rangle$, $\langle X_2, X_2' \rangle$, $\langle X_3, X_3' \rangle$ 등과 같이 말이죠.

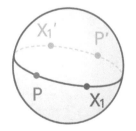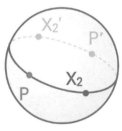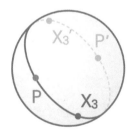

그렇다면 혹시 앞의 그림에서 아이디어를 얻어 두 번째 단서를 풀 수 있을까요? 아래와 같이 P와 P'을 잇는, 살짝 떨어진 2개의 경로를 그려보겠습니다. 이 경로를 각각 1번 경로, 2번 경로라고 부르겠습니다. 1번 경로와 2번 경로는 각각 기온이 동일한 대척점의 쌍을 가집니다. 2개의 쌍을 각각 $\langle 1, 1' \rangle$과 $\langle 2, 2' \rangle$으로 표기하겠습니다.

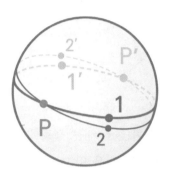

1번 경로와 2번 경로는 살짝만 떨어져 있기 때문에, 각 경로의 기온 분포는 거의 비슷합니다. 그러므로 $\langle 1, 1' \rangle$과 $\langle 2, 2' \rangle$ 역시 거의 비슷한 위치에 있을 것입니다. 따라서 P와 P'을 잇는 경로를 촘촘히 그린 뒤 기온이 동일한 대척점의 쌍을 각 경로마다 표시하면, 다음 그림과 같은 연속적인 경로가 그려집니다.

이 경로를 계속 연장하면 아래와 같이 지구를 한 바퀴 감싸는 경로가 완성됩니다.

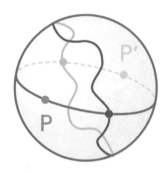

우리는 지구를 한 바퀴 둘러싸는 경로에는 항상 기온이 동일한 대척점의 쌍이 존재한다는 것을 알고 있습니다. 그리고 앞서 제가 언급했듯이 데이터가 굳이 기온일 필요는 없습니다. 예를 들어 지구를 한 바퀴 둘러싸는 경로에는 항상 습도가 동일한 대척점의 쌍이 존재한다고 말해도 됩니다.

그런데 보세요. 위 그림의 빨간색 경로 역시 지구를 한 바퀴 둘러싸는 경로입니다. 그러므로 그림의 빨간색 경로에는 습도가 동일한 대척점의 쌍이 존재합니다. 그런데 빨간색 경로는 기온이 동일한 대척점의 쌍으로만 이루어져 있으므로, 빨간색 경로에는 기온과 습도가 모두 동일한 대척점이 존재합니다! ■

이 사실을 일반화한 정리를 살펴보겠습니다.

보르수크-울람 정리
구면 위에는 연속적인 두 변수의 값이 동일한 대척점이 존재한다.

여기서 변수가 연속적이라는 조건은 중요합니다. 이산적인(연속적이지 않은) 변수는 중간값 정리를 만족하지 않습니다. 만약 두 점 A, B를 아래와 같이 띄엄띄엄 이어도 괜찮다면, 사이에 있는 직선을 만나지 않고도 두 점을 이을 수 있습니다. 이와 같이 이산적인 변수는 중간값 정리를 만족하지 않기 때문에 당연히 보르수크-울람 정리도 만족하지 않습니다. 예를 들어 보르수크-울람 정리는 인구 수가 동일한 대척점이 존재함을 보장하지는 않습니다.

목걸이 문제에 숨어 있는 보르수크-울람 정리

이쯤에서 우리가 찾을 보물이 무엇이었는지 다시 살펴볼게요.

> **목걸이의 숲속 숨어 있는 보물**
> 짝수 개의 에메랄드와 짝수 개의 다이아몬드가 무작위로 배열된 목걸이가 주어졌을 때, 2회 이내로 목걸이를 잘라서 2명이 똑같은 수의 에메랄드와 다이아몬드를 가져가도록 분배하는 것이 항상 가능할까?

목걸이 문제는 일면 보르수크-울람 정리와 전혀 관계가 없어 보입니다. 하지만 찬찬히 들여다보면 목걸이 문제와 보르수크-울람 정리 사이에 어떤 관련이 있다는 것을 느낄 수 있습니다. 보르수크-울람 정리는 두 연속적인 변수의 값이 동일한 대척점의 쌍이 존재한다는 내용을 담고 있습니다. 그런데 목걸이 문제에도 에메랄드의 개수와 다이아몬드의 개수라는 두 변수가 등장하며, 이 두 가지 변수를 동일하게 배분하는 방법을 찾아야 합니다. 두 변수의 값이 동일해지는 지점의 존재성을 찾는다는 점에서 목걸이 문제와 보르수크-울람 정리는 서로 닮아 있습니다.

…라고는 해도, 목걸이 문제에는 보르수크-울람 정리를 적용하기 까다롭게 만드는 몇 가지 특징이 있습니다. 먼저 보르수크-울람 정리를 적용하기 위해서는 변수가 연속적이어야 합니다. 하지만 에메랄드와 다이아몬드의 개수는 1개, 2개, 3개… 이런 식으로 이산적으로 증가합니다. 그 뿐만 아니라 목걸이 문제에는 구면이 아예 등장하지 않습니다.

따라서 우리가 앞으로 해야 할 일은 세 가지입니다. 먼저 목걸이 문제 속에 꼭꼭 숨어 있는 구면을 찾아낼 것입니다. 그다음 다이아몬드와 에메랄드의 개수라는 2개의 이산적인 변수를 연속적인 변수로 변환할 것입니다. 마지막으로 보르수크-울람 정리를 사용해서 목걸이 문제를 해결할 것입니다.

해석기하가 처음인 분들을 위해

목걸이 문제 속의 구면을 찾아내기 위해 우리는 **해석기하**의 힘을 빌릴 거예요. 해석기하는 좌표평면을 사용해 기하학을 대수적으로 표현하는 학문입니다. 좌표평면은 17세기 수학의 가장 큰 쾌거 중 하나라고 해도 무색하지 않을 정도로 수학사에서 중요한 개념이에요. 지금에야 좌표가 매우 익숙한 개념이지만 당시에 점을 2개의 수로 표현한다는 것은 획기적인 아이디어였습니다. 좌표의 발명 이전에는 도형을 다루는 기하학과 수를 다루는 대수학은 전혀 다른 분야로 간주되었습니다. 하지만 좌표의 발명으로 점과 도형을 수치화할 수 있게 되었으며, 덕분에 대수학의 방법론을 기하학에 그대로 적용할 수 있게 되었습니다. 이제 수학자들은 도형을 좌표평면 위에만 올리면 자나 캠퍼스 없이 사칙연산만으로 복잡한 기하학 문제를 풀 수 있게 됐습니다.

도형을 수치화한다는 것이 정확히 어떤 의미일까요? 가장 간단한 도형인 직선을 예로 들어보겠습니다. 다음 그림은 왼쪽 그림의 직선 위에 있는 점 5개를 좌표로 나타내 보았습니다. 5개의 점을 관찰해 보니 각 점에서의 x좌표(가로 좌표)에 3을 더하면, y좌표(세로 좌표)가 되네요! 따라서 왼쪽의 직선은 $x + 3 = y$라는 식으로 나타낼 수 있습니다. 조금 더 복잡한 예를 들자면, 오른쪽의 포물선은 $x^2 + y = 9$라는 식으로 나타낼 수 있습니다.

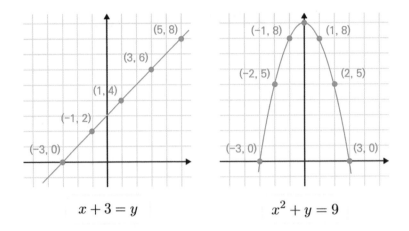

$$x + 3 = y \qquad\qquad x^2 + y = 9$$

그렇다면 왼쪽의 직선과 오른쪽의 포물선이 만나는 교점은 어떻게 될까요? 교점의 좌표를 (a, b)라고 하면, 이 교점은 왼쪽의 식과 오른쪽의 식을 동시에 만족해야 합니다.

$$a + 3 = b, \; a^2 + b = 9$$

첫 번째 식을 두 번째 식에 대입한 뒤 정리하면 아래의 식을 얻습니다.

$$a^2 + (a + 3) = 9$$

익숙한 수식이네요. 우리가 잘 알고 있는 **이차방정식**입니다. 이차방정식의 풀이법은 중학교 때 배울 정도로 쉽지만, 그 과정이 그닥 재미없어서 답만 알려드릴게요. 위의 이차방정식을 풀면 a는 -3과 2라는 2개의 해를 얻습니다. 즉 교점은 $(-3, 0)$과 $(2, 5)$입니다.

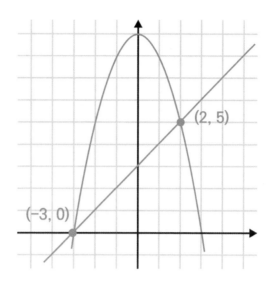

포물선과 직선의 교점을 구하는 일이 얼마나 중요한지는 말할 것
도 없습니다. 허공으로 던진 모든 물체는 포물선 궤적을 그리기 때
문에 대포를 정확히 쏘는 일에서도 필수적입니다. 또한 포물선 모
양 렌즈의 초점을 정확히 계산하기 위해서도 이러한 과정이 필요
합니다. 좌표의 발명 이전에 이러한 계산을 하기 위해서는 자와 컴
퍼스를 가지고 온갖 보조선을 그리는 등 말도 안 되게 복잡한 과정
을 거쳐야 했지만, 좌표의 발명 이후에는 중학생도 할 수 있을 정도
로 간단해졌습니다.

직선이나 포물선뿐만 아니라 모든 도형은 식으로 표현할 수 있
습니다. 예를 들어 하트는 $(x^2+y^2-1)^3-x^2y^3=0$으로 표현할 수 있으
며, 무한 기호(∞)는 $(x^2+y^2)^2=x^2-y^2$으로 표현할 수 있습니다. (가
끔 이공계 대학생끼리는 하트 방정식을 주고받으며 고백한다는 괴상한 오해를 하

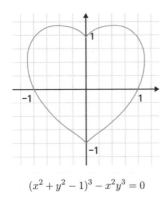

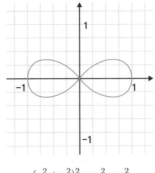

$$(x^2 + y^2 - 1)^3 - x^2 y^3 = 0$$

$$(x^2 + y^2)^2 = x^2 - y^2$$

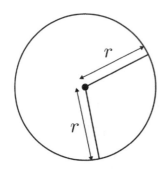

고 계신 분들이 있는데 아무도 그렇게 안 합니다….)

그렇다면 **원**은 어떻게 식으로 표현할 수 있을까요? 이에 앞서 원의 정의에 대해 정확히 알아야 합니다. 수학의 핵심은 엄밀하고 명료한 정의니까요. 원을 그냥 '동그란 도형'이라고 하면 타원도 원이 되어버리는 문제가 생깁니다. '동그란 도형' 자체가 엄밀한 표현이 아닌 것이죠. 원이 다른 도형과 구별되는 특징은 중심으로부터 둘레 위의 점까지의 거리(반지름)가 일정하다는 것입니다. 이로부터 원을 다음과 같이 정의할 수 있습니다.

원

한 점으로부터 일정한 거리만큼 떨어진 점들의 모임

이 사실을 어떻게 식으로 표현할 수 있을까요? 편의상 중심이 원점이고 반지름이 1인 원을 생각해 볼게요. 원 위의 임의의 점을 (x, y)라고 하면, $(0, 0)$과 (x, y)의 거리는 1이어야 합니다. 이 상황은 어딘가 익숙한 느낌이 드네요. 두 점 사이의 거리를 구하는 것은 비둘기의 숲에서 해본 적이 있습니다. 피타고라스 정리로 접근할 수 있죠! $(0, 0)$과 (x, y)의 거리가 1이기 위해서는 $x^2 + y^2 = 1$이어야 합니다. 따라서 중심이 원점이고 반지름이 1인 원은 $x^2 + y^2 = 1$로 표현할 수 있습니다.

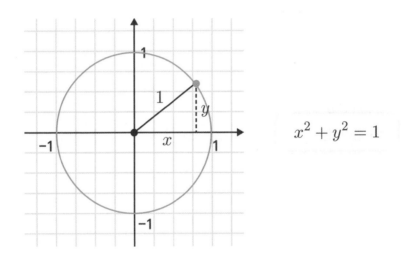

$$x^2 + y^2 = 1$$

이 사실을 3차원으로 확장하면 구면도 수식으로 표현할 수 있습니다. 3차원에서의 피타고라스 정리를 적용하면(언젠가 쓰일 거라고 했었죠?), 중심이 원점이고 반지름이 1인 구면은 $x^2 + y^2 + z^2 = 1$로 표현할 수 있습니다.

구면의 방정식은 목걸이 문제를 풀기 위한 중요한 도구가 될 테니 꼭 기억해 주세요!

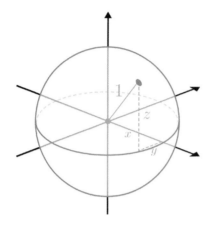

$$x^2 + y^2 + z^2 = 1$$

구면의 방정식

반지름이 1인 구면 위의 점 (x, y, z)는 $x^2 + y^2 + z^2 = 1$을 만족한다.

다시, 증명의 클라이맥스

이제 목걸이에 숨어 있는 구면을 찾아볼게요. 목걸이의 길이를 1이라고 하겠습니다. 이 목걸이를 두 번 자르게 되면 목걸이는 세 부분으로 나누어집니다. 각 부분의 길이를 X, Y, Z라고 하면 $X + Y + Z = 1$을 만족합니다.

오, 혹시 구면이 눈에 들어오기 시작하나요? $X + Y + Z = 1$이라는 식은 구면의 식과 꽤 닮았습니다. X, Y, Z는 모두 양수이므로 루트를 취할 수 있습니다. $\sqrt{X}, \sqrt{Y}, \sqrt{Z}$를 각각 x, y, z라고 하면 $x^2 + y^2 + z^2 = 1$이 됩니다. 따라서 점 (x, y, z)는 중심이 원점이고 반지름이 1인 구면 위에 있는 점입니다.

$X = 1/2, Y = 1/3, Z = 1/6$일 때로 예를 들면 아래와 같습니다. (이어질 그림에서 높이 $\sqrt{1/6}$까지 표시하면 너무 복잡해져서 제외했습니다.)

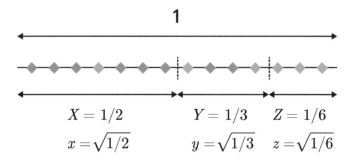

그런데 제곱해서 1/2, 1/3, 1/6이 되는 값은 $\sqrt{1/2}, \sqrt{1/3}, \sqrt{1/6}$뿐만 아니라 $-\sqrt{1/2}, -\sqrt{1/3}, -\sqrt{1/6}$도 있습니다. 이 사실을 유리하게 이용해 볼까요? 목걸이의 각 조각은 아르센과 뤼팽 중 1명이 가져가게

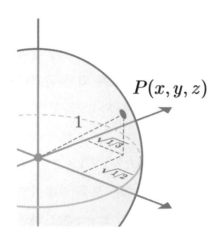

됩니다. 만약 아르센이 길이 X의 조각을 가져갔다면 x의 부호를 양수로, 뤼팽이 길이 X의 조각을 가져갔다면 x의 부호를 음수로 택합시다. 이렇게 하면 점 (x, y, z)는 **목걸이 세 조각의 길이에 대한 정보**뿐만 아니라, **각각 누구에게 부여되었는지에 대한 정보**도 표시합니다.

 구체적인 예를 들어볼게요. 각 조각의 길이가 $X = 1/2$, $Y = 1/3$, $Z = 1/6$가 되도록 목걸이를 잘랐습니다. 아르센이 X, Z 조각을 가져가고, 뤼팽이 Y 조각을 가져간 상황은 $(\sqrt{1/2}, -\sqrt{1/3}, \sqrt{1/6})$로 표현할 수 있습니다. 반대로 아르센이 Y를 가져가고, 뤼팽이 X, Z를 가져간 상황은 $(-\sqrt{1/2}, \sqrt{1/3}, -\sqrt{1/6})$로 표현할 수 있습니다.

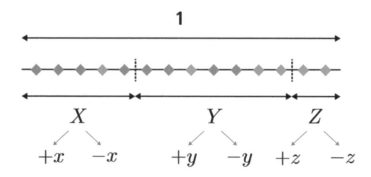

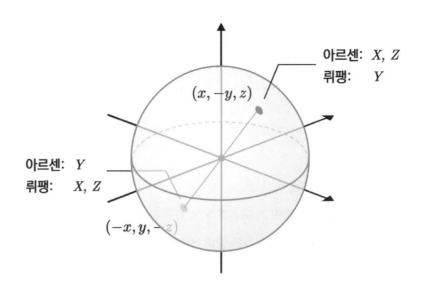

아르센: X, Z
뤼팽: Y

아르센: Y
뤼팽: X, Z

$(x, -y, z)$

$(-x, y, -z)$

　오오! 드디어, 드디어, 목걸이 문제 속에 꼭꼭 숨어 있던 보르수크-울람 정리가 보이기 시작합니다! 목걸이 문제에서 대척점은 아르센이 뤼팽의 조각을, 뤼팽이 아르센의 조각을 바꿔 가져가는 상황을 의미합니다. 이제 우리가 보르수크-울람 정리를 사용하기 위해 마지막으로 넘어야 할 난관은 다이아몬드와 에메랄드의 개수라는 2개의 이산적인 변수를 연속적인 변수로 바꾸는 것입니다. 이를 위해 목걸이에 보석이 박혀 있는 것이 아니라, 도금되어 있다고 생각해 보겠습니다. 다음의 경우 각 보석이 전체 목걸이의 1/14만큼을 도금되어 있다고 해볼게요. (다이아몬드와 에메랄드를 도금하는 게 가능한지는 모르겠지만 뭐, 수학책에서 가정하지 못할 것이 뭐가 있겠어요?)

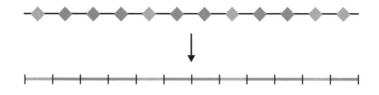

위와 같이 연속적인 목걸이에 대해 문제를 풀어봅시다.

사실 연속 버전의 목걸이 문제를 풀면 오리지널 목걸이 문제는
쉽게 풀립니다. 왜냐하면 연속적인 목걸이에서 공평하게 분배하는
방법을 찾아냈다면, 이 해법을 이산적인 목걸이에 그대로 적용할
수 있기 때문입니다. 연속적인 경우의 목걸이 문제 해답을 아래와
같이 찾았다고 가정해 볼게요.

이 경우 목걸이를 자르는 지점이 원래 보석이 박혀 있던 지점과
어긋나기 때문에 위의 해답을 이산적인 목걸이에 적용하기에는 문
제가 있을 것 같습니다. 하지만 자르는 지점을 조금 왼쪽으로 옮기
기만 하면 됩니다. 전혀 문제될 게 없네요.

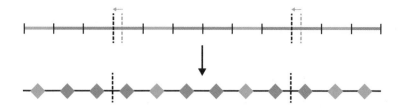

드디어 모든 준비가 끝났습니다. 지금까지의 논의를 바탕으로 목걸이 숲속에 숨어 있는 보물을 찾아낼 수 있겠지요?

> **목걸이의 숲속 숨어 있는 보물**
> 짝수 개의 에메랄드와 짝수 개의 다이아몬드가 무작위로 배열된 목걸이가 주어졌을 때, 2회 이내로 목걸이를 잘라서 2명이 똑같은 수의 에메랄드와 다이아몬드를 가져가도록 분배하는 것이 항상 가능할까?

아까 봤듯이 반지름 1인 구면 위의 각 점은, 목걸이를 세 조각으로 나눈 뒤 아르센과 뤼팽에게 부여하는 방법과 일대일대응됩니다. 따라서 반지름 1인 구면 위의 각 점에는 해당 점이 의미하는 방법대로 목걸이를 분배했을 때 아르센이 가져가는 다이아몬드의 양과 아르센이 가져가는 에메랄드의 양이라는 2개의 변수를 부여할 수 있습니다. 우리가 지구 위 임의의 점에 그 지점에서의 온도와 습도라는 2개의 변수를 부여했듯이 말이죠. 그러면 보르수크-울람 정리에 의해 두 변수의 값이 같은 대척점의 쌍이 존재합니다.

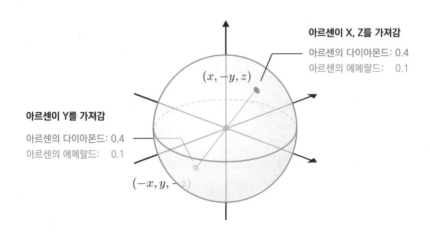

아르센이 X, Z를 가져감
아르센의 다이아몬드: 0.4
아르센의 에메랄드: 0.1

$(x, -y, z)$

아르센이 Y를 가져감
아르센의 다이아몬드: 0.4
아르센의 에메랄드: 0.1

$(-x, y, -z)$

그런데 목걸이 문제에서 대척점의 의미가 무엇이었는지 혹시 기억하나요? 목걸이 문제에서 대척점은 아르센이 뤼팽의 조각을, 뤼팽이 아르센의 조각을 바꿔 가져가는 상황을 의미합니다. 즉 위의 상황은 아르센이 뤼팽의 조각을 바꿔 가져갔음에도 아르센이 가지고 있는 다이아몬드의 양과 에메랄드의 양이 같다는 것을 의미합니다. 이것은 무엇을 시사할까요? 네, 이것은 아르센이 가지고 있던 다이아몬드와 에메랄드의 양이 뤼팽이 가지고 있던 양과 같다는 의미입니다! 이렇게 보르수크-울람 정리를 사용해 다이아몬드와 에메랄드가 아무렇게나 박혀 있어도 목걸이를 두 번만 자르면 항상 아르센과 뤼팽에게 보석을 똑같이 분배해 줄 수 있음을 증명했습니다! ■

그런데 만약 보석의 종류가 다이아몬드, 에메랄드, 루비, 총 세 종류라면 어떨까요? 네 종류, 다섯 종류라면요? 총 n 종류의 보석이 박혀 있는 목걸이를 공평하게 분배하기 위해서는 몇 번 잘라야 할까요?

일반화된 목걸이 분할 문제는 **일반화된 보르수크-울람** 정리로 접
근할 수 있습니다.

일반화된 보르수크-울람 정리로부터 일반화된 목걸이 분할 문
제의 답이 n회임을 알 수 있습니다. n이 3일 때로 예를 들어 보겠습
니다. 목걸이를 3회 자르면 목걸이는 총 4개의 조각으로 나누어집
니다. 각 조각의 길이를 X, Y, Z, W라고 하겠습니다. 제곱해서 각각
X, Y, Z, W가 되는 수를 x, y, z, w라고 하면 $x^2 + y^2 + z^2 + w^2 = 1$을 만족
합니다.

앞서 우리는 원의 방정식이 $x^2 + y^2 = 1$이고, 구의 방정식이
$x^2 + y^2 + z^2 = 1$임을 알아냈습니다. 때문에 $x^2 + y^2 + z^2 + w^2 = 1$은 4차원
구의 방정식이 아닐까 하고 추측할 수 있습니다. 이 추측은 사실입
니다! 따라서 (x, y, z, w)는 4차원 구 위의 한 점입니다.

이제 우리는 지금까지의 논의를 동일하게 적용할 수 있습니다.
의 부호가 플러스(+)라면 해당 조각이 아르센에게, 마이너스(-)라

면 뤼팽에게 주어진 것이라고 해석해 볼게요. 그러면 대척점은 아르센과 뤼팽이 조각을 바꿔 가져가는 것을 의미합니다. 구면 위 각 점에 아르센이 가져가는 다이아몬드의 양, 에메랄드의 양, 루비의 양, 총 3개의 변수를 부여할게요. 그러면 보르수크-울람 정리에 의해 아르센과 뤼팽이 조각을 바꿔 가져가도 각자가 가져가는 보석의 양에 변함이 없는 분할 방법, 즉 목걸이 문제의 조건을 만족하는 분할 방법이 항상 존재합니다!

> **목걸이 숲의 결론**
> n 종류의 보석이 각각 짝수 개만큼 박힌 목걸이는 n회 잘라서 두 도둑이 동일하게 보석을 가져가도록 분할할 수 있다.

마지막 떡밥

이제 3부 막바지로 접어들었습니다. 3부에서 저는 여러분께 전혀 상관 없어 보이는 문제들이 아름다운 논리를 통해 하나의 원리로 귀결되는 모습을 보여주었습니다. 우리의 여정을 돌아볼까요?

첫 번째 숲은 **비둘기의 숲**이었습니다. 비둘기의 숲에서 우리는 머리카락 문제나 정사각형에 5개의 점을 찍는 문제 등 전혀 상관 없어 보이는 문제들이 비둘기집 원리라는 공통 원리로 풀리는 것을 확인했습니다.

두 번째 숲은 **커피의 숲**이었습니다. 우리는 고정점이 없도록 커피를 휘젓는 것이 가능한지에 대한 물음으로 커피의 숲을 향한 여정을 시작했습니다. 다소 뜬금없어 보이는 슈페르너 색칠에 대해 오랫동안 이야기했었죠. 그런데 알고 보니 우리가 한참 이야기한 슈페르너 색칠은 커피 문제를 푸는 비밀 병기가 되었습니다. 색칠놀이로 브라우어르 고정점 정리를 증명하는 과정은 무척 아름다웠죠.

마지막 숲은 **목걸이의 숲**이었습니다. 이 숲의 핵심 주제는 중간값 정리였습니다. 중간값 정리는 당연한 내용이면서도 정말 많은 문제를 풀어내는 신묘한 도구였습니다. 흔들리는 책상을 고치는 방법부터 보르수크-울람 정리의 증명까지, 중간값 정리의 위력은 정말 대단했습니다. 그뿐만 아니라 목걸이를 분할하는 방법을 구면 위의 점으로 나타낸 뒤 보르수크-울람 정리를 적용하는 아이디어는 정말 기막혔죠.

숲	문제	핵심 정리
비둘기의 숲	정사각형 내 5개의 점을 찍을 때 모든 점끼리의 거리가 1.42 이상이 되도록 찍을 수 있을까?	비둘기집 원리
커피의 숲	커피를 저을 때 고정점이 생기지 않도록 저을 수 있을까?	브라우어르 고정점 정리
목걸이의 숲	다이아몬드와 에메랄드가 박힌 목걸이를 두 번만 잘라서 두 도적에게 공평하게 나눠줄 수 있을까?	보르수크-울람 정리

이로써 제가 여러분에게 보여주고 싶었던 문제는 모두 끝이 났습니다. 하지만 3부를 떠나기에 앞서 마지막을 위해 끝까지 남겨두고 있었던 이야기가 하나 있습니다. 많고 많은 문제 중 이 세 가지 문

제를 택한 이유입니다.

저는 인테리어에 관심이 많습니다. 제 방을 가꾸기 위해 가끔 인터넷에서 예쁜 조명이나 가구를 구입하곤 합니다. 이때 각 가구 하나하나가 얼마나 아름다운지 확인하는 것은 중요합니다. 하지만 인테리어를 할 때는 각각의 아름다움보다 여러 가구가 서로 얼마나 잘 어우러지는가 또한 중요한 법입니다.

이 책을 구성할 때도 각 장마다 재미있고 아름다운 내용을 소개하는 게 중요하지만, 책 전체를 놓고 봤을 때 그 내용이 얼마나 어우러지는지도 매우 중요하다고 생각했습니다. '큰 그림을 보라'는 말이 있죠. 여러분은 3부에서 왠지 무언가가 계속 반복된다는 느낌을 받았을 것입니다. 우리는 3부의 문제를 풀어나가며 계속 무언가의 **존재성**을 따지고, **연속성**에 신경 쓰고, 여러 **경우의 수**를 따져보았죠.

그렇다면⋯ 혹시 3부의 모든 내용은 **하나의 원리**로 묶여 있는 것이 아니었을까요? 그것이 우리가 찾아야 할 진정한 보물이었을까

요? 이 질문은 '떡밥'으로 남겨둘게요. 혹시 기회가 된다면 다시 이 주제에 대해 이야기할 날이 오겠죠! 그때까지 여러분이 3부에서 느낀 아름다움을 기억하며 수학에 대한 동경을 간직하시길 바랄게요.

4부

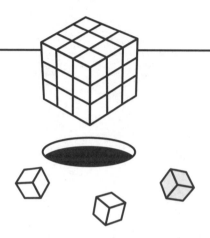

수학의 눈으로
바라본 세상

① 가장 효율적인 방법을 찾아서

비행기 탑승은 너무 느려

저는 여행을 좋아합니다. 매년 새로운 언어를 습득한 뒤 그 언어를 사용하는 나라로 떠나는 것을 새해 목표로 삼을 정도죠. 하지만 아이러니하게도 저에게 있어 가장 기대되는 순간은 여행지에 도착한 이후가 아니라 여행지로 가는 동안의 시간, 즉 비행기에 타 있는 순간입니다. 미래에 펼쳐질 일을 상상하는 일이 현재의 과정을 지켜보는 것보다 훨씬 즐겁더라고요. 그래서 비행기에 탑승하고 비행기가 이륙하는 동안 주변 환경을 유심히 관찰하고 느껴보곤 합니다. 좌석 앞에 꽂힌 안내 책자를 읽어보기도 하고 비행기 활주로가 어떻게 생겼는지도 보면서 말이죠.

비행기 활주로를 관찰하다가 알게 된 사실 중 하나는 비행기 활주로에 적힌 큰 숫자가 사실 비행기가 향하는 방향을 의미한다는 것입니다. 예를 들어 09라고 적혀 있으면 비행기가 동쪽(북으로부터

90°)을 향해 출발한다는 의미고 18이라고 적혀 있으면 비행기는 남쪽(북으로부터 180°)을 향해 출발한다는 의미입니다. 다음 번에 비행기에 탑승할 때 확인해 보시면 재미있을 거예요.

비행기를 관찰하며 알게 된 또 다른 사실은 항공사마다 승객들의 줄을 세우는 방법이 다르다는 겁니다. 비즈니스 클래스가 아닌 이상 우리나라의 대부분 항공사는 비행기에 탑승하는 순서를 따로 정해두지 않습니다. 하지만 미국을 비롯한 몇몇 국가의 항공사에는 보딩 그룹(Boarding Group)이라는 제도가 있습니다. 이러한 항공사는 탑승객을 몇 개의 그룹으로 나눕니다. 모든 탑승객의 티켓에는 자신의 좌석이 속한 그룹이 몇 번인지 적혀 있으며 승무원은 1번 그룹부터 차례대로 승객들의 줄을 세웁니다. 이 방식은 뒤쪽 그룹부터 앞쪽 그룹 순으로 승객을 태우기 때문에 **후전(後前) 착석 방식**이라고 부르겠습니다.

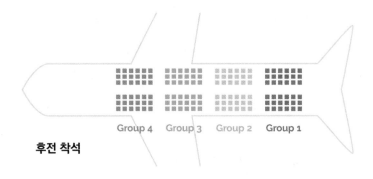

후전 착석

이 방식은 꽤 괜찮아 보입니다. 미국으로 여행갔을 때 저는 항공사가 후전 착석 방식을 사용한다는 데 흥미를 느꼈습니다. 후전 착석 방식을 사용하면 사람들을 무작위로 앉게 할 때보다 얼마나 더 빨리 착석이 끝날지 궁금해진 저는 걸리는 시간을 직접 재보았습니다. 그리고 귀국할 때의 한국 비행기에서 착석이 끝날 때까지 걸리는 시간과 비교해 보았죠. 결과는… 한국 비행기에서의 착석이 훨씬 빨리 끝났습니다. 이런 의외의 결과가 나온 데는 두 가지 가능성이 있습니다. 첫 번째는 무작위 착석 방식이 후전 착석 방식보다 더 빠른 착석 방식일 가능성입니다. 두 번째는 한국인들의 행동이 매우 빠르기 때문에 착석 방식과 상관없이 한국인들이 많이 탑승한 비행기는 항상 착석이 빨리 끝날 가능성입니다. 저는 당연히 두 번째 이유 때문이겠거니 하고 비행기 착석에 대한 탐구를 정리했습니다.

그런데 알고 보니 제 생각은 틀렸습니다. 실제 비행기 탑승객을 대상으로 한 실험에 따르면 173명이 착석하는 데 후전 착석 방식은 평균 24.5분이 걸리지만 무작위 착석 방식은 17.3분이 걸렸다고 합니다. 왜 후전 착석 방식이 무작위 착석 방식보다 느릴까요? 이 질문에 답하기 앞서 같은 주제로 훌륭한 영상을 만들어 준 유튜버 CGP Grey에게 감사드립니다. 해당 영상 제목은 <The Better Boarding Method Airlines Won't Use>(출처: https://youtu.be/oAHbLRjF0vo)로 편하게 즐기면서 볼 수 있는 영상이니 영어가 익숙하신 분들이라면 적극 추천합니다.

우리가 비행기에 타는 순간을 떠올려 보세요. 자리에 앉기 전에 트렁크에서 노트북을 꺼내고, 메고 있던 가방을 선반에 올리기 전 주섬주섬 이어폰까지 챙기는 데 걸리는 시간은 생각보다 매우 깁니다. 이는 탑승이 정체되는 원인이죠.

　가령 12명의 승객이 다음 그림처럼 비행기 안으로 들어간다고 할게요. 각 승객의 좌석은 그 자리에 앉을 승객과 같은 번호로 표시되어 있습니다. 비행기의 문이 열리자 승객들은 비행기 안으로 쭉쭉 들어갑니다. 그러다가 1번 승객이 자기 자리가 있는 줄에 다다르자 짐을 올리기 시작합니다. 2번 승객의 자리는 1번 승객의 좌석보다 뒤쪽에 있기 때문에 2번 승객은 1번 승객이 짐을 다 올릴 때까지 기다려야 합니다. 뒤에 있는 승객도 마찬가지입니다. 11명의 승객이 단 1명의 승객이 짐을 올리기를 기다리고 있습니다. 이런 정체가 발생하게 되면 착석 시간은 급격히 늘어납니다. (그림에서 빨간색은 승객이 짐을 올리고 있는 중이라는 걸 의미합니다.)

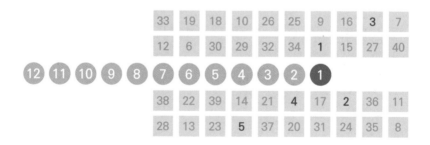

하지만 운이 좋으면 2명 이상의 승객이 동시에 짐을 올릴 수도 있습니다. 만약 다음처럼 좌석이 배치되어 있다면 1번 승객과 4번 승객이 짐을 동시에 올리게 되니 훨씬 효율적입니다. 이렇게 여러 명의 승객이 동시에 짐을 올리는 경우를 **매치**라고 부르겠습니다.

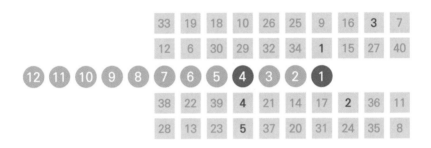

매치의 빈도는 착석 방식의 효율성을 결정하는 가장 큰 요인입니다. 후전 착석 방식이 무작위 착석 방식보다 느린 것은 후전 착석 방식의 매치 빈도가 낮기 때문입니다. 후전 착석 방식을 사용하면 앞쪽 보딩 그룹(초록색)에서 매치가 일어날 확률이 아예 없습니다. 오로지 현재 들어오고 있는 승객들의 보딩 그룹(노란색)에서만 매치 가 발생할 수 있는데 그마저도 확률은 낮습니다.

반면 무작위로 착석하면 전 구간에서 매치가 일어날 확률이 있기 때문에 후전 착석 방식에 비해 효율적입니다. 물론 이 책에서의 그림은 비행기를 매우 단순화했기 때문에 현실의 착석 과정을 정확히 반영하지는 않지만, 그래도 후전 착석 방식이 생각보다 효율적이지 않음을 보여줍니다.

후전 착석 방식보다 더 비효율적인 착석 방식은 **전후(前後) 착석 방식**입니다. 전후 착석 방식은 보딩 그룹 앞에서부터 착석하는 방식입니다. 후전 착석 방식의 경우 비행기가 충분히 길고 사람들이 조금 빨리빨리 움직이면 앞쪽에서 매치가 일어날 확률이 약간 있습니다. 하지만 전후 착석 방식을 사용하면 같은 그룹이 아닌 이상 매치가 일어날 확률은 전무합니다.

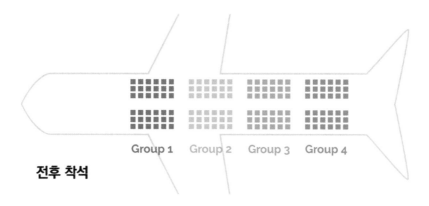

전후 착석

그럼 무작위 착석 방식보다 더 빠른 착석 방식은 뭐가 있을까요? 첫 번째 방식은 **측면-중앙 착석 방식**입니다. 측면-중앙 착석 방식은 그룹을 가로로 나눠 측면부터 중앙 쪽 순으로 앉는 방식입니다. 이 방식은 무작위 착석 방식과 비슷하지만 창가 측 승객이 자리에 앉기 위해 중앙 측 승객이 일어나야 하는 불필요한 시간 소모가 생기지 않습니다. 앞서 173명을 대상으로 무작위 착석 방식을 할 경우 17.3분이 걸린다고 했는데, 측면-중앙 방식은 14.9분이 걸립니다.

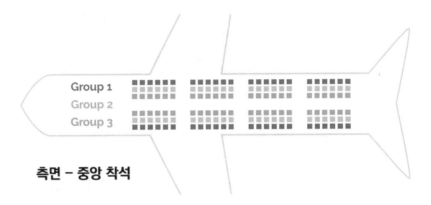

측면 - 중앙 착석

만약 승객들이 줄을 서는 순서를 일일이 지정해 줄 수 있다면, 훨씬 더 효율적인 착석이 가능합니다. 제이슨 스테판(Jason Steffen)이라는 수학자가 찾아낸 최고의 착석 순서는 다음과 같습니다. 다음 그림은 첫 40명 승객의 좌석을 나타냅니다. 비행기 맨 뒤 안쪽 좌석을 배정받은 승객이 맨 처음에 서고(1번 승객), 1번 승객으로부터 2칸 앞에 떨어져 있는 승객이 줄의 두 번째로… 이러한 방식으로 각 승객의 좌석 위치에 따라 승객이 서야 하는 줄의 위치를 스테판의 방법대로 일일이 지정해 주면 매우 빠르게 비행기 탑승을 마칠 수 있습니다.

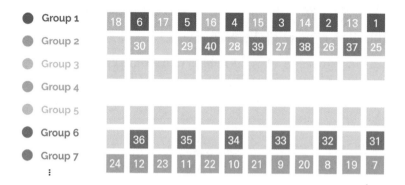

Group 1	18	6	17	5	16	4	15	3	14	2	13	1
Group 2		30		29	40	28	39	27	38	26	37	25
Group 3												
Group 4												
Group 5												
Group 6		36		35		34		33		32		31
Group 7	24	12	23	11	22	10	21	9	20	8	19	7

이러한 방식으로 그룹을 나누면 매치의 빈도가 극대화되기 때문에 그 어느 방식보다 더 빠르게 착석할 수 있습니다. 다음 그래프를 보면 이 방식이 얼마나 효율적인지 알 수 있습니다. 참고로 이 그래프는 착석 방식과 관련된 몇 가지 논문을 참고해 구성한 그래프입니다. 구체적인 시간은 인당 평균 짐의 개수나 사람들의 행동 속도에 따라 상이하기 때문에 각 방식을 비교하는 정도로만 보시기 바랍니다.

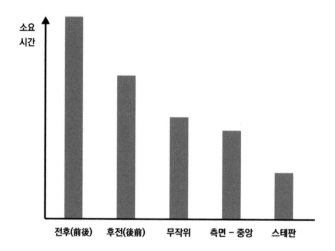

스테판 착석은 훌륭한 방식임이 틀림없지만 현실적으로 모든 승객을 일일이 지정된 위치에 따라 줄을 세울 수는 없습니다. 이럴 때 변형된 스테판 착석 방식을 사용할 수 있습니다. 스테판 변형 착석 방식은 스테판 방식보다 느리지만 측면-중앙 방식보다 빠릅니다.

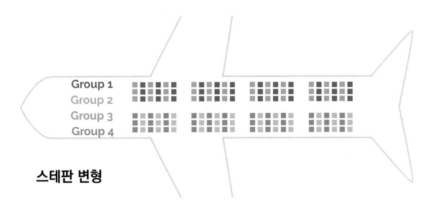

스테판 변형

지금까지 비행기에 착석하는 여러 가지 방법을 알아 보았습니다. 어떤 문제 상황을 해결하는 정해진 방법을 **알고리즘**(Algorithm)이라고 합니다. 무작위 착석 방식, 후전 착석 방식, 전후 착석 방식, 스테판 착석 방식은 모두 비행기 착석과 관련한 알고리즘입니다.

> **알고리즘**
> 문제를 푸는 정해진 절차.
> 알고리즘은 명확한 규칙으로 기술할 수 있어야만 한다.

주어진 문제를 해결하는 알고리즘은 보통 여러 개가 있기 때문에 우리는 그중에서 가장 효율적인 알고리즘을 선택해야 합니다. 알고리즘의 효율성은 크게 시간과 공간이라는 두 가지 측면에서 따질 수 있습니다. **시간 효율성**이 중요한 알고리즘의 예는 앞서 다뤘던 비행기 착석이 있습니다. 한편 **공간 효율성**이 중요한 알고리즘의 예로는 자동차 트렁크에 짐을 싣는 알고리즘이 있습니다. 보통 우리는 큰 짐부터 작은 짐 순서로 트렁크에 짐을 싣습니다. '작은 짐부터 큰 짐' 알고리즘에 비해 '큰 짐부터 작은 짐' 알고리즘이 공간을 더 효율적으로 사용하기 때문입니다.

효율이 뛰어난 알고리즘을 찾는 것은 매우 중요합니다. 앞서 비행기 탑승 시각을 비교한 막대 그래프에서 볼 수 있다시피 효율적인 알고리즘은 문제를 푸는 데 걸리는 시간을 획기적으로 줄일 수 있습니다. 알고리즘의 위력을 실감하기 위해, 유명한 알고리즘의 한 부류인 **정렬 알고리즘**으로 예를 들어보겠습니다.

1,000권의 책을 정렬하라고요?

책을 좋아하는 티모는 도서관 사서로 취직했습니다. 어느 날 도서관 측에서 책 1,000권을 새로 구입했습니다. 티모는 더 많은 책을 접할 생각에 기뻐했지만, 막상 1,000권이 도착하니 문제를 실감했습니다. 이제 티모는 책 1,000권을 도서관 코드번호 순으로 정렬해야 합니다. 어떤 알고리즘을 사용해야 가장 빠르게 책을 정렬할 수 있을까요?

　티모의 머리에 가장 먼저 떠오른 알고리즘은 다음과 같았습니다. 책 더미의 첫 번째 책과 두 번째 책의 코드번호를 비교합니다. 이 중 번호가 낮은 책은 그대로 두고 번호가 더 큰 책은 세 번째 책과 비교합니다. 마찬가지로 번호가 더 낮은 책은 그대로 두고 번호가 더 큰 책을 네 번째 책과 비교합니다. 이렇게 계속하다 보면 번호가 가장 큰 책이 맨 끝으로 옮겨집니다. 이 과정을 한 번 더 반복하면 번호가 두 번째로 큰 책이 맨 끝에서 두 번째로 옮겨지고 이 과정을 1천 번 반복하면 모든 책이 정렬됩니다. 이렇게 정렬하는 알고리즘을 **버블 정렬**이라고 합니다.

> **버블 정렬**
> 인접한 두 값 중 더 작은 값이 뒤에 있을 때, 이 둘을 바꾸어 나가며 정렬하는 알고리즘

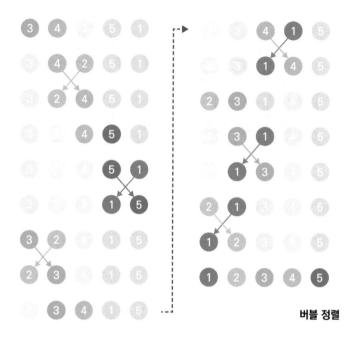

버블 정렬

만약 티모가 버블 정렬을 이용해서 1,000권의 책을 정렬한다면 시간이 얼마나 걸릴까요? 이 방식을 사용해 책 1권을 정렬하기 위해서는 지금까지 정렬된 책을 제외한 모든 책을 서로 비교해야 합니다. 5권의 책을 정렬하기 위해서는 총 $4 + 3 + 2 + 1 = 10$회의 비교가 필요합니다. 그렇다면 1,000권의 책을 정렬하기 위해서는 총 $999 + 998 + \cdots + 2 + 1 = 499,500$회의 비교가 필요합니다. 티모가 책을 한 번 비교하는 데 1초가 걸린다고 하면 정렬을 끝내는 데 5.78일이나 필요하네요. 만약 티모가 월요일 새벽 6시부터 버블 정렬을 사용해서 책을 정렬한다면, 잠도 자지 않고, 밥도 먹지 않고, 오로지 책만 정렬한다고 해도 일요일 자정이 되어서야 끝날 것입니다.

이 방법은 아무래도 좀 아닌 것 같죠? 더 나은 알고리즘을 생각해 볼게요. 이건 어떤가요? 먼저 첫 번째 책과 두 번째 책 중 더 큰 책을 뒤에 놓습니다. 그 후 세 번째 책과 두 번째 책을 비교해 만약 세 번째 책이 두 번째 책보다 작다면 두 책의 자리를 바꿉니다. 만약 세 번째 책이 첫 번째 책보다 작다면 또 둘의 자리를 바꿉니다. 나머지 책도 마찬가지 방법으로 정렬합니다. 이 알고리즘은 **삽입 정렬**이라고 합니다.

> **삽입 정렬**
> 두 번째 자료부터 시작해, 정렬하려고 하는 값을 그 앞의 값들과 비교해 가며 알맞은 위치로 옮겨질 때까지 앞으로 옮기는 알고리즘

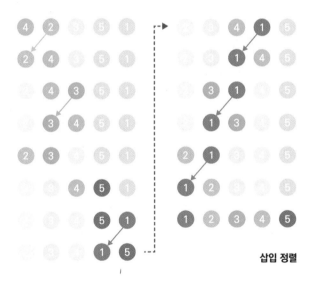

삽입 정렬

삽입 정렬은 버블 정렬보다 2배 정도 빠릅니다. 버블 정렬은 k번째 책을 징렬하기 위해 반드시 $k-1$번의 비교가 필요하지만, 삽입

정렬은 k번째 책을 정렬하기 위해 앞의 $k-1$권의 책을 차례대로 비교해 나가다가 자신보다 더 작은 책을 만나는 순간 멈추면 되기 때문에 평균적으로 $(k-1)/2$번만 비교하면 됩니다. 버블 정렬의 반 정도인 거죠. 하지만 삽입 정렬을 사용해도 1,000권의 도서를 정렬하는 데는 3일 가까이 걸립니다. 버블 정렬 및 삽입 정렬과 더불어 또다른 유명한 정렬 알고리즘으로 **선택 정렬**[1]이 있지만 선택 정렬은 삽입 정렬보다 더 느립니다. 획기적으로 더 빠른 방법은 없을까요?

반으로 쪼개고 쪼개고 쪼개기

티모를 도울 아이디어를 얻기 위해 잠시 다른 문제를 살펴볼게요. 여러분 혹시 **업 앤 다운 게임**을 아시나요? 이 게임은 상대방이 종이에 적어둔 1부터 100 사이의 숫자가 무엇인지 맞히는 게임입니다. 단, 상대방은 내가 부른 숫자가 자신이 생각하고 있는 숫자보다 더 큰지(업), 작은지(다운)를 알려줘야 합니다. 적은 횟수 안에 숫자를 맞출수록 더 높은 점수를 얻을 수 있습니다.

만약 여러분이 숫자를 맞히는 입장이라면 어떤 알고리즘을 사용해서 숫자를 맞힐 것인가요? 가장 단순한 방법은 그냥 1부터 100까지 불러보는 것입니다. 이 알고리즘은 **선형 탐색**이라고 합니다.

물론 업 앤 다운 게임에서 선형 탐색을 이용할 사람은 없겠죠. 대

---

1 선택 정렬의 과정은 다음과 같습니다. 먼저 주어진 숫자 중 최솟값을 찾은 다음, 맨 앞에 배치합니다. 그 후 나머지 숫자 중에서 최솟값을 찾은 다음, 두 번째에 배치시킵니다. 이 과정을 n번 반복하면 정렬이 완료됩니다.

부분은 1부터 100의 중앙값인 50을 부를 것입니다. 그래야 가장 효과적으로 범위를 좁힐 수 있으니까요. 50을 부르니 상대방이 "업!"이라고 합니다. 그럼 이제는 51부터 100의 중앙값인 75를 불러야겠네요. 이와 같이 남은 구간의 중앙값을 불러서 구간을 반씩 줄여나가면 매우 효과적으로 숫자의 범위를 좁혀나갈 수 있습니다. 이 알고리즘을 **이진 탐색**이라고 합니다.

일반적으로 상대방이 생각한 숫자가 1부터 n 사이에 있다고 할 때, 선형 탐색을 사용하면 최악의 경우 n회의 시도 끝에야 상대방의 숫자를 맞힐 수 있습니다. 하지만 이진 탐색을 사용하면 $\log_2 n$회 안에 상대방이 생각한 숫자를 알아낼 수 있습니다. 여기서 $\log$(로그)는 아래와 같은 의미입니다.

> **로그**
>
> $2^x = y$일 때, $\log_2 n = x$다.
> 예를 들어 $2^5 = 32$이므로 $\log_2 32 = 5$다.

문제의 크기에 따라 알고리즘을 완료하는 데 얼마나 오랜 시간이 걸리는지 나타내기 위해 **시간복잡도**라는 개념을 사용할 수 있습니다. 선형 탐색은 최악의 경우 n회의 시도가 필요하므로 시간복잡도를 $O(n)$이라고 표기하며, 이진 탐색은 최악의 경우 $\log_2 n$의 시도가 필요하므로 $O(\log n)$이라고 표기합니다.

여기에서 우리는 좋은 알고리즘을 구상하는 데 매우 중요한 안목을 얻을 수 있습니다. 좋은 알고리즘은 선형 탐색처럼 문제의 크기를 야금야금 줄여나가서는 안 되며, 이진 탐색처럼 문제의 크기를 뭉텅이로 줄이며 해결해야 합니다. 좋은 알고리즘은 연산에 필요한 시간을 어마어마하게 줄여줄 수 있기 때문에 이러한 알고리즘을 찾는 것은 컴퓨터 공학에서 매우 중요한 주제입니다. 예를 들어 연산을 1회 수행하는 데 1초가 걸리는 컴퓨터가 있다고 할게요. 이 컴퓨터가 $n = 100,000,000$회의 연산을 완료하기 위해서는 약 3년이 필요합니다. 하지만 만약 이 시간을 로그 시간으로 줄일 수만 있다면 컴퓨터는 $\log n$의 시간, 즉 26.58초 만에 연산을 끝마칠 수 있습니다. 어마어마한 차이죠. 정보기술의 속도가 옛날보다 훨씬 빨라진 데는 하드웨어의 발전이 있었지만 알고리즘의 발전도 그 못지않게 중요한 역할을 했습니다.

그렇다면 버블 정렬과 삽입 정렬의 시간복잡도는 어느 정도일까요? 앞서 봤듯이 버블 정렬의 경우, n권을 정렬하기 위해 $(n-1) + (n-2) + \cdots + 2 + 1$회의 비교가 필요합니다. 이 덧셈식은 기발한 아이디어를 이용해서 간단히 정리할 수 있습니다. 이 식의 첫 번째 항인 $n-1$과 마지막 항인 1의 합은 n입니다. 마찬가지로 두 번째 항인 $n-2$와 마지막에서 두 번째 항인 2의 합도 n입니다. 이렇게 항을 2개씩 짝지어 나가면, 합이 n이 되는 쌍이 총 $(n-1)/2$개 생깁니다. 따라서 이 식의 값은 $n(n-1)/2$입니다.

$$(N-1) + (N-2) + (N-3) + \cdots + 3 + 2 + 1$$

$$= N + N + \cdots + N = \frac{N(N-1)}{2}$$

$\underbrace{}_{\frac{N-1}{2}\text{개}}$

따라서 버블 정렬과 삽입 정렬은 $\frac{1}{2}(n^2-n)$회에 비례하는 횟수의 연산이 필요하며 두 알고리즘의 시간복잡도는 $O\!\left(\frac{1}{2}(n^2-n)\right)$입니다. 그런데 시간복잡도를 표기할 때는 일반적으로 가장 빠르게 증가하는 항만을 계수 없이 표기합니다. 따라서 버블 정렬과 삽입 정렬의 시간복잡도는 $O(n^2)$이라고 쓰는 것이 가장 일반적입니다. n이 충분히 클 경우, n은 n^2에 비해서 무시해도 될 정도로 미미하기 때문입니다.

책을 가장 빠르게 정렬하는 방법

$O(n^2)$은 너무 느립니다. 더 빠른 알고리즘이 없을까요? 앞에서 언급했듯이 좋은 알고리즘은 문제의 크기를 뭉텅이로 줄여나가야 합니다. 이진 탐색의 경우 중앙값을 기준으로 해 문제의 크기를 반으로 줄였습니다. 이 아이디어를 책을 정렬하는 데 적용해 볼게요.

11권의 책을 예시로 들어보겠습니다. 먼저 책 무더기에서 아무책이나 하나 고릅니다. 첫 번째 책으로 할까요? 이 책을 기준으로 이 책의 번호보다 번호가 작은 책은 왼쪽으로, 큰 책은 오른쪽으로 나눌게요.

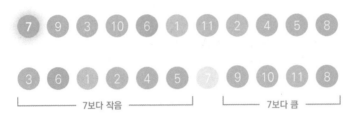

7을 기준으로 책을 두 부류로 나눔으로써, 우리는 11권의 책을 정렬하는 문제를 6권의 책과 4권의 책을 각각 정렬하는 문제로 나눴습니다. 그리고 7은 제자리를 찾았습니다. 정렬이 완료된 책은 흐릿하게 표시하겠습니다.

이번에는 왼쪽과 오른쪽에서 동시에 기준을 고르겠습니다. 왼쪽은 왼쪽 기준대로, 오른쪽은 오른쪽 기준대로 책을 정렬하겠습니다.

이제 3과 9가 제자리를 찾았습니다. 이제 4개의 그룹이 있으니, 4개

의 그룹에서 각각 기준을 선택하면 됩니다. 각 기준에 따라 왼쪽과 오른쪽으로 분할하면… 이럴 수가! 벌써 정렬이 끝나버렸네요!

정렬 끝!

위와 같이 정렬하는 알고리즘을 **퀵 정렬**(Quick Sort)이라고 합니다. 예시에서도 알 수 있다시피 퀵 정렬은 버블 정렬이나 삽입 정렬보다 매우 빠른 알고리즘입니다. 왜 퀵 정렬이 이토록 빠른지 아시겠나요? 버블 정렬과 삽입 정렬의 경우, 각 과정을 거듭하면 책은 하나씩만 정렬됩니다. 하지만 퀵 정렬의 경우, 처음에는 책이 1권만 정렬되지만 그다음에는 2권의 책이, 그다음에는 4권의 책이 한꺼번에 정렬됩니다. 이렇게 정렬되는 책의 개수가 지수적으로 증가하기 때문에 매우 빠르게 책을 정렬할 수 있습니다.

퀵 정렬의 시간복잡도는 어느 정도일까요? 퀵 정렬의 각 단계(기준이 될 책을 정하고 나머지 책을 기준에 맞게 좌우로 배치시키는 과정)에서는

n권 정도의 책을 기준값과 비교해야 합니다.[2] 따라서 각 단계의 시간복잡도는 $O(n)$입니다. 퀵 정렬에서 정렬된 책의 개수는 각 단계를 거칠 때마다 1개, 2개, 4개, 8개… 이렇게 지수적으로 증가하기 때문에, 모든 책의 정렬이 완료될 때까지 거쳐야 하는 총 단계의 개수는 log$n$정도로 잡을 수 있습니다. 따라서 퀵 정렬의 시간복잡도는 $O(n\log n)$입니다. $O(n^2)$에 비해서 무지하게 빠르네요!

이 사실을 알게 된 티모는 퀵 정렬을 이용해서 책을 정렬하기 시작했고 3시간 만에 책 1,000권을 모두 정렬할 수 있었습니다. 여러분도 혹시 나중에 산더미같이 쌓인 문서나 자료를 정렬해야 될 때 퀵 정렬을 사용해 보세요.

P vs. NP 문제

퀵 정렬 이외에도 $O(n\log n)$의 시간복잡도를 가지는 알고리즘은 병합 정렬, 힙 정렬 등이 있습니다. 하지만 $O(n\log n)$보다 더 빠른 정렬 알고리즘은 존재하지 않습니다. 이건 수학적으로 증명이 된 사실입니다.[3] 그런 점에서 책을 코드번호 순으로 정렬하는 문제는 업 앤 다운 게임보다 더 '어려운' 문제라고 할 수 있습니다. 업 앤 다운은 $O(\log n)$만에 해결할 수 있지만 정렬은 $O(n\log n)$의 시간이 필요

---

2 '정도'라는 표현을 사용하는 것은 퀵 정렬의 단계가 거듭됨에 따라 정렬된 값들이 점점 많아짐으로써 더 적은 개수의 값을 이동시켜도 되기 때문입니다. 그런데 이것을 고려하며 계산하면 복잡하기 때문에 그냥 n개의 값을 이동시킨다고 하겠습니다.
3 엄밀히 말하자면 값을 비교하는 정렬 알고리즘 중 $O(n\log n)$보다 빠른 것은 없습니다. 값을 비교하지 않는 정렬 알고리즘으로는 계수 정렬이 있으며 이 알고리즘의 시간복잡도는 $O(n)$입니다.

하니까요.

정렬보다 더 어려운 문제의 대표적인 예로는 **세일즈맨 문제**가 있습니다. 세일즈맨 문제는 비용 k 이하로 n개의 지점을 모두 방문하는 게 가능한지를 묻는 것입니다. 어떤 세일즈맨이 4곳의 집을 방문하고자 합니다. 그런데 안타깝게도 세일즈맨의 차에는 기름이 조금밖에 없어서 정말 신중하게 경로를 계획해야 합니다.

다음 그림에서 원은 집을 의미하고, 선은 집과 집 사이의 도로를 의미하며, 숫자는 두 집 사이의 거리를 의미합니다. 세일즈맨의 차에는 지금 35만큼 운전할 수 있는 기름만이 남아 있습니다. 과연 세일즈맨은 4개의 집을 모두 방문할 수 있을까요?

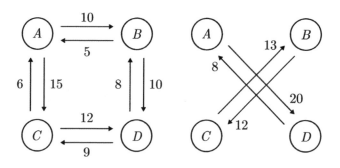

가장 먼저 생각나는 알고리즘은 단순하게 모든 경로를 전부 시도해 보는 것이겠죠. 4개의 집을 방문하는 순서의 경우의 수는 총 4!로 스물네 가지입니다.[4] 이 경로를 전부 계산하다 보면, 비용이 35보다 작은 경로가 있는지 없는지 확실히 알 수 있겠죠. 이 알고리즘의 시

---

4 느낌표 기호는 **팩토리얼**이라고 읽습니다. $n!$은 1부터 n까지 곱한 값을 의미합니다.

간복잡도는 $O(n!)$입니다.

$O(n!)$은 정말 비효율적인 시간복잡도입니다. n이 조금만 커져도 $n!$은 어마어마하게 증가합니다. 예를 들어서 n이 20일 때, 연산 1회에 1초가 걸리는 컴퓨터가 n회의 연산을 완료하기 위해서는 20초가 필요하고, $\log n$회의 연산을 완료하기 위해서는 약 4초가 필요합니다. 하지만 $n!$회의 연산을 완료하기 위해서는 우주 나이의 5.6배에 육박하는 시간이 필요합니다. 이러한 이유로 컴퓨터 과학에서 $O(n!)$의 시간이 걸리는 알고리즘은 아예 실용성이 없다고 봅니다.

이제 여러분은 제가 세일즈맨 문제를 해결하는 기발한 알고리즘을 소개하기를 기대하고 계시겠죠. 그런데 유감스럽게도, 음… 그런 알고리즘은 아직 없습니다! 현재까지 밝혀진 세일즈맨 문제의 유일한 알고리즘은 모든 경로를 다 계산하는 방법밖에 없습니다. 여기에 동적 프로그래밍 등의 테크닉을 사용해서 시간을 줄일 수는 있지만, 세일즈맨 문제를 매우 효율적으로 풀어내는 기발한 알고리즘은 아직 아무도 찾지 못했습니다. 정말 유감스러운 일이죠. 세일즈맨 문제는 현실에서도 매우 빈번히 등장하니까요.

하지만 누군가 세일즈맨 문제의 해답을 가지고 오면, 그 답이 올바른지 확인하는 일은 매우 간단합니다. 예를 들어 아래의 경로는 비용 35 이하의 경로가 맞을까요?

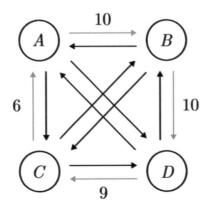

6 + 10 + 10 + 9 = 35니까, 맞네요! 이 경로의 비용은 35 이하입니다. 누군가 가져온 세일즈맨 문제의 답이 올바른지 확인하는 일은 n회의 덧셈만 필요하기 때문에 시간복잡도가 $O(n)$입니다.

이렇듯 세일즈맨 문제의 답을 구하는 것은 무진장 어렵지만 답을 확인하는 것은 매우 쉽습니다. 이처럼 답을 확인하는 것이 쉬운 문제를 수학자들과 컴퓨터 과학자들은 **NP 문제**라고 합니다.

NP 문제(Nondeterministic Polynomial)

주어진 답이 올바른지 확인하는 것이 쉬운 문제.

세일즈맨 문제, 스도쿠, 소인수분해 등이 있다.

한편 답을 구하는 것이 쉬운 문제는 **P 문제**라고 합니다.

P 문제 (Deterministic Polynomial)

답을 구하는 것이 쉬운 문제.

곱셈, 정렬, 업 앤 다운 게임 등이 있다.

여기서 '쉽다'의 기준은 답을 구하거나 확인하기까지 필요한 시간이 다항식으로 표현될 수 있는지의 여부로 결정합니다. 답을 구하기까지 $O(n)$, $O(n^2)$, $O(n^3)$ 등의 시간이 걸리는 문제는 쉬운 문제이고, $O(2^n)$, $O(n!)$ 등의 시간이 걸리는 문제는 어려운 문제입니다. $O(\log n)$은 다항식은 아니지만, $O(n)$보다 빠르기 때문에 쉬운 문제로 간주합니다. 다항식이 기준이 되는 이유는 다항 시간 알고리즘은 현대의 컴퓨터가 충분히 계산할 수 있을 정도이며, 설령 그렇지

않다고 하더라도 기술의 발전을 조금만 기다리면 충분히 계산할 수 있을 정도여서입니다. 하지만 지수 시간이나 팩토리얼 시간은 기술의 발전 속도를 가볍게 웃돌기 때문에 아무리 기술이 발전해도 실무에 사용될 가능성이 매우 낮습니다.

물론 NP 문제보다 더 '어려운' 문제도 많습니다. 예를 들어 $n \times n$ 체스판에서 이루어지는 체스의 불패 전략을 찾는 문제는 NP조차도 아닙니다. 어떤 전략을 가져와도 그것이 정말 불패 전략인지 확인하기 위해서는 그 전략을 상대로 가능한 모든 게임을 다 시도하는 수밖에 없습니다. 당연히 다항 시간 안에 계산하지 못합니다.

모든 P 문제는 NP 문제입니다. 답을 구하는 것도 답을 확인하는 것이라고 볼 수 있으니까요. 그런데 2002년에 뜻밖의 결과가 발표되었습니다. 주어진 수가 소수인지 아닌지 판별하는 문제는 오랜 기간 NP라고 생각되어 왔습니다.[5] 하지만 아그라왈, 카얄, 그리고 삭세나라는 컴퓨터 과학자들이 다항 시간 안에 이 문제를 푸는 알고리즘을 발견했습니다. 그렇게 소수 판정 문제는 NP에서 P로 넘어가게 되었습니다.

그토록 오랫동안 NP라고 생각된 소수 판정 문제가 P였다면, 다른 NP 문제들도 어쩌면 P에 속할 수도 있지 않을까요? 어쩌면 모든 NP 문제에는 빠른 알고리즘이 존재하지만 우리가 아직 그 방식을 찾지 못한 것일지도 모릅니다. 이것이 바로 **P-NP 문제**입니다.

---

5 '소수 판정 문제는 주어진 수 n을 2부터 $n-1$까지의 수로 나누어 보면 되니 $O(n)$ 아닌가요?'라는 의문이 들었다면 훌륭합니다! 사실 시간복잡도는 책에서 설명한 것보다 더 복잡한 개념입니다. 어떤 수를 컴퓨터 프로그램에 입력하기 위해서는 이진수로 변환해야 합니다. 이 과정에서 필요한 비트(bit)의 개수가 n의 정확한 의미입니다. 이 의미대로 계산하면 시간복잡도는 $O(2^{n/2})$입니다.

P-NP 문제를 요약하자면 '답을 확인하기 쉬운 문제는 풀기도 쉬운가?'라는 내용입니다. 혹시 1부에서 언급한 밀레니엄 문제를 기억하시나요? 밀레니엄 문제는 총 7개로 구성되어 있으며, 이 중 푸앵카레의 추측을 제외한 나머지 6개는 아직 미해결 상태입니다. 미해결 문제 중 하나가 바로 P-NP 문제입니다. 이 문제도 결코 만만한 녀석이 아니네요.

만약 P = NP인 것으로 판명이 나면, 이 결과는 수학뿐만 아니라 사회 전반에 막대한 영향을 끼칠 것입니다. P = NP라면 단백질 접힘을 분석하는 빠른 방법이 존재한다는 의미입니다. 이는 매우 긍정적인 소식입니다. 단백질 접힘을 빠르게 분석하는 것은 암 치료제와 밀접한 관련이 있거든요. 반대로 부정적인 측면도 있습니다. 현대의 암호 시스템은 소인수분해가 P에 속하지 않는 NP임을 이용합니다. 즉, 소인수분해는 답을 구하기는 어렵지만 답을 확인하기는 쉽습니다. 암호에 사용하기 제격이죠. 그런데 P = NP라면 현대의 암호를 모두 뻥뻥 뚫어버릴지도 모르는 기막힌 알고리즘이 존재한다는 의미입니다. 전 세계의 보안 업체에 비상이 걸릴 만한 소식이네요.

대부분의 전문가들(약 83퍼센트)은 P ≠ NP라고 생각합니다. 하지만 인류의 믿음이 깨진 적은 정말 많았죠? 아직까지는 P ≠ NP라고 확실히 단정지을 근거가 없습니다. 어쩌면 정말 P = NP일지도 모르고요!

남의 떡이 작아 보이도록 분배하기

티모는 퀵 정렬을 이용해서 1,000권의 책을 정렬하는 데 성공했지만, 도서관의 책장이 넉넉하지 않았습니다. 아무리 책장에 꼭꼭 집어 넣어도 100권 정도의 책은 도무지 들어갈 자리가 없었습니다. 고민하던 티모는 친구인 디멘과 에리를 불러 둘이서 100권의 책을 알아서 나눠 가져가면 된다고 말했습니다.

디멘과 에리는 둘 다 엄청난 독서광이기 때문에 이번 나눔 이벤트에서 자신이 상대방보다 조금이라도 손해를 보는 일이 없도록 하려고 합니다. 여기서 말하는 '손해'는 단순히 상대방보다 더 적은 수의 책을 가져갔다는 의미가 아닙니다. 자신이 더 많은 수의 책을 가져갔더라도, 상대방이 더 재미있고 유익한 책을 많이 가져간 것 같다면 손해를 본 것입니다. 반대로 자신이 더 적은 책을 가져갔더라도, 상대방에 비해 책의 질이 훨씬 좋아 보인다면 손해를 본 것이 아닙니다. 여기서 말하는 손해는 매우 주관적인 기준입니다. 그렇다면 어떠한 방법으로 100권의 책을 나눠야 디멘과 에리 둘 다 자신의 몫에 만족할 수 있을까요?

> **2인 분할 문제**
> 100권의 책이 있을 때, 두 사람이 각자 자신의 몫에 만족할 수 있는 분할 알고리즘을 제시하시오.

가장 간단하면서 효과적인 방법은 다음과 같습니다. 먼저 디멘이 100권의 책을 두 묶음으로 나눕니다. 그 후, 에리가 두 묶음 중 하나를 가져갑니다. 디멘은 에리가 선택하지 않은 나머지 하나의 묶음을 가져갑니다. 이 방법으로 책을 나눠 가져간다면 디멘은 자신이 어떤 묶음을 가져가게 될지 모르므로 둘 중 어느 것을 가져가도 마음에 들도록 책을 분배할 것입니다. 에리 입장에서는 비록 자신이 꾸린 묶음은 아니지만, 자신이 봤을 때 두 묶음 중 더 나은 묶음을 먼저 선택할 수 있으므로 손해라고 볼 수 없습니다. 따라서 이와 같은 알고리즘으로 책을 분배하면 두 사람 모두 자신의 몫에 만족할 수 있습니다.

모든 사람이 자신의 몫에 만족할 수 있도록 상품을 분배하는 알고리즘을 **엔비프리**(envy-free) **알고리즘**이라고 합니다. envy는 영어로 부러움, 질투를 의미합니다. envy-free는 부러움과 질투가 없는, 다시 말해 모두가 상대의 몫을 탐하지 않고 자신의 몫에 만족한다는 의미입니다. 엔비프리 알고리즘은 '남의 떡이 더 커 보이는' 상황을 없애는 알고리즘입니다.

그런데 디멘과 에리가 책을 나눠 가져가는 것을 가만히 지켜보던 티모가 1,000권의 책을 정렬하느라 고생한 자신도 책을 가져가야겠다고 마음을 바꾸었습니다. 이제는 디멘, 에리, 그리고 티모 총 3명이서 책을 분배해야 하네요. 다소 자명했던 2인 엔비프리 알고리즘에 비해 3인 엔비프리 알고리즘은 생각하기 어렵습니다. 3인 엔비프리 알고리즘은 1960년에 발견되었는데요. 수학의 긴 역사를 생각하면 최근에야 풀린 문제라고 할 수 있습니다. 우리가 살펴볼 3인 엔비프리 알고리즘은 **셀프리지-콘웨이 절차**입니다.

셀프리지-콘웨이 절차는 다음과 같습니다. 먼저 디멘은 이전과 마찬가지로 자신이 생각했을 때 각 묶음의 가치가 동등하도록 책을 세 묶음 A, B, C로 나눕니다. 디멘은 이 중 어느 것을 가져가더라도 만족할 것입니다.

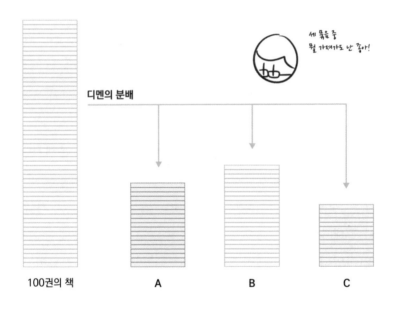

하지만 티모가 봤을 때 세 묶음의 가치는 동등하지 않을 것입니

다. 가령 티모가 생각할 때 A 묶음이 가장 좋고 B 묶음이 두 번째로 좋다면, A 묶음의 가치가 B 묶음의 가치와 동등해질 때까지 A 묶음에서 책을 덜어낼 것입니다. 덜어낸 책은 일단 구석으로 치워두고 덜어내고 남은 책을 A' 묶음이라고 할게요.

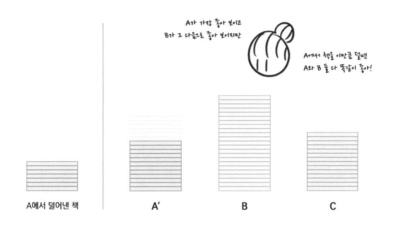

이제 에리의 차례입니다. 에리는 3개의 묶음 A', B, C 중 자신에게 가장 좋아 보이는 묶음을 가져갑니다. 에리가 어떤 책을 가져갔느냐에 따라 나머지 두 친구가 가져갈 몫이 정해집니다. 만약 에리가 B나 C를 가져갔을 경우, 티모는 A'을 가져가고 디멘이는 남은 하나의 묶음을 가져갑니다. 에리가 A'을 가져갔을 경우, 티모는 B를 가져가고 디멘이는 C를 가져갑니다.

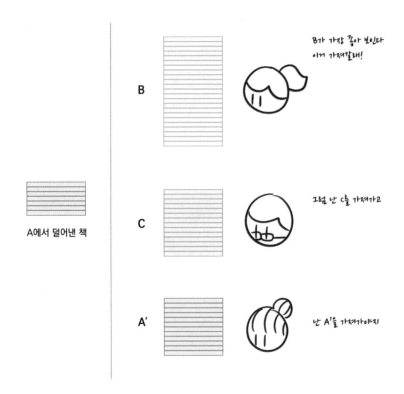

B가 가장 좋아 보인다
이거 가져갈래!

그럼 난 C를 가져가고

난 A'를 가져가야지

A에서 덜어낸 책

B

C

A'

이제 구석으로 치워둔 책을 마저 분배해야겠네요. 앞서 디멘, 티모, 에리 순으로 책을 분배했으니 이번에는 반대로 할게요. 먼저 에리가 자신이 생각했을 때 각 묶음의 가치가 동등하도록 남아 있는 책을 세 묶음으로 나눕니다. 그러면 티모는 세 묶음 중 자신에게 가장 좋아 보이는 것을 가져갑니다. 그다음 디멘이 남은 두 묶음 중 하나를 가져가고, 에리가 마지막으로 남은 묶음을 가져갑니다. 이것으로 셀프리지-콘웨이 분할 절차가 끝났습니다!

셀프리지-콘웨이 분할 절차가 왜 엔비프리인지 확인하기 위해 각 친구의 입장에서 생각해 볼게요. 먼저 디멘은 처음에 자신이 받은 몫이 전체 책의 가치의 딱 1/3이라고 생각했습니다. 사실 이 몫만 들고 집으로 가도 만족했을 텐데, 거기에다가 몇 권 더 추가로 받았으니 당연히 행복하겠죠! 따라서 디멘은 나머지 두 친구의 몫을 부러워할 이유가 없습니다.

이번에는 티모 입장에서 볼게요. 티모는 첫 번째 분배 과정에서 자신이 가장 좋다고 판단한 2개의 묶음 중 하나를 받았습니다. 두 번째 분배 과정에서는 가장 먼저 자신의 마음에 드는 묶음을 선택했고요. 이렇듯 티모는 두 분배 과정 모두 자신이 가장 좋아하는 묶음을 선택했기 때문에 나머지 두 친구의 책을 부러워하지 않습니다.

마지막으로 에리는 첫 번째 분배 과정에서 가장 먼저 자신의 마음에 드는 묶음을 선택했습니다. 두 번째 분배 과정에서는 어느 묶음을 가져가도 자신의 마음에 들도록 책을 직접 나눴고요. 두 번째 분배 과정에서 받은 자신의 몫에 대해서도 만족합니다. 그 때문에 에리 역시 나머지 두 친구의 몫을 부러워하지 않습니다.

셀프리지-콘웨이 분할 절차를 통해 세 친구는 각자 자신의 몫에 가장 만족하며 집으로 돌아갔습니다. 명확한 알고리즘 없이 대충 대충 분배하다 보면 세 친구가 서로의 책이 더 좋다 아니다 하며 싸우기 쉽습니다. 하지만 타당성을 검증할 수 있는 알고리즘에 따라 분배하면 모두가 자신의 몫에 만족하는 것이 가능합니다. 좋은 알고리즘은 시간을 절약해 줄 뿐만 아니라 사회 구성원 전반의 만족도도 높일 수 있습니다.

인생은 게임이고, 게임은 수학이다

스타벅스 옆에는 커피빈이 있더라

오랜만에 여행을 떠난 디멘은 운전하던 중 피로를 느껴 커피를 마시려고 했습니다. 그런데 주위를 둘러봐도 카페가 보이지 않았습니다. 두리번거리며 좀 더 가다 보니 그렇게 안 보이던 카페가 갑자기 떼로 모여 있네요. 스타벅스, 커피빈, 투썸플레이스, 이디야… 별의별 카페가 다 옹기종기 모여 있습니다. 일단 카페를 찾아서 다행이긴 하지만 디멘의 마음에는 불만이 생깁니다. 동네에 균일하게 카페를 배치해 놓으면 소비자는 카페를 찾기 쉽고, 업체는 경쟁을 피할 수 있을 텐데 말이죠.

옹기종기 모여 있기를 좋아하는 업종은 카페뿐만이 아닙니다. 식당, 병원, 부동산, 호텔 등 뭐가 됐든 간에 업체들은 서로 균일하게 퍼져 있기보다는 한곳에 몰려 있는 것을 선호합니다. 왜 그럴까요?

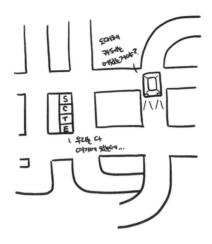

이 질문에 대한 답을 찾기 위해 어떤 가상의 마을을 상상해 볼게요. 이 마을에는 8명의 소비자가 일직선의 도로 위에 균등하게 떨어져 살고 있습니다.

만약 디멘이 이 마을에서 붕어빵 장사를 하려고 한다면 어디에 자리를 잡는 게 좋을까요? 당연히 8명의 소비자와 가장 가까이 있는 가운데 자리를 잡아야 합니다. 디멘이 가운데에 자리를 잡고 붕어빵을 열심히 팔기 시작합니다. 이 상태는 단 1개의 업체가 모두에게 상품을 판매하는 **과점 상태**입니다.

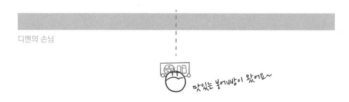

디멘의 손님

그런데 다음 날 티모가 와서 자기도 붕어빵을 팔겠다고 합니다. 그래서 둘은 마을을 반으로 나눈 후 각각의 가운데 자리에서 붕어빵을 팝니다. 이 상태는 소비자와 업체 둘 다에게 최고의 효율을 안겨주는 **사회적 최적 상태**입니다. 소비자는 최소한의 거리를 이동해서 붕어빵을 먹을 수 있고, 업체는 안정적으로 절반의 손님을 확보할 수 있습니다.

이 상태는 사회적으로는 최적이지만 업체 입장에서는 그렇지 않습니다. 만약에 디멘이 조금 더 가운데로 자리를 옮긴다면, 디멘은 티모의 손님 일부를 빼앗을 수 있습니다. 욕심 많은 디멘은 조금만 자리를 옮기면 티모가 눈치채지 못할 것이라고 생각해 자신의 자리를 살짝 가운데로 옮깁니다. **소극적 경쟁**을 시작한 셈입니다.

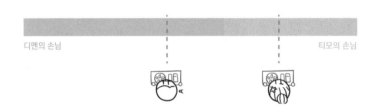

하지만 예리한 티모는 디멘이 약속을 어긴 것을 눈치채고 말았습니다. 다음 날 화가 난 티모는 아예 대놓고 디멘의 바로 오른쪽으로 자리를 옮깁니다. 디멘의 바로 오른쪽으로 자리를 옮기면 그의 손님을 가장 많이 빼앗을 수 있기 때문입니다.

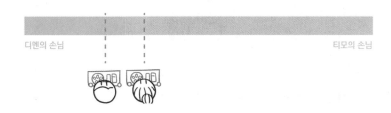

디멘은 티모의 예상치 못한 강한 반발에 당황했습니다. 이제 디멘은 어떻게 해야 할까요? 개인주의에 입각했을 때 디멘에게 가장 좋은 해결책은 아래와 같이 티모의 바로 오른쪽으로 자리를 옮기는 것입니다.

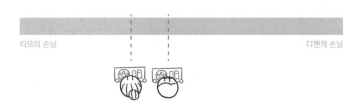

마찬가지로 티모도 디멘의 오른쪽으로 자리를 옮깁니다. 그러면 또 디멘은 티모의 오른쪽으로 자리를 옮기겠죠. 둘 사이에서 **적극적 경쟁**이 치열하게 전개됩니다. 이와 같은 적극적 경쟁이 반복되다 보면 상황은 두 업체가 정중앙에서 붕어빵을 팔고 있는 상태로 접어들게 됩니다.

디멘의 손님   티모의 손님

이와 같은 상태에 접어들게 되면 두 업체는 더는 자리를 옮기지 않습니다. 어떤 식으로 자리를 옮기든 손님을 잃기 때문입니다. 디멘이 왼쪽으로 자리를 옮기면 중앙의 손님을 잃게 되고, 티모의 오른쪽으로 자리를 옮기면 티모보다 더 적은 손님을 얻게 됩니다. 티모의 경우도 마찬가지고요. 이와 같이 각 경쟁자가 자신의 이익을 위해 더 이상 행위를 취할 수 없는 상태를 **내쉬 균형**이라고 부릅니다.

> **내쉬 균형**
> 각 구성원이 자신의 이익을 위해 더 이상 취할 수 있는 전략이 없는 상태

이처럼 같은 업종의 가게가 내쉬 균형으로 접어들어 한곳으로 모이는 현상을 **호텔링의 법칙**이라고 합니다.

죄수의 딜레마와 담배 회사

호텔링의 법칙은 **게임 이론**의 예시 중 하나입니다. 게임 이론이란 이해관계가 얽혀 있는 시스템이 어떠한 상황으로 접어들 것인지

예측하는 수학 분야입니다. 게임 이론에서의 '게임'은 여러 개인이 자신의 이익을 위해 어떤 전략을 취할 수 있는 모든 상황을 일컫는 표현입니다. 가위바위보, 포커, 가게들끼리의 위치 선정 싸움, 대통령 선거 등 이 이론에서 취급하는 게임의 범위는 무궁무진합니다. 덕분에 게임 이론은 경제학, 사회학, 생물학 등 다양한 학문에서 사용되고 있습니다.

게임 이론의 가장 유명한 예시는 **죄수의 딜레마**입니다. 죄수의 딜레마는 원래 게임 이론에서 시작한 개념이지만 방송 프로그램과 소설 등 다양한 매체에서 소재로 쓰인 덕분에 널리 알려졌죠. 죄수의 딜레마는 대략 이러한 이야기로 전개됩니다.

아르센과 뤼팽이 도둑맞은 목걸이의 사건 용의자로 체포되어 서로 격리된 방에서 취조를 받고 있습니다. 경찰은 아르센과 뤼팽에게 제안합니다.

- 둘 다 자백을 하지 않는다면, 둘 다 징역 1년
- 둘 중 1명만 자백을 한다면 자백한 사람은 석방, 자백하지 않은 사람은 징역 5년
- 둘 다 자백을 하면 둘 다 징역 3년

위와 같은 게임에서 최적의 전략은 둘 다 침묵해 1년형만 받는 것입니다. 표에서 파란색으로 표시된 상태입니다.

	아르센 침묵	아르센 자백
뤼팽 침묵	둘 다 1년형	아르센 : 석방 뤼팽 : 5년형
뤼팽 자백	아르센 : 5년형 뤼팽 : 석방	둘 다 3년형

　하지만 이 상태는 내쉬 균형이 아닙니다. 내쉬 균형은 모든 플레이어(이 예시에서 플레이어는 죄수를 가리킵니다)가 자신의 이익을 위해 더 이상 전략을 바꿀 수 없는 상태입니다. 하지만 아르센이 자백을 하게 되면 자신의 형량을 더욱 줄일 수 있습니다. 아르센이 자백하는 전략을 취했을 때 게임의 결과는 아래와 같이 오른쪽으로 움직입니다.

하지만 노란색 상태 역시 내쉬 균형이 아닙니다. 이번에는 뤼팽

이 전략을 자백으로 바꿈으로써 자신의 형량을 5년형에서 3년형으로 줄일 수 있습니다. 뤼팽도 자백하는 전략을 택하면 게임의 결과는 아래쪽으로 움직입니다. 반대의 경우도 마찬가지로 마저 채워 넣으면 죄수의 딜레마 게임이 어떻게 진행되는지 한눈에 살펴볼 수 있습니다.

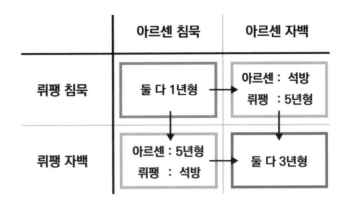

따라서 내쉬 균형은 둘 다 3년형을 받는 것으로 귀결됩니다. 둘 다 1년형을 받는다는 더 좋은 선택지가 있음에도 불구하고 말이죠. 이처럼 게임을 분석하는 방식을 **보수 행렬**(Pay-off Matrix)이라고 부릅니다.

죄수의 딜레마는 현실에서도 종종 나타납니다. 1971년 미국 정부는 국민 건강을 증진시키기 위해 TV와 라디오에서의 담배 광고를 금지했습니다. 그런데 정책의 결과는 예상 밖이었습니다. 광고를 금지하자 오히려 4대 담배 회사의 수익이 오른 것입니다.

이 수수께끼 같은 현상의 이면에는 죄수의 딜레마가 숨어 있습니다. 제일 먼저 주목할 점은 담배 소비자 대부분이 부동층이라는 사실입니다. 광고를 하든 말든, 흡연자들은 계속 담배를 구입합니다. 회사들이 광고를 하는 목적은 비흡연자를 흡연자로 바꾸기 위해서라거나, 흡연자가 계속 담배를 사도록 유도하기 위해서가 아닙니다. 흡연자가 자사 담배를 사도록 유도하는 것이 주요 목적입니다. 이 사실을 염두에 두면 두 담배 회사 A사와 B사의 경쟁은 다음과 같이 모델링할 수 있습니다.

- 두 회사 모두 광고를 한다면 둘 다 40억 원씩 수익을 얻는다.
- 두 회사 모두 광고를 하지 않는다면, 광고로 인한 지출은 없지만 여전히 비슷한 수의 흡연자가 담배를 구입하므로 둘 다 50억 원씩 수익을 얻는다.
- A사만 광고를 하고 B사는 광고를 하지 않는다면, A사가 B사의 손님을 빼앗기 때문에 A사는 60억 원의 수익을 얻고 B사는 15억 원의 수익만을 얻는다.
- B사만 광고를 하고 A사는 광고를 하지 않을 때도 똑같은 일이 벌어진다.

이와 같은 상황은 보수 행렬로 정리할 수 있습니다.

	A사가 광고를 하지 않는다	A사가 광고를 한다
B사가 광고를 하지 않는다	둘 다 50억 (사회적 최적)	A사 : 60억 B사 : 15억
B사가 광고를 한다	A사 : 15억 B사 : 60억	둘 다 40억 (내쉬 균형)

죄수의 딜레마와 상황이 똑같네요. 사회적 최적 상태는 둘 다 광고를 하지 않는 것이지만 내쉬 균형은 둘 다 광고를 하는 쪽으로 형성됩니다. 자연적인 경쟁 상태에서는 광고가 판을 치는 사회로 접어들게 되지만, 정부가 인위적으로 광고를 금지하면 아이러니하게도 경쟁은 사회적 최적 상태로 접어들게 됩니다. 이것이 1971년 미국의 담배 광고 금지 정책 이후 담배 회사들의 수익이 오른 이유 중 하나입니다.

각설탕을 찾으러 간 마카롱과 찹쌀떡

지금까지 다룬 죄수의 딜레마는 플레이어의 수를 2명으로 제한합니다. 하지만 플레이어의 수가 늘어나면 죄수의 딜레마는 훨씬 더 흥미로운 양상으로 나타납니다. **마카롱-찹쌀떡 게임**은 다수의 플레이어가 진행하는 죄수의 딜레마의 좋은 예시입니다. 원래 이 게

임의 이름은 **매-비둘기 게임**입니다. 이번 내용은 유튜버 Primer의
<Simulating the Evolution of Agression>(출처: https://youtu.be/
YNMkADpvO4w)이라는 영상의 예시를 이용해 구성했음을 알려드립
니다.

옛날 옛적 당당섬에 온화한 성격의 찹쌀떡들이 살고 있었습니
다. 이 섬에는 매일 아침 달콤한 각설탕이 일정 개수 떨어집니다.

각설탕이 떨어지고 나면 찹쌀떡들은 각설탕을 찾으러 뿔뿔이 흩
어지고 각설탕을 찾아 먹은 찹쌀떡은 배부른 채로 집에 돌아간 뒤
2개로 번식합니다. 하지만 해가 저물 때까지 각설탕을 찾지 못한
찹쌀떡은 죽고 맙니다. 또한 하나의 각설탕을 2개의 찹쌀떡이 동시
에 발견하는 경우, 평화를 사랑하는 찹쌀떡들은 각설탕을 반씩 나
누어 가집니다. 각설탕을 반 조각만 먹은 찹쌀떡은 번식을 못하지
만 다음 날까지 생존할 수는 있습니다.

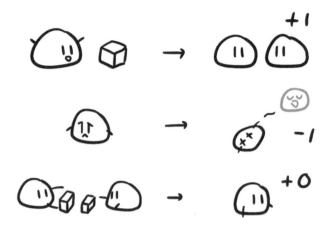

이 섬에 찹쌀떡들만 살고 충분한 양의 각설탕이 떨어진다면 찹쌀떡은 점점 증가할 것입니다. 그러다 날마다 떨어지는 각설탕의 개수보다 찹쌀떡이 더 많아지면 증가세는 멈춥니다. 컴퓨터 시뮬레이션을 통해 보면 찹쌀떡의 개체 수는 아래와 같이 변화합니다.

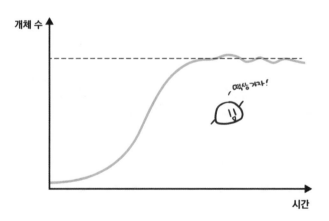

찹쌀떡만 있을 때 개체 수 변화

그러던 어느 날 평화롭던 당당섬에 마카롱이라는 외래종이 유입되었습니다. 마카롱들은 포악한 성격의 소유자입니다. 마카롱도 찹쌀떡처럼 각설탕을 먹으면 다음 날 2개로 번식하고, 하나도 못 먹으면 죽고 맙니다.

만약 마카롱이 찹쌀떡과 동시에 각설탕을 발견하면 마카롱은 찹쌀떡의 제안대로 각설탕을 반씩 나눠 가지지만, 재빨리 자신의 몫을 먹은 뒤 찹쌀떡이 마저 먹지 못한 각설탕까지 뺏어 먹습니다. 이 경우 마카롱은 각설탕의 3/4 조각을 먹었기 때문에 단 50퍼센트의 확률로 번식에 성공합니다. 한편 1/4 조각을 먹은 찹살떡은 다음 날 생존할 확률이 마카롱과 똑같이 50퍼센트입니다.

그러나 만약 두 마카롱이 동시에 각설탕을 발견한다면 서로 격렬히 싸우게 됩니다. 격렬한 싸움 끝에 두 마카롱은 결국 반씩 각설탕을 가져가게 되지만, 싸우느라 각설탕 반 조각만큼의 에너지를 써 버린 탓에 두 마카롱은 각설탕을 하나도 먹지 못한 것이나 마찬가지라서 결국 죽고 맙니다.

찹쌀떡과 마카롱의 각설탕 쟁탈전은 우리가 죄수의 딜레마에서 확인했던 것처럼 보수 행렬로 나타낼 수 있습니다.

	찹쌀떡	마카롱
찹쌀떡	둘 다 1/2	찹쌀떡 : 1/4 마카롱 : 3/4
마카롱	찹쌀떡 : 1/4 마카롱 : 3/4	둘 다 0

위 게임에서 최적의 전략은 무엇일까요? 만약 상대방이 찹쌀떡이라면 마카롱과 같이 행동하는 것이 유리합니다. 반대로 상대방이 마카롱이라면 찹쌀떡과 같이 행동하는 게 유리합니다. 즉 상대방 전략의 반대로 택하는 것이 최적의 전략입니다. 각설탕을 동시에 발견한 찹쌀떡과 마카롱 모두 자신의 전략을 바꿈으로써 더 큰 이득을 볼 수 없으므로, 내쉬 균형은 다음에서 빨간색으로 표시된 칸이 됩니다.

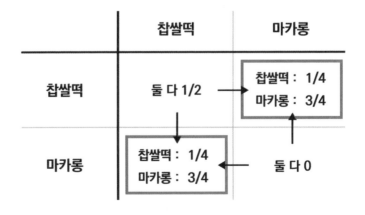

그 때문에 찹쌀떡과 마카롱의 개체 수는 소수파가 다수파보다 빠르게 증가하는 양상을 띠게 됩니다. 찹쌀떡만 살고 있던 상황의 시뮬레이션에서 마카롱 하나를 유입시키면, 마카롱의 수가 급증하고 찹쌀떡의 수가 급감하는 것을 볼 수 있습니다. 평형은 두 종족의 수가 비슷할 때 형성됩니다.

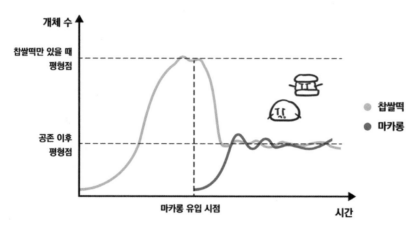

찹쌀떡만 있던 상황에서 마카롱 유입 시 개체 수 변화

마카롱과 찹쌀떡이 공존할 때 두 종족의 개체 수는 찹쌀떡만 있을 때의 개체 수에 못 미칩니다. 마카롱의 전략이 파괴적이라서 개체 전체의 번식에 부정적인 영향을 미치기 때문입니다. 이는 섬에 마카롱만 살고 있을 때와 찹쌀떡만 살고 있을 때를 비교해 보면 더 뚜렷하게 나타납니다. 마카롱만 살고 있을 때의 개체 수는 찹쌀떡만 살고 있을 때의 개체 수의 1/3 가량밖에 못 미칩니다.

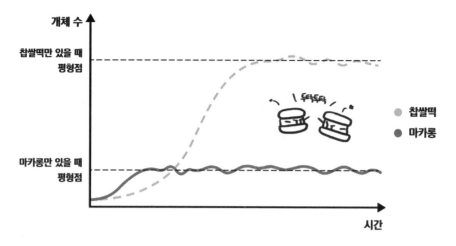

마카롱만 있을 때 개체 수 변화

　　찹쌀떡만 살고 있던 섬에 마카롱이 유입되면 전체 개체 수는 감
소하지만, 마카롱만 살고 있던 섬에 찹쌀떡이 유입되면 전체 개체
수는 증가합니다. 유입 초기에 찹쌀떡들은 다수의 마카롱을 상대
로 유리한 전략을 가지고 있으므로 개체 수가 빠르게 증가합니다.
점점 많아지는 찹쌀떡의 수는 마카롱의 번식에도 긍정적인 영향을
미치기 때문에 두 종족 모두 증가하는 양상이 나타납니다.

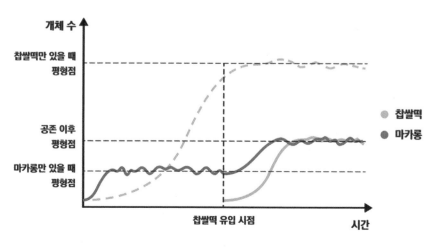

마카롱만 있던 상황에서 찹쌀떡 유입 시 개체 수 변화

마카롱과 찹쌀떡이 공존할 때 두 개체 수가 비슷해지는 이유는 보수 행렬 분석을 통해 알 수 있습니다. 평형점에 이르렀을 때 마카롱의 비율을 m, 찹쌀떡의 비율을 c라고 합시다($m + c = 1$). 마카롱과 찹쌀떡의 비율이 평형에 이르렀다는 것은 마카롱과 찹쌀떡 둘 다 게임에서 특별한 이점을 누리지 않는다는 의미입니다.[6] 이는 마카롱 전략과 찹쌀떡 전략의 기댓값이 같다는 뜻이기도 합니다.

먼저 마카롱 전략의 기댓값을 구해보겠습니다. 마카롱은 m의 확률로 다른 마카롱을 만나 0의 이익을 얻을 것이고, c의 확률로 찹쌀떡을 만나 3/4의 이익을 얻습니다. 즉 마카롱의 기댓값은 다음과 같습니다.

$$E_m = \frac{3}{4}c$$

반면 찹쌀떡은 m의 확률로 마카롱을 만나 1/4의 이익을 얻을 것이고, c의 확률로 다른 찹쌀떡을 만나 1/2의 이익을 얻습니다. 즉 마카롱의 기댓값은 다음과 같습니다.

$$E_c = \frac{1}{4}m + \frac{1}{2}c$$

평형은 두 기댓값이 같을 때 이루어집니다. 방정식을 풀어보면, 평형은 $m = c = 1/2$일 때 이루어짐을 알 수 있습니다.

---

6   만약 한쪽이 더 유리하다면 유리한 쪽의 개체 수가 더 증가할 것이므로 평형점이 아닙니다.

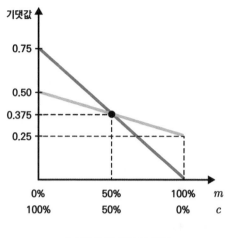

마카롱과 찹쌀떡의 공존

    하지만 게임의 규칙이 바뀐다면 이야기는 달라집니다. 예를 들어 만약 마카롱과 마카롱 사이의 싸움이 그다지 격렬하지 않아 각각 3/8 조각만큼의 에너지를 얻은 채로 집에 돌아간다면 게임의 보수 행렬은 아래와 같습니다.

	찹쌀떡	마카롱
찹쌀떡	둘 다 1/2	찹쌀떡 : 1/4 마카롱 : 3/4
마카롱	찹쌀떡 : 1/4 마카롱 : 3/4	둘 다 3/8

이때 마카롱의 기댓값은 $E_m = 3/8m + 3/4c$이고, 찹쌀떡의 기댓값은 $E_c = 1/4m + 1/2c$입니다. 평형이 이뤄지기 위해서는 E_m과 E_c가 같아야 하는데, 이 방정식은 $0 < m, c < 1$ 조건에서 해를 가지지 않습니다. 그래프를 그려보면 항상 마카롱의 기댓값이 찹쌀떡의 기댓값보다 크다는 것을 알 수 있습니다. 이 경우에는 마카롱이 찹쌀떡을 짓누르고 섬을 독점하게 됩니다.

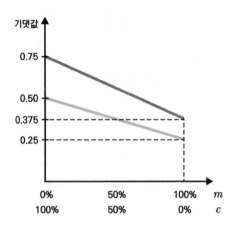

마카롱 독점, 찹쌀떡 멸종

국제 관계에서 마카롱-찹쌀떡 게임은 강경 정책과 평화 정책 사이의 갈등으로 나타납니다. 둘 중 항상 더 유리한 전략이란 없습니다. 보수 행렬의 구체적인 값과 현재 각 정책을 택한 국가의 수에 따라 강경 정책이 더 유리할 수도 있고, 평화 정책이 더 유리할 수도 있습니다. 그 때문에 역사를 보면 평화 외교와 수용 정책 등의 유화 정책을 펼친 나라가 부흥하기도 했고, 정복 외교와 압박 정책 등의 강경 정책을 펼친 나라가 부흥하기도 했던 것이겠죠.

도로를 더 만들었는데 교통체증이 심해진다?

다수의 플레이어가 참가하는 게임의 다른 예시는 교통체증입니다. 교통체증과 마카롱-찹쌀떡 게임은 비슷한 면이 많습니다. 마카롱-찹쌀떡 게임에서 최적의 전략은 소수파의 전략을 택하는 것입니다. 교통체증에서도 마찬가지로 최적의 전략은 교통량이 적고 교통체증이 덜한 도로를 이용하는 것입니다. 하지만 교통은 마카롱-찹쌀떡 게임보다 선택할 수 있는 전략(어떤 도로를 이용할지)이 많기 때문에 더 복잡한 양상을 띱니다. 그래서 가끔씩은 교통 상황이 우리의 기대와는 어긋나는 방향으로 형성되기도 합니다. **브라에스의 역설**이 이러한 상황의 대표적인 예시입니다. 브라에스의 역설은 교통체증을 해소하기 위해 도로를 더 만들었는데 교통체증이 더 심해지는 상황을 말합니다.

어떤 도시에서 매일 총 4,000대의 차가 A에서 B로 이동한다고 할게요. A에서 B로 가는 길은 두 가지가 있습니다. 하나는 P를, 하나는 Q를 거쳐 가는 것입니다. 총 4,000대 중 x대의 차는 P쪽 도로를, y대의 차는 Q쪽 도로를 탄다고 할게요. 도로에 차가 많을수록 그 도로를 통과하는 데 걸리는 시간은 길어집니다. 이 상황을 고려하기 위해 A에서 P로 가는 도로는 통과하는 데 $x/100$분이, Q에서 B로 가는 도로는 $y/100$분이 걸린다고 하겠습니다. 나머지 도로는 차선이 충분히 많아 차량 수와는 상관없이 45분이면 도착할 수 있습니다.

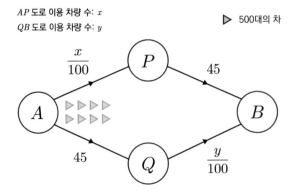

AP 도로 이용 차량 수: x
QB 도로 이용 차량 수: y

▷ 500대의 차

$\dfrac{x}{100}$ P   45

A

45   Q $\dfrac{y}{100}$

B

평형은 위와 같은 도로에서 어느 도로를 이용하든 도착 시간에 차이가 없을 때 형성됩니다. 가령 어느 순간 2,500대의 차(x)가 P쪽 도로를, 1,500대의 차(y)가 Q쪽 도로를 사용하고 있다고 가정해 볼 게요. 그러면 P쪽 경로는 70분이 걸리고, Q쪽 경로는 60분이 걸립니다. Q쪽 경로가 더 빠르므로 내비게이션은 P쪽 경로 대신 Q쪽 경로를 안내합니다. 그러다가 Q쪽에 사람이 더 많이 몰리면 다시 P쪽으로 안내합니다. 이 과정이 반복되어 P와 Q에 같은 수의 차량이 다니게 되면 평형이 이루어집니다. 평형은 $x=y=2,000$일 때 이루어지며, 이때 모든 차량은 65분이면 목적지에 도착할 수 있습니다.

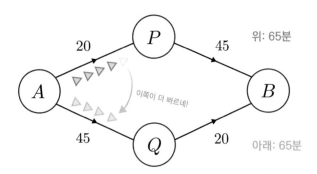

20   P   45   위: 65분

A   이쪽이 더 빠르네!   B

45   Q   20   아래: 65분

그러다 어느 날 정부가 P에서 Q로 가는 일방통행 도로를 건설했습니다. 현실적으로 불가능하지만 이 도로를 통과하는 데 필요한 시간을 0분이라고 가정하겠습니다.

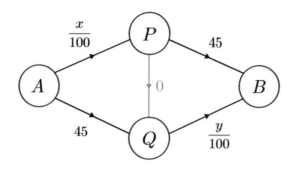

사람들은 도로가 더 많아졌으니 교통 상황이 더 쾌적해지리라 기대합니다. 실제로 처음 몇 주 동안은 단 40분 만에 B에 도착할 수 있었습니다. 하지만 시간이 흐르자 새로 건설된 도로의 문제점이 드러났습니다. 이제 내비게이션의 안내를 따라 운전하면 A에서 B까지 가는 데 80분이 걸립니다.

이 수수께끼 같은 현상을 이해하기 위해 새 도로가 막 지어진 시점으로 돌아가 볼게요. 새 도로가 막 지어진 후 가장 빠른 경로는 다음 그림에서 파란색으로 표시된 경로입니다. 파랑 경로는 단 40분밖에 걸리지 않습니다. 65분이 걸리는 빨강 경로를 다니던 운전자들은 당연히 파랑 경로를 이용하게 됩니다.

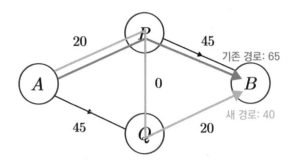

빨강 경로는 점점 도태됩니다. 마찬가지로 노랑 경로의 사용
자도 점점 파랑 경로를 사용하게 됩니다. 파랑 경로의 차량 수가
2,500대, 노랑 경로의 차량 수가 1,500대일 때의 교통상황을 그림으
로 나타내면 아래와 같습니다.

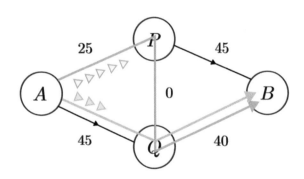

파랑 경로의 사용자가 많아진 탓에 QB 도로에 차량이 이전보다
훨씬 많이 몰리고 있습니다. 이제 노랑 경로는 무려 85분이나 걸립
니다. 새 도로를 만들기 전에 비해 훨씬 느려졌네요. 한편 파랑 경
로는 65분이 소요됩니다. 새 도로를 건설하기 전에도 65분이면 도
착할 수 있었으니 상황이 딱히 더 좋아진 건 아닙니다. 하지만 상황

은 계속 나빠집니다. 노랑 경로 사용자마저 파랑 경로로 갈아타게
되고 파랑 경로는 더욱 느려지게 됩니다.

결국 내쉬 균형은 모두가 파랑 경로를 이용할 때 이루어집니다.
이제는 A에서 B로 가는 데 무려 80분이나 필요합니다.

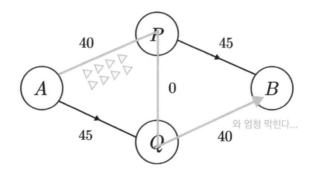

이 상황을 타파할 유일한 방법은 운전자 모두가 PQ 도로를 사용
하지 말자고 약속하는 것입니다. 그러면 얼마 지나지 않아 65분 안
에 도착하는 편의를 다시 누릴 수 있거든요. 하지만 이 약속은 지켜
지기 매우 힘듭니다. 모두가 PQ 도로를 사용하면 교통 체증은 심해

지지만 나 혼자만 PQ 도로를 사용하면 교통 시스템에 타격을 주지 않고 남들보다 훨씬 더 빨리 도착할 수 있습니다. 너무나도 달콤한 유혹이죠. 구성원 모두가 PQ 도로를 사용하지 않기로 약속해도 누군가는 PQ 도로를 슬쩍 사용할 것이며, '어? 쟤는 PQ 도로를 쓰잖아? 그럼 나도 쏠래' 하는 생각으로 모두가 PQ 도로를 사용하게 될 것입니다. 그러면 다시 80분의 늪에 빠지게 됩니다.

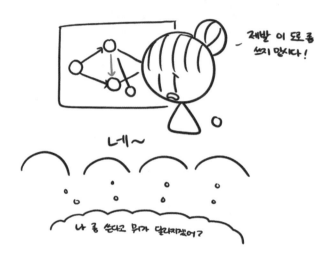

찾을 수는 없지만 존재하는 것들

지금까지 가게 위치 선정 경쟁, 죄수의 딜레마, 그리고 교통체증까지 총 3개의 게임을 살펴보았습니다. 이들은 모두 내쉬 균형을 가집니다. 그런데 내쉬 균형을 가지는 게임은 이것보다 훨씬 많습니다. 수학자 존 내쉬(John Nash, 내쉬 균형의 그 내쉬입니다)는 모든 유한 게임에 내쉬 균형이 존재함을 증명했습니다.

> **내쉬 정리**
> 유한 게임에는 항상 내쉬 균형이 존재한다.

여기서 **유한 게임**이란 플레이어가 취할 수 있는 전략의 개수가 유한 개이고, 언젠가 끝난다는 보장이 있는 게임을 말합니다. 예를 들어서 가장 큰 자연수를 부르는 사람이 이기는 게임은 유한 게임이 아닙니다. 플레이어가 취할 수 있는 전략(부를 수 있는 자연수)이 무한히 많기 때문이죠. 또 다른 예를 들자면 더 오랫동안 의자에 앉아 있는 사람이 이기는 게임도 유한 게임이 아닙니다. 플레이어가 무한한 시간 동안 앉아 있기로 마음먹으면 영원히 끝나지 않을 거니까요. 이런 극악한 예시를 제외한 대부분의 게임은 유한 게임에 해당합니다. 그렇기 때문에 내쉬 정리는 매우 놀랍습니다. 내쉬 정리는 체스,[7] 바둑, 포커 등 거의 모든 게임에 내쉬 균형이 존재한다는

---

7 체스에는 S_0수 규칙(S_0수 동안 아무런 기물의 포획이나 폰의 전진이 없을 경우 무승부를 선언할 수 있음)이 있기 때문에 유한 게임입니다.

의미입니다.

하지만 내쉬 균형이 필승 전략을 의미하는 것은 아닙니다. 예를 들어 가위바위보 게임의 내쉬 균형 전략은 가위, 바위, 보를 내는 확률을 모두 동일하게 하는 것입니다. 만약 어느 하나의 손을 내는 확률이 나머지 확률보다 높다면, 상대방이 내 전략에 대한 정보를 충분히 수집해서 자신에게 유리하도록 게임을 이끌고 갈 수 있기 때문입니다. 그러나 내가 가위, 바위, 보를 내는 확률을 모두 동일하게 맞춰도 게임에서 이길 거라는 보장은 없습니다.

가위바위보와 같이 내쉬 균형 전략이 존재하지만, 필승을 의미하지 않는 또 다른 예시로 포커 게임이 있습니다. 포커는 모든 플레이어가 유한한 재산을 가지고 있고 정해진 시간 동안만 포커를 치기로 합의했다는 가정하에 유한 게임입니다.[8] 따라서 내쉬 정리에 의해 포커는 내쉬 균형을 가집니다. 즉 양 플레이어 모두 주어진 전략과 상이한 결정을 내렸을 경우 손해를 볼 확률이 높은 것이죠. 하지만 포커는 가위바위보와 마찬가지로 확률형 게임이기 때문에 내쉬 균형 전략을 완벽히 따라가도 승리한다는 보장은 없습니다.

그렇다면 확률형이 아닌 게임은 어떨까요? 게임에 확률적 요소가 하나도 없기 위해서는 모든 정보가 공개되어야 합니다. 확률에 의존하지 않는 게임의 예시로는 체스, 바둑, 오셀로 등이 있습니다. 이런 게임들에 대해서는 **체르멜로 정리**가 성립합니다.

---

8 만약 어느 한 플레이어가 무한한 재산을 가지고 있는 것으로 보아도 된다면, 포커는 무한 재산을 가진 쪽에게 압도적으로 유리한 게임이라는 것이 수학적으로 증명되어 있습니다. 카지노가 절대 망하지 않는 이유입니다.

> **체르멜로 정리**
> 모든 정보가 공개된 2인 게임에서는 어느 한 플레이어가 반드시 불패 전략을 가진다.[9]

여기서 '모든 정보가 공개된'이라는 말의 의미는 게임 도중 어떠한 정보도 숨겨져 있어서는 안 된다는 뜻입니다. 예를 들어 원카드 게임이 필승 전략을 가지기 위해서는, 양 플레이어가 상대의 패에 대한 정보와 카드 뭉치가 어떤 순서로 섞여 있는지를 모두 알고 있어야 합니다. 일반적인 원카드 게임에 필승 전략이 있는 줄 알고 기대하셨던 독자분께는 조금 미안한 말이네요. 하지만 반대로 보면 상대의 패와 카드 뭉치가 섞여 있는 순서를 알기만 한다면, 누군가는 선공 또는 후공을 적절히 선택해 원카드 게임에서 항상 승리할 수 있습니다(물론 굉장히 똑똑해야 가능하겠지만요).

내쉬 정리와 체르멜로 정리는 둘 다 수많은 게임에서 적용되는 강력한 정리입니다. 이 두 정리는 어떻게 증명할 수 있을까요? 신기하게도 내쉬 정리의 증명은 우리가 3부에서 다뤘던 브라우어르 고정점 정리를 사용합니다. 게임의 전략을 적절히 점으로 표현해 어떠한 변환('이득' 함수로 구성된 변환)에도 고정점(내쉬 균형)이 존재한다는 아이디어를 사용합니다. 자세한 수학적 취급은 이 책의 수준을 넘기 때문에 생략하겠지만 체르멜로 정리의 증명은 여기에 설

---

9 게임에서 무승부가 가능하다면 불패 전략은 무조건 이기거나 비길 수 있는 전략을 의미합니다. 만약 무승부가 가능하지 않다면 불패 전략은 필승 전략을 의미합니다.

명할 수 있을 정도로 간단합니다.

두 플레이어 A와 B가 체르멜로 정리의 조건을 만족하는 게임을 진행한다고 할게요. 가능한 두 가지 상황은 A가 불패 전략을 가지거나 가지지 않거나입니다. 그런데 전자의 경우라면 체르멜로 정리가 즉시 증명된 셈이므로 후자의 경우에만 집중하면 됩니다. A에게 불패 전략이 없다는 것은 A가 아무리 영리하게 게임을 풀어나가도 B가 A의 승리를 막을 수 있다는 의미입니다. 이것을 B의 입장에서 보면 B는 A가 이기지 못하도록 하는, 바꿔 말해 자신이 질 리가 없는 불패 전략을 가지고 있다는 의미입니다. 이로써 체르멜로 정리가 증명되었습니다.

하지만 체르멜로 정리는 불패 전략이 있다는 사실만 알려줄 뿐 그 전략을 어떻게 찾을 수 있는지는 설명해 주지 않습니다. 이는 내쉬 정리도 마찬가지입니다. 내쉬 정리와 체르멜로 정리에 따르면 체스에는 내쉬 균형이 존재할뿐더러, 흑 또는 백 중 한쪽이 반드시 승리하거나 적어도 비길 수 있는 전략도 존재합니다. 하지만 체스의 내쉬 균형이나 필승 전략은 매우 복잡하기 때문에 인간이 계산할 수 있는 수준이 전혀 되지 못합니다. 우리는 체스의 불패 전략이 흑 측에 있는지, 백 측에 있는지조차 알지 못하며 아마 이 우주가 끝날 때까지도 알아내지 못할 확률이 큽니다. 체스 게임의 가능한 경우의 수는 끔찍할 정도로 많기 때문입니다.

1994년 알리스는 체스 게임의 가능한 경우의 수가 적어도 10^{123}개일 것이라고 추측했습니다. 참고로 우주에서 관측 가능한 원자의 수는 약 10^{80}개입니다. 물론 불패 전략을 찾아내기 위해 반드시 10^{123}의 게임을 모두 분석하지 않아도 될지 모릅니다. 하지만 많은 수리

과학자는 빛보다 더 빨리 이동할 수 없다든가, 일정 크기 이하의 입자의 움직임을 정확히 다룰 수 없는 등의 물리학적 한계 때문에 컴퓨터 기술이 발전하더라도 체스의 불패 전략이나 내쉬 균형을 계산하는 일은 불가능할 것이라고 생각합니다.

내쉬 정리와 체르멜로 정리는 우리에게 '만질 수 없는 답'에 대한 동경을 심어줍니다. 답이 있다는 것은 알지만 그 답에 다가갈 수는 없다는 사실. 이 사실은 누군가에게는 답답한 일입니다. '답을 구할 수도 없는데 답이 존재한다는 것을 알아서 뭐하게?'라는 생각이 들 법하죠. 하지만 누군가에게는 답이 있다는 사실 그 자체로도 충분합니다. 비록 만질 수 없지만 이성의 우주 어딘가에는 체스와 같은 복잡한 게임의 불패 전략도 떠다니고 있다는 확신, 이것만으로도 충분히 낭만적인 대답일지 모르죠. 다가갈 수 없기에 별이 더욱 아름다운 것처럼요.

실용적인 수학의 최고봉, 미적분

변화율로부터 미래를 예측하기

2021년 1월은 잠잠해지나 싶었던 코로나-19 바이러스가 변종의 등장과 함께 다시 한번 유행하게 된 시기입니다.

저는 코로나-19에 의해 꽤 큰 피해를 입은 사람입니다. 힘든 고등학교 생활을 마치고 대학 새내기 생활을 즐기려는 찰나 코로나가 터졌거든요. 많은 사람이 저를 안쓰럽게 생각하지만, 코로나 덕분에 이 책을 쓸 시간을 충분히 가지게 되었으니 꼭 나쁘다고만 볼 수는 없습니다. 이 책은 코로나가 아니었다면 아예 세상에 나오지 못했을지도 모릅니다.

그래도 어쨌든 새내기인데! 코로나가 제 대학 생활을 망치는 건 전혀 마음에 들지 않았습니다. 집필 작업과는 별개로 저는 이 바이러스 상황이 도대체 언제 끝날지 너무 궁금했어요. 저뿐만 아니라 이 세상의 모든 사람이 궁금해했죠. 이런 질문에 해답을 줄 수 있는 학문이 **미적분학**입니다.

미적분은 많은 사람에게 어렵고 난해한 수학의 대명사로 통합니다. 하지만 현대 기술의 눈부신 발전은 모두 미적분 덕분에 가능했다고 말해도 과언이 아닙니다. 실용적인 수학의 최고봉은 뭐니 뭐니 해도 미적분입니다. 인문, 예술이 아닌 학문 중 미적분을 사용하지 않는 학문은 찾아보기 힘들 정도로 미적분은 중요합니다. 기계공학, 전자공학, 화학, 컴퓨터과학, 생물학, 경제학, 통계학 등 여러분이 어떤 분야를 말하든, 그 분야에서 미적분이 쓰이는 예시를 쉽게 찾아낼 수 있다고 자신할 정도니까요.

미적분이 이토록 많은 분야에서 쓰이는 것은 미적분이 변화에 관한 학문이기 때문입니다. 대부분의 현상은 데이터의 값을 추측하는 것보다 데이터의 변화를 추측하는 것이 더 쉽습니다. 하지만 우리가 진정 알고 싶은 것은 변화량이 아니라 데이터의 값입니다. 미적분은 **데이터의 변화에 대한 분석**을 **데이터의 값에 대한 분석**으로 전환해 줍니다. 대다수의 현상을 미적분으로 쉽게 분석할 수 있는 이유죠.

알고 싶은 것 특정 시점에서의 데이터의 값

구하기 쉬운 것 특정 시점에서의 데이터의 변화율

미적분의 역할 구하기 쉬운 것을 알고 싶은 것으로 변환

앞서 얘기한 바이러스로 예시를 들어볼게요. 우리가 알고 싶은 것은 바이러스가 발생한 시점으로부터 t만큼의 시간이 지난 뒤의 감염자 수입니다. 이것은 예상하기 까다롭습니다. 대신 감염자 변화율을 계산하는 것은 꽤 간단합니다. 바이러스의 경우 감염자의

증가율은 현재 감염자의 수에 비례합니다. 왜냐하면 새로운 감염자가 생길 수 있는 유일한 방법은 기존의 감염자와 접촉하는 것이니까요.

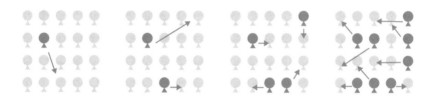

따라서 감염자가 y명일 때 시간에 따른 감염자의 증가율 y'은 다음과 같습니다.

$$y' = \beta y$$

여기서 β(베타)는 바이러스가 얼마나 강력하게 퍼지는지를 나타내는 상수입니다. 어떤 바이러스는 감염자가 100명일 때($y = 100$) 하루에 감염자가 10명씩 증가한다고 가정할게요($y' = 10$). 그럼 이 바이러스의 β는 0.1입니다. 그렇다면 이 바이러스에 감염된 사람이 200명일 때 그날의 감염자는 얼마나 증가할까요? 네, 약 20명 증가할 것입니다.

앞서 제시한 가정은 유추하기 쉬웠지만, 이러한 식만으로는 t일 후 얼마나 많은 사람들이 감염될지 알 수 없습니다. 그러나 미적분을 이용하면 조금 전의 식으로부터 t일 후의 감염자 수를 알아낼 수도 있습니다. 방금 등장한 식을 미적분을 사용해 풀어내면 다음과 같은 식을 얻습니다.

$$y = Ce^{\beta t}$$

위와 같은 꼴의 식은 매우 흔한 꼴로 **지수함수**라는 이름도 갖고 있습니다. 여기서 e는 자연상수라는 수인데 그 값은 약 2.7182818...입니다. 그리고 C는 초기의 감염자 수를 의미합니다. 이 간단한 식은 소름이 돋을 정도로 바이러스의 초기 전파를 정확하게 예측합니다.

데이터 분석을 통해 2020년 초 코로나 바이러스의 β값은 약 1.15임을 알 수 있습니다. $\beta = 1.15$, $C = 1$일 때 $f(t) = Ce^{\beta t}$의 그래프와 1월부터 4월까지 중국을 제외한 전 세계 확진자 수의 실제 데이터를 비교한 그래프는 다음과 같습니다.[10]

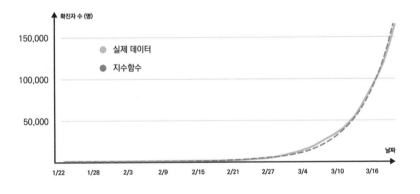

출처: worldometer

---

10 중국 데이터는 통계 수집 방식이 도중에 수정되어 데이터가 일관적이지 않습니다.

상당히 비슷하죠? 이와 같이 미적분을 이용하면 몇 개의 간단한 식으로 주어진 현상이 어떻게 전개될지 예측할 수 있습니다.

미분의 핵심 원리

앞서 우리는 감염자 수의 변화율을 $y' = \beta y$로 모델링한 뒤, 이로부터 감염자 수가 시간에 따라 $y = Ce^{\beta t}$ 꼴로 나타날 것임을 알아냈습니다. 이번에는 변화율 y'이 의미하는 것이 정확히 무엇인지, 그리고 y'으로부터 y를 어떻게 알아낼 수 있는지 살펴보겠습니다.

먼저 직선의 기울기에 대한 이야기로 시작할게요. **직선의 기울기**란 주어진 직선이 얼마나 가파른지를 나타내는 척도이며 정의는 아래와 같습니다.

직선의 기울기

$$\text{직선의 기울기} = \frac{y의 \ 변화량}{x의 \ 변화량}$$

예를 들어 오른쪽의 직선은 x축이 2만큼 변할 때 y축은 1만큼 변합니다. 따라서 오른쪽 직선의 기울기는 1/2입니다. 이러한 측면에서 기울기는 x축 변수에 대한 y축 변수의 변화율을 의미하기도

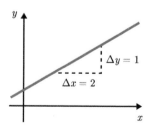

합니다. 가파른 직선일수록 기울기의 절댓값이 큽니다. 오른쪽 위로 향하는 직선의 기울기는 양수이며, 아래로 향하는 직선의 기울기는 음수입니다.[11]

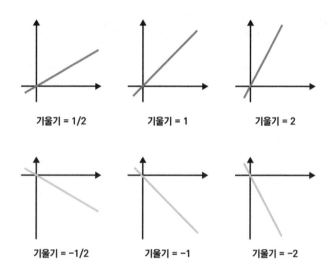

| 기울기 = 1/2 | 기울기 = 1 | 기울기 = 2 |

| 기울기 = -1/2 | 기울기 = -1 | 기울기 = -2 |

기울기는 단순히 직선의 가파름뿐만 아니라 더 다양한 의미를 가집니다. 예를 들어 디멘이 무중력 상태에서 공을 던졌다고 해볼게요. 디멘의 손을 떠난 공은 일정한 속력으로 계속 위로 올라갑니다. 만약 그 모습을 0.5초 단위로 사진을 찍는다면 다음과 같을 것입니다.

---

11 그림에서 Δ(델타)는 변화량을 의미하는 기호입니다.

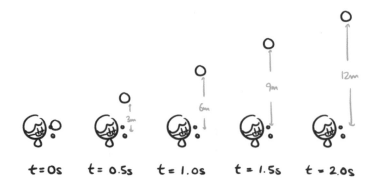

この그림은 0.5초 간격으로 공의 모습을 보여주고 있습니다. 0초부터 2초까지 공의 위치를 연속적으로 나타내기 위해서 그래프를 사용할 수 있습니다. 공의 높이를 y라고 하고 공이 던져진 이후로부터 흐른 시간을 t라고 하면, 두 변수 사이의 관계는 $y = 6t$가 됩니다. 이 식을 그래프로 그리면 아래와 같습니다.

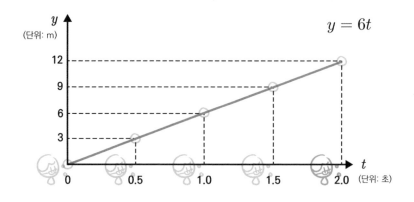

공은 2초의 시간 동안 총 12미터를 이동했으므로 공의 속력은 초속 6미터임을 알 수 있습니다. 이 값은 직선의 기울기이기도 합니

다.[12] 일반적으로 시간-거리 그래프에서 기울기는 속력을 의미합니다. 시간-거리 그래프에서 x축은 시간, y축은 거리이기 때문이죠. 직선의 기울기는 거리의 변화량을 시간의 변화량으로 나눈 값, 즉 속력을 의미합니다.

방금 예시는 공의 속력이 일정했기 때문에 전 구간에서의 기울기도 일정했습니다. 이번에는 공을 어떤 행성에서 던져보겠습니다. 공은 행성의 중력으로 인해 점점 느려지다가 멈춘 뒤 다시 땅으로 떨어집니다. 떨어지는 과정은 생각하지 않고, 위로 올라가는 과정만을 고려해 보겠습니다. 이 경우 0.5초 간격으로 사진을 찍으면 아래와 같이 찍힐 것입니다.

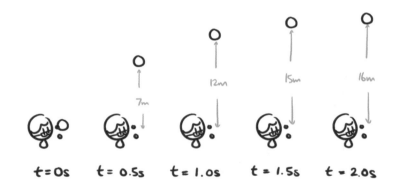

0초부터 2초까지 공의 높이를 연속적으로 나타내면 다음과 같습니다. 두 변수 사이의 관계는 $y = 16t - 4t^2$입니다.

---

12   원래 기울기 6의 직선은 매우 가파른 직선이지만, 위 그래프에서는 x축 간격과 y축 간격이 다르기 때문에 기울기가 6인 직선임에도 불구하고 꽤 완만하게 그려졌습니다.

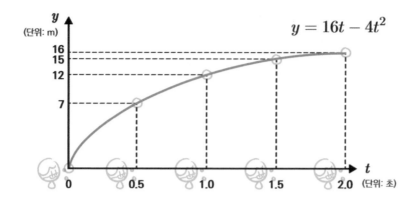

이번에는 공의 속력이 매 순간 느려지기 때문에 일정한 기울기를 가진 직선이 아니라 곡선형으로 그려집니다. 이 경우에는 직선의 기울기 대신 **접선의 기울기**가 공의 속력을 의미합니다. 예를 들어 0.5초일 때의 공의 속력은 표시된 접선의 기울기와 같습니다.

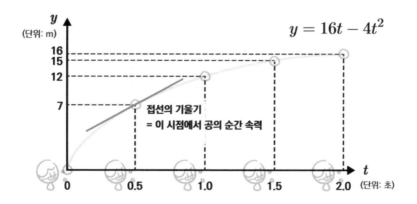

그런데 문제가 있습니다. 직선형의 그래프는 기울기를 구하기 쉬웠지만 위와 같은 접선의 기울기는 구하기가 훨씬 더 까다롭습니다. 접선 위에 주어진 점은 접점밖에 없기 때문에, Δx와 Δy를 함수 식으로부터 구할 수가 없습니다.

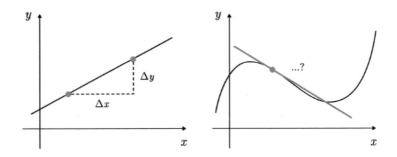

　라이프니츠와 뉴턴은 기막힌 아이디어를 이용해서 이 문제를 해결했습니다. 가령 다음의 점 $A(a, f(a))$에서의 접선의 기울기를 구하고 싶다고 가정해 볼게요.

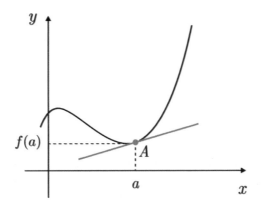

　이에 앞서 점 A에서 Δx만큼 떨어져 있는 점 B를 생각해 보겠습니다.

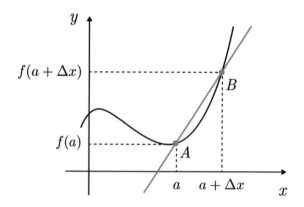

두 점 A와 B를 지나는 직선 l의 기울기는 구하기 쉽습니다.

$$(l의\ 기울기) = \frac{\Delta y}{\Delta x} = \frac{f(a+\Delta x) - f(a)}{(a+\Delta x) - a} = \frac{f(a+\Delta x) - f(a)}{\Delta x}$$

하지만 직선 l의 기울기는 구하고자 하는 접선의 기울기와 차이가 큽니다. 그러니 Δx를 작게 해 점 B를 점 A에 더 가깝게 위치시킵시다.

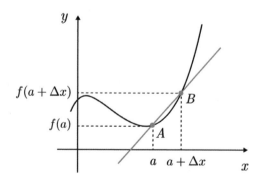

여전히 직선 l의 기울기는 $\dfrac{f(a+\Delta x) - f(a)}{\Delta x}$ 이지만, 방금 전보다 점

A에서의 접선의 기울기에 비슷해졌습니다. 이제 Δx를 매우 작게 잡아볼게요.

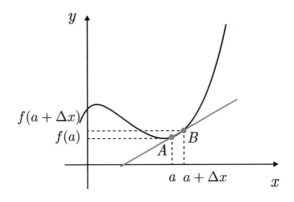

이제 직선 l의 기울기가 접선의 기울기와 거의 일치합니다. 이와 같이 Δx가 0에 가까워질수록 직선 l의 기울기는 점점 접선의 기울기에 가까워집니다. 그렇다면 만약 Δx가 한없이 0에 가깝다면, 직선 l의 기울기도 한없이 접선의 기울기와 가까워져 급기야 일치할 것입니다. 이것이 바로 미분의 핵심 아이디어입니다! 수학에서는 Δx가 무한히 0에 가깝다는 **극한**을 이용해서 아래와 같이 표기합니다.

$$\lim_{\Delta x \to 0}$$

따라서 점 A에서의 접선의 기울기는 아래와 같이 나타낼 수 있습니다.

$$(\text{접선의 기울기}) = \lim_{\Delta x \to 0} \frac{f(a + \Delta x) - f(a)}{\Delta x}$$

이 값을 $x = a$에서의 **순간변화율**, 또는 **미분계수**라고 합니다.

이 아이디어를 사용해서 앞서 등장한 예시를 다시 분석해 보겠습니다. 우리는 디멘이 공을 던진 이후로부터 0.5초가 지났을 때 공의 속력을 알고 싶습니다. 즉, 우리는 점 P에서의 접선의 기울기를 구하고자 합니다.

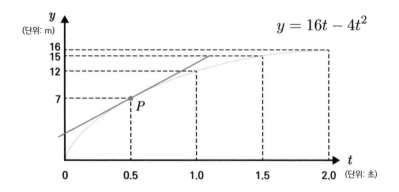

접선의 기울기를 구하기 위해 다음 그림과 같이 P 근처의 점 Q를 잡은 뒤, P와 Q를 잇는 직선을 긋겠습니다. 이 직선의 기울기는 구

하기 쉽습니다. $\Delta x = 0.5$, $\Delta y = 5$이므로 기울기는 $\Delta y / \Delta x = 10$입니다.

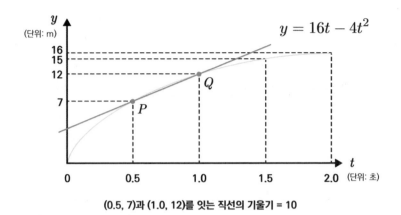

(0.5, 7)과 (1.0, 12)를 잇는 직선의 기울기 = 10

미분의 핵심 아이디어는 Q를 점점 더 P에 가깝게 위치시킴으로써, 직선의 기울기가 접선의 기울기에 수렴하도록 하는 것입니다. Q의 x 좌표가 0.75에 가까워지도록 옮기면, 직선의 기울기는 11이 됩니다.

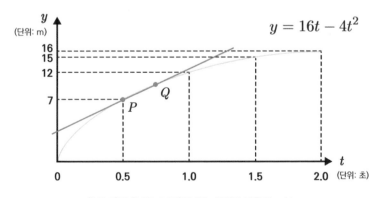

(0.5, 7)과 (0.75, 9.75)를 잇는 직선의 기울기 = 11

계속해 볼게요. Q의 x좌표가 0.6이 되도록 옮기면 직선의 기울기는 11.6이 됩니다.

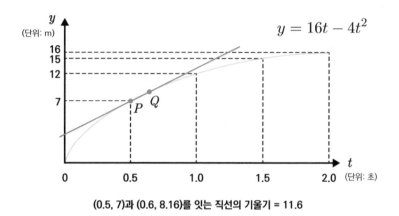

$$y = 16t - 4t^2$$

(0.5, 7)과 (0.6, 8.16)를 잇는 직선의 기울기 = 11.6

이 과정을 계속 그림으로 그리면 아까운 나무들만 죽어 나갈 것 같네요. 이후 과정은 표로 살펴보겠습니다.

Q의 x좌표	직선 PQ의 기울기
0.55	11.8
0.53	11.88
0.51	11.96
0.505	11.98
0.5001	11.9996

이러한 계산값으로부터 직선 PQ의 기울기는 Q가 P에 가까워질수록 점점 12에 수렴하는 것을 알 수 있습니다.[13] 실제로 P를 지나는 접선의 기울기는 12입니다. 디멘이 공을 던진 시점으로부터 0.5초 후 공의 속력은 초속 12미터였습니다!

라이프니츠와 뉴턴이 17세기에 발견한 미분은 혁신적인 도구였습니다. 미분을 사용하면 아무리 복잡한 함수의 변화율도 쉽게 구할 수 있습니다. 예를 들어 뉴턴은 자신이 발견한 미분과 만유인력의 법칙으로부터 행성이 공전하는 속도를 계산해, 언제, 무슨 천체가 관측될지 알아낼 수 있었습니다.

앞서 우리는 바이러스 감염자 수의 변화율이 $y' = \beta y$와 같은 꼴로 나타난다고 했습니다. 수학자들은 여러 가지 함수를 미분해 본 결과, 지수함수 $y = Ce^{\beta t}$를 미분하면 $y' = \beta(Ce^{\beta t})$가 나온다는 사실을 알게 되었습니다. 즉 지수함수는 $y' = \beta y$를 만족하는 함수이며, 바이러스 감염자 수는 지수함수 꼴로 나타나는 것입니다.

---

13 이 사실을 대수학으로 엄밀히 구하는 과정을 부록에 실었습니다.

적분의 핵심 원리

흔히들 **적분**은 미분의 역연산의 관계라고 말합니다. 나눗셈이 곱셈의 역연산이고, 뺄셈이 덧셈의 역연산이듯이 말이죠. 틀린 말은 아니지만 적분을 처음 설명함에 있어 바람직한 설명은 아닙니다. 왜냐하면 적분의 정의 자체는 미분과 전혀 관계가 없기 때문입니다. 나눗셈의 정의는 곱셈의 역연산이 맞고, 뺄셈의 정의는 덧셈의 역연산이 맞습니다. 이것이 나눗셈과 뺄셈의 정의 그 자체입니다. 하지만 적분은 미분과는 본래 매우 다른 분야에서 고안된 개념입니다. 그런데 알고 보니 미분과 적분이 역연산의 관계에 있었던 것이죠. **적분이 미분의 역연산이라는 것은 적분의 정의가 아니라 수학적 증명으로 밝혀진 정리**입니다.

적분은 도형의 넓이와 부피를 구하기 위해서 고안된 개념입니다. 우리는 삼각형이나 사각형과 같이 직선으로 그려진 도형의 넓이는 쉽게 구할 수 있습니다. 도형에서 변의 개수가 더 많아져도 적당히 여러 개의 삼각형으로 쪼갠 다음에 각 삼각형의 넓이를 더하는 식으로 전체 넓이를 구할 수 있습니다.

(밑변) × (높이) / 2

(가로) × (세로)

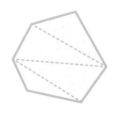

쪼개진 삼각형들의 넓이의 합

그러나 곡선이 포함된 도형의 넓이를 구하는 것은 이보다 훨씬 어려운 일입니다. 가령 여러분이 다음과 같이 생긴 함수의 $x = a$부터 b까지의 밑부분 넓이 S를 구해야 한다면 어떻게 접근할 건가요?

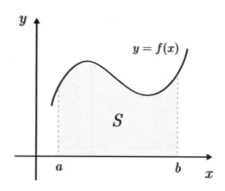

한 가지 방법은 다음과 같습니다. 먼저 주어진 넓이를 정의하는 가로축을 여러 개의 구간으로 잘게 쪼갭니다. 그 후, 각 구간 끝점의 함숫값을 세로로 하는 직사각형을 그립니다.

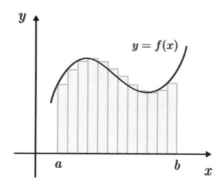

이렇게 나눈 뒤 모든 직사각형의 넓이의 합을 구하면 어느 정도 비슷한 값을 구할 수 있습니다. 물론 S와 직사각형 넓이의 합 사이

에는 차이가 존재합니다. 그러나 오른쪽의 그림과 같이 구간을 더 잘게 쪼개면 쪼갤수록, 직사각형의 넓이의 합은 S와 점점 비슷해집니다.

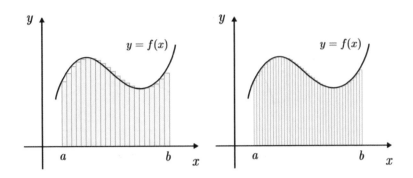

미분과 마찬가지로 각 구간의 길이를 한없이 작게 만든다면, 이때의 직사각형 넓이 합은 S와 정확히 일치할 것입니다. 이것이 적분의 핵심 아이디어입니다. 여기서 직사각형 넓이의 합을 **리만 합**이라고 부릅니다.[14]

지금부터 리만 합을 수학적으로 나타내 보겠습니다. 이 과정은 수식이 많이 등장합니다. a부터 b를 총 n개의 구간으로 쪼개었다고 할게요. 다음 그림에서 $n = 12$입니다. 각 직사각형의 가로의 길이를 Δx라고 하면, $\Delta x = (b-a)/n$입니다.

---

14 리만 합을 구성할 때 모든 직사각형의 가로 길이가 똑같을 필요는 없지만, 이 책에서는 설명의 편의를 위해 모든 직사각형의 가로가 Δx로 일정하다고 하겠습니다.

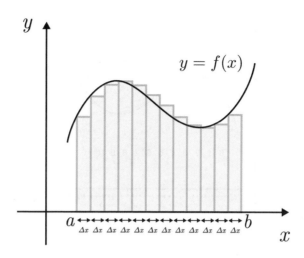

　각 직사각형을 왼쪽부터 0번, 1번, 2번⋯ 이런 식으로 번호를 붙이겠습니다. 이때 k번째 직사각형의 넓이를 고려해 볼게요. k번째 직사각형의 넓이를 구하기 위해서는 그 직사각형의 가로와 세로를 알아야 합니다.

　$k = 4$를 예로 들어서 직사각형의 가로와 세로의 길이를 구해보겠습니다. 네 번째 직사각형의 가로가 Δx임은 명백합니다. 한편 세로의 길이는 다음 그림에서 표시된 분홍색 화살표의 길이와 같습니다. 그리고 이 길이는 분홍색 점의 함숫값과 같습니다. 분홍색 점의 x좌표는 $a + 4\Delta x$입니다. 따라서 분홍색 화살표의 길이는 $f(a + 4\Delta x)$입니다.

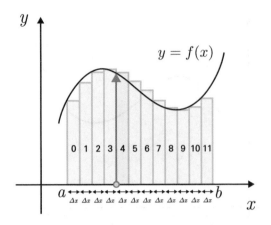

일반적으로 k번째 직사각형의 넓이는 $f(a + k\Delta x)\Delta x$입니다. 리만 합을 구하기 위해서는 이 값을 $k = 0$부터 $k = n-1$까지 모두 더해야 합니다. 이 값은 $\sum$(시그마) 기호를 사용해서 나타낼 수 있습니다.

$$\sum_{k=0}^{n-1} f(a + k\Delta x)\,\Delta x$$

구하고자 하는 넓이 S는 리만 합에서 Δx를 무한히 작게 하면 얻어집니다. 따라서 구하고자 하는 영역의 넓이는 아래와 같이 쓸 수 있습니다.

$$\lim_{\Delta x \to 0} \sum_{k=0}^{n-1} f(a + k\Delta x)\,\Delta x$$

위 식이 바로 적분의 정의입니다! 적분에는 부정적분과 정적분 이라는 두 가지 종류가 있는데, 우리가 다룬 적분은 그 값이 단 하나의 값(넓이)으로 정해지기 때문에 **정적분**이라고 부릅니다.

이렇듯 적분의 정의는 미분에서 다루는 기울기와 아무런 관련이 없습니다. 하지만 신기하게도 적분과 미분은 서로의 역연산입니다. 적분과 미분 사이에 숨겨진 연결 고리는 부록에서 자세히 이야기할게요.

바이러스를 조금 더 잘 예측해 보자

이번 장의 도입부에서 우리는 바이러스 감염자 수의 변화율을 $y' = \beta y$로 나타냈습니다. 이 식은 바이러스의 초기 전파를 예측하는 데 유용하지만, 장기적인 바이러스 전파를 전망하는 데는 적합하지 않습니다. 지금까지 우리가 고려한 바이러스 모델은 바이러스에 감염된 사람들이 무한히 증가할 것이라 예측합니다. 그러니 조금 더 나은 모델을 세워볼게요.

한 가지 고려할 점은 바이러스에 감염된 사람이 많을수록 바이러스에 감염될 수 있는 사람의 수가 적어진다는 것입니다. 만약 전체 인구가 N명이라면, 바이러스에 감염된 사람의 수가 y명일 때 감염자가 만난 사람이 비감염자일 확률은 $\frac{N-y}{N}$입니다. 이를 고려하면 $y' = \beta y$를 아래와 같이 수정할 수 있습니다.

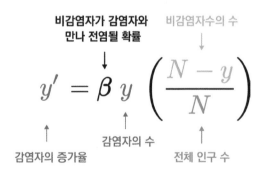

위 식을 미적분을 이용해서 풀면 다음과 같은 그래프를 얻습니다. 이와 같은 함수는 **로지스틱 함수**라고 합니다.

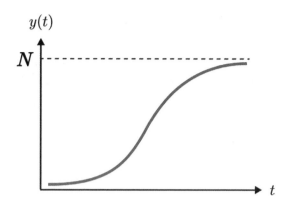

로지스틱 모델은 그럴듯해 보이지만 감염자가 회복하거나, 면역을 가지는 것을 고려하지 않기 때문에 감염자가 전 인구 수 N으로 수렴할 것이라고 예측합니다. 여전히 현실적이지 않네요.

조금 더 모델을 발전시켜 볼게요. 감염자가 회복해 면역을 가지게 되는 것을 고려하면 총 세 가지 부류로 인류를 나눌 수 있습니다. 첫 번째 부류는 바이러스에 감염된 적이 없는 위험군, 두 번째 부류는 바이러스에 감염되어 있는 감염군, 세 번째 부류는 바이러스에 감염되었다가 치료된 회복군입니다.

위험군이 감염군으로부터 바이러스에 감염될 확률은 β입니다. 감염군은 시간당 γ의 비율로 회복합니다. 회복군은 면역이 생겼기 때문에 바이러스에 다시 걸리지 않습니다. 아래와 같이 위험군, 감염군, 그리고 회복군의 세 부류로 바이러스의 전파를 예측하는 모델을 **SIR 모델**이라고 합니다.

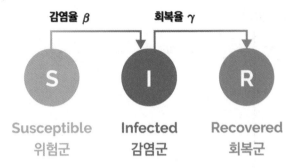

감염율 β   회복율 γ

S	I	R
Susceptible	Infected	Recovered
위험군	감염군	회복군

SIR 모델에서 각 군의 변화율을 식으로 세워봅시다. 가장 구하기 쉬운 것은 회복군 R의 변화율입니다. 회복군은 바이러스에 감염되지 않으므로, 매 시간마다 감염군으로부터 γI명의 사람이 유입되는 것 이외에는 변화가 없습니다. 식으로 나타내면 다음과 같습니다.

$$R' = \gamma I$$

두 번째로 구하기 쉬운 것은 위험군 S의 변화율입니다. 위험군에 속한 사람이 바이러스에 감염되기 위해서는 감염군과 만나야 합니다. 전체 인구 중 만난 사람이 감염군일 확률은 I/N입니다. 따라서 감염군으로부터 바이러스를 옮을 확률은 $\beta I/N$입니다. 이를 총 위험군의 인구 수 S에 곱하면 S의 변화율을 얻습니다. S에 속하는 인구 수는 계속 감소하므로 부호가 마이너스(-)입니다.

$$S' = -\frac{\beta IS}{N}$$

마지막은 감염군 I의 변화율입니다. 매 시간 $\beta IS/N$명의 사람들이 위험군에서 감염군으로 유입되고, 매 시간 γI명의 사람들이 감염군에서 회복군으로 전이됩니다. 따라서 감염군의 변화율 I'은 다음과 같습니다.

$$I' = \frac{\beta IS}{N} - \gamma I$$

아래의 그림은 이 논의의 정리입니다.

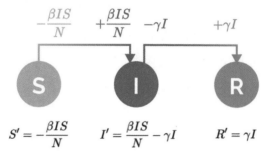

미적분을 이용해서 앞서 살펴본 3개의 방정식을 풀면 아래와 같은 결과를 얻습니다.

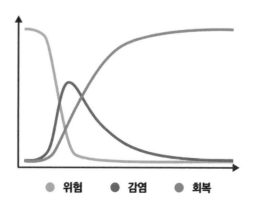

SIR 모델은 바이러스 전파 초기에 위험군이 무서운 속도로 감염군으로 전이될 것이라고 예측합니다. 하지만 위험군이 빠르게 감소하면서 바이러스에 감염될 수 있는 사람들의 수가 적어지고, 또 감염군에서 회복군으로 바뀌는 사람들이 많아지면서 바이러스의 전파는 늦춰집니다. 이내 감염군이 감소하고 회복군이 원만히 늘어나면서 바이러스는 종식을 고하게 됩니다.

SIR 모델에 방역이나 사망 등의 요인을 추가적으로 고려한 SIR의 변형 모델은 바이러스의 전파를 예측하기 위해 다양한 곳에서 쓰이고 있습니다. 다음의 사진[15]을 보면 중국 내에서의 코로나-19 전파 데이터(+자로 표시)와 SIR 모델의 예측(부드러운 곡선으로 표시)이 놀라울 정도로 비슷한 것을 볼 수 있습니다. 이렇게 단 몇 개의 식만으로 바이러스의 전파를 설명할 수 있다니 미적분의 위력은 대단하네요.

---

15 출처: Cooper I, Mondal A, Antonopoulos CG. A SIR model assumption for the spread of COVID-19 in different communities. Chaos Solitons Fractals. 2020;139:110057. doi:10.1016/j.chaos.2020.110057

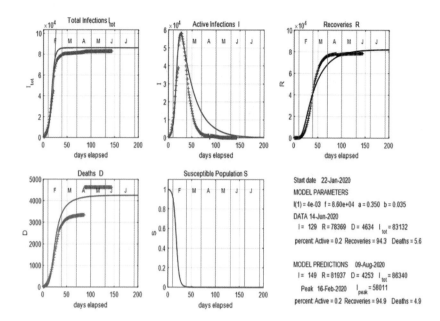

④
카오스 속에서
미래를 내다보는 수학

수학과 물리학이 창조한 신-라플라스의 악마

어느덧 우리는 이 책의 마지막 장에 도달했습니다. 3부에서 말했듯이 저는 각 내용 하나하나가 재미있는 것도 필요하지만, 이 내용들이 모두 어떻게 어우러지는지도 중요하다고 생각합니다. 4부에서도 마찬가지의 생각으로 구성했습니다. 혹시 여러분은 지금까지 우리가 4부에서 나눈 이야기를 관통하는 주제를 느끼셨나요?

앞서 알고리즘을 다루면서 우리는 주어진 규칙을 이용해 문제를 풀 때 얼마나 빠른 시간 안에 해결할 수 있는지를 예측했습니다. 다음 장에서는 게임 이론을 이용해 모든 플레이어가 자신의 이익을 우선시하는 전략을 취했을 때, 게임이 어떤 방향으로 흘러갈 것인지 알아봤습니다. 그리고 마지막으로 미적분을 이용해 변화율에 관한 몇 가지 식을 세움으로써 주어진 현상이 어떻게 발전할 것인지를 예측할 수 있었습니다.

네, 그렇습니다. 4부의 내용을 관통하는 주제는 바로 '미래를 예측하는 방법'이었습니다. 미래를 내다보고자 하는 욕구는 시공간을 초월해 모든 인간의 보편적인 욕구입니다. 미래를 예측하기 위해 여러 문화권에서 내놓은 후보는 주역, 점성술, 달력, 찻잎 문양 등 다양했습니다. 하지만 이 모든 경쟁자를 제치고 왕좌에 오른 학문은 수학이었습니다.

수학이 미래를 예측하는 수단으로써 부상하게 된 가장 큰 계기는 17세기 유럽에서 일어난 과학혁명입니다. 과학혁명 시기에는 코페르니쿠스, 갈릴레오, 라부아지에 등 수많은 위대한 학자가 과학과 수학을 크게 발전시켰습니다. 과학혁명에 이바지한 학자들 중에서도 가장 위대한 사람을 뽑으라면 단연 물리 법칙을 확립한 뉴턴입니다. 뉴턴은 《자연철학의 수학적 원리》라는 책에서 다음 네 가지의 물리 법칙을 제시했습니다.

1. 알짜힘이 0이라면, 물체는 가속하지 않는다. 반대로 가속하지 않는 물체에 작용하는 알짜힘은 0이다.
2. 물체의 가속도는 가해진 힘의 방향으로 생기며, 가속도의 크기는 가해진 힘의 크기에 비례한다.
3. 모든 작용에 대해 크기는 같고 방향은 반대인 반작용이 존재한다.
4. 두 물체 사이에는 만유인력이 작용하며, 그 힘의 크기는 두 물체의 질량의 곱에 비례하고 두 물체 사이의 거리의 제곱에 반비례한다.

4개의 법칙을 수식으로 적으면 아래와 같습니다.

1. $\sum \vec{F} = 0 \Leftrightarrow \vec{a} = 0$

2. $\vec{F} = m\vec{a}$

3. $\vec{F}_{12} = -\vec{F}_{21}$

4. $\vec{F} = -G\dfrac{Mm}{R^2}\hat{r}$

앞서 우리는 미적분을 이용해서 바이러스 전파를 모델링했습니다. 그러나 이 모델은 몇 개의 가정과 근사를 통해 이루어졌기 때문에 해당 현상의 추세 정도만을 설명할 뿐 해당 현상이 어떻게 발전할 것인지를 100퍼센트 알아맞힐 수는 없었습니다.

하지만 뉴턴의 네 가지 방정식은 가정과 근사로 구성된 것이 아닌, 물리 현상의 원리 그 자체를 정확히 기술하는 식입니다.[16] 뉴턴의 법칙을 통해 우주를 보는 것은 마치 코드를 보며 게임을 플레이하는 것과 같았습니다. 던져진 물체가 그리는 포물선의 궤적, 행성의 운동, 회전하는 팽이의 속도 등은 모두 뉴턴의 법칙을 이용해 정확히 계산할 수 있었습니다. 뉴턴은 자신의 법칙을 이용해 행성이 타원 궤도를 돈다는 사실까지 유도했는데, 그의 결론은 천문학자 케플러가 수개월에 걸쳐 분석한 천체 관측 자료와 놀랍도록 일치했습니다. 당대의 학자들은 뉴턴의 방법론에 감탄했고 뉴턴의 법칙은 유럽의 자연과학을 지배하게 됩니다.

이후 전기력과 자기력이 발견되면서 물리학자들은 뉴턴의 법칙에 새로 발견된 힘을 설명하는 식을 추가하기 위해 노력했습니다. 마침내 1865년 맥스웰이 그동안의 전자기 이론을 4개의 식으로 총

---

16 아인슈타인의 상대성 이론에 따르면 뉴턴의 법칙도 어느 정도의 근사를 포함합니다.

망라함으로써, 물리학자들은 당시 알려진 모든 자연 현상을 완벽하게 설명하고 또 예측할 수 있게 되었습니다. 1894년 물리학자 앨버트 에이브러햄 마이컬슨(Albert Abraham Michelson)이 시카고대학교에서 남긴 말에서 우리는 당시 물리학자들의 자부심을 엿볼 수 있습니다.

미래의 물리학이 지금까지의 업적보다 더 위대한 업적을 남길 수 없을 것이라 장담할 수는 없지만, 이미 물리학 대부분의 큰 기반은 완전하고 굳건히 완성된 것으로 보인다. 따라서 미래의 물리학은 주로 기존의 이론을 실용적으로 사용하는 것에 집중할 것이다. [⋯] 앞으로의 물리학은 정성적 이론보다는 정량적 측정을 더욱 요구할 것이니 물리학의 미래는 소숫점 아래 여섯 자리에서 찾아야 할 것이다.

수학과 물리학의 발달은 사람들에게 인과적 결정론이라는 흥미로운 생각을 심어주었습니다. 결정론이란 미래의 일이 모두 결정되어 있다는 생각입니다. 과거에 결정론은 주로 운명이나 점성술 따위와 엮이며 미신적인 취급을 받았습니다. 하지만 수학과 물리학의 발전으로 인해 결정론은 탄탄한 이론적 배경을 가지게 됩니다. 만물은 뉴턴과 맥스웰의 물리 법칙을 따릅니다. 따라서 지금 이 순간 우주의 모든 입자의 위치와 속력을 정확하게 알 수만 있다면, 뉴턴과 맥스웰의 법칙을 사용해 미래에 무슨 일이 일어날지를 한 치의 오차도 없이 계산할 수 있습니다. **인과적 결정론**이란 우주의 모든 것은 물리 법칙의 지배를 받는 원자로 구성되어 있기 때문에 우주의 미래는 인과적으로 정해져 있다는 생각입니다.

라플라스는 1773년에 자신의 에세이에서 다음과 같은 말을 남겼습니다. 라플라스의 이 에세이에서 등장하는 지성체는 후대에 **라플라스의 악마**로 불리게 됩니다.

우주의 현재 상태는 과거의 [수학적] 결과이자 미래의 원인이다. 자연에 존재하는 모든 힘과 입자의 정보를 관측할 수 있고, 이 모든 데이터를 분석할 수 있는 지성체는 우주의 가장 큰 항체와 가장 작은 원자를 단순한 수식으로 지배한다. 그런 지성체에게 있어 불확실한 것은 아무것도 없다. 그는 과거를 보듯 미래를 보고 미래를 보듯 현재를 본다. [*의역 포함]

결정론의 타당성과 라플라스의 악마의 존재성에 대한 논쟁은 수학과 물리학이 발전하면서 더욱 복잡한 양상을 띠게 되었습니다. 이 주제는 정보 이론, 양자역학, 열역학 등 물리학의 다양한 분야에 대한 깊은 이해를 필요로 합니다. 여기에서는 결정론과 라플라스의 악마에 대해 수학적으로 접근해 보고자 합니다. 우리의 이야기는 혼돈과 예측의 불가능성을 다루는 수학의 분야인 **카오스 이론**으로 시작합니다.

천체를 계산하나
수도꼭지의 물줄기는 계산하지 못하다

에드워드 로렌즈(Edward Norton Lorenz)는 20세기 중반에 활동하던 수학자이자 기상학자입니다. 로렌즈의 관심사는 데이터를 활용해 날씨를 예측하는 것이었습니다. 1961년 어느 날, 로렌즈는 기온, 습도 등을 포함한 12개의 변수를 사용해 기상 시뮬레이션을 컴퓨터로 확인하고 있었습니다. 결괏값을 얻은 그는 (아마도 시뮬레이션 결과에 오류가 없었는지 확인하기 위해) 동일한 초기값으로 시뮬레이션을 한 번 더 살펴보았습니다. 그런데 예상 외로 두 번째 시뮬레이션의 결과는 첫 번째 시뮬레이션과 차이가 매우 컸습니다. 두 시뮬레이션 모두 처음에는 동일한 기상 조건으로 시작했음에도 불구하고 시간이 얼마 지나자 첫 번째 시뮬레이션은 화창한 날을, 두 번째 시뮬레이션은 먹구름이 낀 날을 출력한 것입니다.

처음에는 컴퓨터의 오작동이라고 생각했습니다. 하지만 아무리 살펴봐도 컴퓨터는 멀쩡했습니다. 뒤늦게야 로렌즈는 왜 이러한 결과가 나타났는지 알아차렸습니다. 로렌즈는 첫 번째 시뮬레이션이 출력한 보고서를 보고 두 번째 시뮬레이션의 초기값을 설정했습니다. 그런데 해당 시뮬레이션 프로그램의 컴퓨터 내부 계산은 소숫점 아래 6자리까지 고려하지만 출력할 때는 3자리까지만 출력하도록 되어 있었습니다. 로렌즈가 두 번째 시뮬레이션의 초기값으로 설정한 값은 0.506이었는데, 이 값은 첫 번째 시뮬레이션에서 0.506127로 계산되고 있었던거죠. 두 초기값의 차이는 1/4000에 불과할 정도로 근소했지만 이 오차는 시간을 거쳐 매우 큰 차이로 발전했습니다. 로렌즈는 이처럼 매우 근소한 오차가 큰 차이로 발전하는 현상을 **카오스**라고 이름 붙였습니다.

카오스는 기상 모델과 같은 복잡한 현상뿐만 아니라 매우 단순한 현상에서도 발견됩니다. 예를 들어 진자에 진자를 매단 **이중진자**의 운동은 카오스적입니다. 오른쪽 QR 코드에 첨부된 영상을 보면, 근소한 진자의 초기 위치 차이가 매우 큰 차이로 발전하는 것을 볼

이중진자의 카오스
출처: Think Twice

수 있습니다. 카오스의 또 다른 예시로는 **삼체문제**가 있습니다. 삼체문제는 3개의 항성이 중력으로 서로를 끌어당길 때, 각 항성이 어떤 궤도로 운동할 것인가에 대한 문제입니다. 2개의 항성이 중력으로 서로를 끌어당길 때 두 항성의 궤도를 물어보는 **이체문제**는 뉴

턴이 풀어냈습니다. 하지만 삼체문제는 뉴턴을 비롯한 수많은 물리학자들의 도전에도 불구하고 200년 동안 해결되지 못한 난제였습니다. 그러다가 1886년에 푸앵카레가 삼체문제는 해석적인 해가 존재하지 않을 정도로 복잡하다는 것을 증명했습니다.[17] 이후 삼체문제는 카오스적 운동의 대표적인 예시로 자리잡았습니다.

수도꼭지에서 떨어지는 물방울의 패턴은 카오스적입니다.

---

17 쉽게 말해 컴퓨터를 사용해야만 계산할 수 있다는 의미입니다.

시치미 떼는 입자와 확률적 우주

카오스 이론은 **코펜하겐 해석**이라는 이론과 함께 시너지를 발휘해 인과적 결정론에 매우 큰 타격을 입혔습니다. 코펜하겐 해석은 현대 물리학계에서 가장 널리 받아들인 양자역학의 이론입니다. 제 생각에 코펜하겐 해석은 이 세상 모든 사람들이 죽기 전에 꼭 알아야 하는 이론입니다. 코펜하겐 해석은 우주가 우리의 생각과는 완전히 다른 원리로 작동하고 있을 가능성을 제시합니다.

코펜하겐 해석을 설명하기 위해 양자역학의 유명한 실험인 **슈테른-게를라흐 실험**을 소개할게요. 비록 중성자는 전하를 가지지 않지만, 빠르게 움직이는 중성자는 자기장 속에서 아주 조금 휩니다. 오른쪽 그림과 같이 N극 자석을 아래, S극 자석은 위에 배치해 중성자를 두 자석 사이로 빠르게 쏘면 일

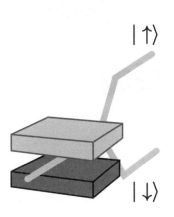

부 중성자는 스크린의 위쪽에서, 일부는 스크린의 아래쪽에서 관측됩니다. 스크린의 위쪽에서 관측된 중성자는 $|\uparrow\rangle$의 스핀을 가지고 있다고 부르고, 아래쪽에서 관측된 중성자는 $|\downarrow\rangle$의 스핀을 가지고 있다고 부릅니다. 중성자의 스핀은 일반적인 상황에서[18] 유지됩니다. 즉 $|\uparrow\rangle$의 스핀을 가지고 있던 중성자를 다시 관측해도 여

---

18 왜 '일반적인 상황'인지는 곧 알게 됩니다.

전히 | ↑〉로 관측되지, 갑자기 | ↓〉으로 관측되지는 않습니다.

자석을 상하 대신 좌우로 배치해 똑같은 실험을 진행할 수도 있습니다. 이 경우 일부 중성자는 스크린의 왼쪽에서, 일부 중성자는 스크린의 오른쪽에서 관측됩니다. 왼쪽에서 관측된 중성자는 스핀이 | ←〉이고, 오른쪽에서 관측된 중성자는 스핀이 | →〉입니다.

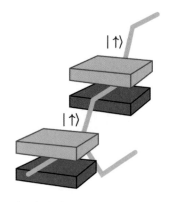

이 사실을 염두에 두고 다음과 같은 실험을 생각해 볼게요. 먼저 위아래로 배치된 자석 사이로 중성자 빔을 쏩니다. 그러면 중성자 빔은 위아래로 갈라집니다. 이때 위쪽으로 갈라진 중성자 빔 위아래로 다시 자석을 배치하면 어떻게 될까요? 네, 앞서 얘기했듯이 이미 스핀이 | ↑〉으로 관측된 중성자는 다시 관측해도 여전히 | ↑〉로 관측됩니다. 때문에 중성자 빔은 갈라지지 않고 자석의 위쪽으로만 휩니다.

그럼 스핀이 | ↑〉으로 관측된 빔을 좌우로 배치한 자석 사이로 통과시키면 어떻게 될까요? 상하 스핀은 좌우 스핀과 아무 관계가 없기 때문에 | ↑〉으로 관측된 중성자가 | ←〉스핀과 | →〉스핀을 가질 확률은 각각 50퍼센트로 동일합니다. 따라서 빔은 좌우로 갈라지게 됩니다.

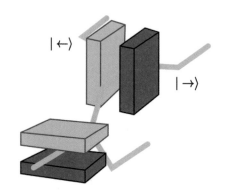

이 상태에서 오른쪽으로 갈라진 중성자 빔을 상하로 배치된 자석 사이로 통과시키면 어떤 결과가 나타날까요? 첫 번째 자석으로 인해 이미 해당 빔은 스핀이 $|\uparrow\rangle$인 중성자로만 구성되어 있습니다. 다시 상하 좌석 사이로 빔을 통과시켜도 여전히 $|\uparrow\rangle$일 것으로 예측할 수 있습니다.

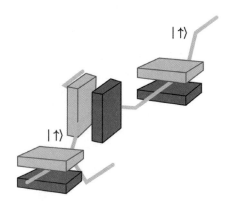

하지만 실제로는 예상을 뒤엎는 결과가 나타납니다. 분명 첫 번째 자석을 통해 스핀이 $|\uparrow\rangle$인 중성자만을 골랐음에도 불구하고 중성자 빔이 $|\uparrow\rangle$스핀과 $|\downarrow\rangle$스핀으로 갈라집니다!

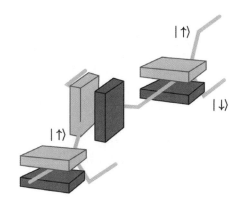

20세기 과학계는 말도 안 되는 이 결과를 어떻게 해석해야 할지를 두고 하루도 조용할 날이 없었습니다. 여러 주장 중 후대에 가장 널리 받아지게 된 것이 바로 코펜하겐 해석이었습니다. 코펜하겐 해석은 여러 가지 주장을 담고 있는데, 이 중 가장 대표적인 주장은 아래와 같습니다.

1. 관측되지 않고 있는 입자의 상태는 오직 확률적으로 존재한다.
2. 입자를 관측하는 순간 입자의 상태는 하나로 정해진다.
3. 입자와 관련된 새로운 정보를 관측하면 기존에 관측된 정보는 파괴되어 다시 확률적인 상태로 들어간다.

코펜하겐 해석에 따라 슈테른-게를라흐 실험을 해석해 보겠습니다. 코펜하겐 해석에 따르면 중성자의 스핀은 '$|\uparrow\rangle$ 또는 $|\downarrow\rangle$'의 명확한 상태로 정해져 있지 않습니다. 대신 '50퍼센트의 확률로 $|\uparrow\rangle$ 그리고 50퍼센트의 확률로 $|\downarrow\rangle$'라는 확률적인 상태로서 존재합니다. 하지만 자석을 통해 관측하는 순간, 중성자의 스핀은 $|\uparrow\rangle$ 또는 $|\downarrow\rangle$로 정해집니다. 관측된 스핀은 이후 관측에서도 일관되게 나옵니다. 하지만 상하 스핀 대신 좌우 스핀을 관측하는 순간, 기존의 상하 스핀 정보는 파괴되고 다시 중성자는 '50퍼센트의 확률로 $|\uparrow\rangle$, 50퍼센트의 확률로 $|\downarrow\rangle$'라는 처음의 확률적 상태로 돌아갑니다. 그 때문에 좌우 스핀을 관측한 뒤 상하 스핀을 관측하면 중성자가 다시 상하로 갈라지게 되는 것이죠.

요약하자면 우주는 로그라이크 게임과 비슷하게 동작합니다. 로그라이크 게임이란 플레이할 때마다 확률적으로 게임의 레벨이 정해지는 게임입니다. 예를 들어서 게임을 처음 플레이할 때는 던전에 몬스터가 5마리 있었지만, 다음 번에는 몬스터가 6마리이거나 있고, 4마리일 수도 있습니다. 때문에 로그라이크 게임은 플레이어가 현재 플레이하고 있는 레벨만 실제로 렌더링하고 나머지 레벨은 확률적인 상태로 남겨둡니다.

그런데 코펜하겐 해석에 따르면 우주도 로그라이크 게임처럼 동작합니다! 지금 여러분이 읽고 있는 이 페이지는 367쪽인데, 여러분이 고개를 잠시 뒤로 돌렸다가 다시 책을 바라보면 갑자기 398쪽이 되어 있을 수도 있습니다. 물론 수많은 입자의 확률론적 작용은 거시적 스케일에서 서로 상쇄되기 때문에 책 페이지가 갑자기 바뀌는 등의 일이 일어날 확률은 0과 다름없을 정도이지만요.

코펜하겐 해석에 의해 인과적 결정론은 근본적으로 부정되었습니다. 그럼에도 불구하고 일부 학자들은 코펜하겐 해석의 영향이 미치는 범위가 너무나 미시적이기 때문에 거시적 스케일에서는 여전히 결정론이 성립한다고 주장했습니다. 그런데 여기서 카오스 이론이 등장한 것입니다. 카오스 이론에 따르면 아주 미세한 초기 값의 차이도 시간을 거쳐 매우 큰 차이로 발전할 수 있습니다. 코펜하겐 해석에서 주장하는 입자의 불확정성도 카오스 이론에 의하면 거시적 현상에 영향을 줄 수 있습니다. 이렇게 뉴턴 역학과 함께 각광받던 인과적 결정론은 양자역학의 발전과 카오스 이론으로 인해 주류 이론에서 멀어지게 되었습니다.

절대로 예측할 수 없는 것에 대해

코펜하겐 해석은 현재 학계의 주류 이론입니다. 하지만 코펜하겐 해석이 틀렸고 우주가 실제로 결정론적일 가능성도 있습니다. 이 책에서는 코펜하겐 해석이 틀렸다면 라플라스의 악마가 가능한지를 수학적으로 논의해 보고자 합니다. 다시 말해 주어진 시스템이 결정론적이라면 해당 시스템은 예측 가능할지에 대해 알아보는 것이지요.

1931년에 발표된 **괴델의 불완전성 정리**는 힐베르트 프로그램이 와해되는 결정적인 계기가 되었지만, 한편으로는 새로운 수학 분야가 태동하는 계기가 되었습니다. **계산 가능성 이론**이 그중 하나입니다. 계산 가능성 이론에서 유명한 문제인 **정지 문제**를 설명하기 위해 다음의 프로그램을 살펴보겠습니다.

```
x = input()
i = 0
while(i is not x):
    print("Hello, world!")
    i = i + 1
```

위 프로그램은 먼저 유저로부터 어떠한 데이터를 입력받은 뒤, 그 데이터를 x라는 이름의 변수에 저장합니다. 그 후, 변수 i의 값을 0으로 설정합니다. 프로그램은 변수 i의 값이 유저가 입력한 데이터와 일치할 때까지 Hello, world!를 출력합니다. 출력을 한 번 할 때마다 i의 값은 1만큼 증가합니다.

간단한 문제를 내볼게요. 유저가 이 프로그램에 3을 입력하면 프로그램은 무엇을 출력할까요? 네, 프로그램은 아래와 같이 Hello, world!를 3번 출력하고 종료됩니다.

Hello, world!

Hello, world!

Hello, world!

일반적으로 유저가 자연수를 입력하면 프로그램은 그 자연수만큼 Hello, world!를 출력한 뒤 종료하죠. 그런데 프로그램에 −1과 같은 음수를 입력하면 어떤 일이 벌어질까요? i는 0에서 시작해서 계속 증가하기 때문에 i의 값은 음수가 될 수 없습니다. 그 때문에 프로그램은 다음과 같이 (유저가 강제로 프로그램을 종료하지 않는 이상)

Hello, world!를 끝없이 출력합니다.

Hello, world!

Hello, world!

Hello, world!

Hello, world!

Hello, world!

Hello, world!

Hello, world!

...

이와 같이 프로그램은 입력값에 따라서 유한 시간 내에 종료될 수 있고, 무한루프에 빠져 영원히 종료되지 않을 수도 있습니다. 정지 문제는 어떤 프로그램 P와 프로그램 P의 입력값 x가 주어졌을 때 이 프로그램이 유한 시간 이내에 종료될 것인지를 판단하는 문제입니다.

> **정지 문제**
>
> 임의의 프로그램 P와 데이터 x에 대하여, $P(x)$가 유한 시간 이내에 종료되는지를 판단하는 알고리즘을 제시하시오.

하지만 이미 앞선 제목에서 눈치챘을지도 모르지만, 정지 문제는 1937년 앨런 튜링(Alan Mathison Turing)에 의해 해답이 존재하지 않는 것으로 증명되었습니다. 아마 여러분 모두 컴퓨터 프로그램이 갑자기 멈춰버렸을 때, 프로그램이 정상적으로 복귀할 때까지 기다려야 하는지 아니면 프로그램을 강제로 종료시키는 수밖에 없는지 갈등했던 적이 있을 겁니다. 컴퓨터가 유저한테 프로그램을 종료시켜야 하는지 알려주면 좋았겠지만, 아직까지도 컴퓨터가 그런 정보를 알려주지 못하는 것은 정지 문제의 해답이 애초에 존재하지 않기 때문입니다.[19]

튜링의 증명은 정지 문제의 해답이 존재한다는 가정으로 시작됩니다. 이 가정이 맞다면 임의의 프로그램 P와 데이터 x가 주어졌을 때 $P(x)$가 유한 시간 이내에 종료한다면 참을 출력하고, 그렇지 않다면 거짓을 출력하는 프로그램 doesHalt(P, x)가 존재합니다. 예를 들어

```
P = "  x = input()
       i = 0
       while(i is not x):
           print("Hello, world!")
           i = i + 1 "
```

라면 doesHalt$(P, 3)$은 참을, doesHalt$(P, -3)$은 거짓을 출력합니다.

그런데 컴퓨터 내부적으로는 프로그램과 숫자 전부 0과 1의 나열일 뿐입니다. 단지 주어진 데이터를 어떻게 해석하느냐에 따라 데

---

19 일상 업무 영역에서 일어나는 무한루프는 메모리 영역 확인이나, 타임아웃 등의 장치를 통해 컴퓨터가 감지하기도 합니다.

이터의 의미가 달라지는 것이죠. 비유하자면 /sora/는 한국어로 해석하면 연체동물의 일종인 소라를 가리키는 말이지만, 일본어로 해석하면 하늘입니다. 같은 소리의 단어임에도 불구하고 어떻게 해석하느냐에 따라 의미가 달라집니다. 프로그램과 데이터도 마찬가지입니다. 컴퓨터에서 00000000101000010001100000100000라는 0과 1의 나열은 숫자값으로 해석하면 10557472를 의미하지만, 프로그램 명령어로 해석하면 두 변수의 값을 더하여 다른 변수에 저장하는 명령어입니다.

앞서 예시로 든 P도 컴퓨터 내부에서 0과 1의 나열로 변환됩니다. 실제로 P를 0과 1의 나열로 변환하면 이보다 훨씬 길겠지만, 편의를 위해 $P = 00101110$이라고 합시다. 한편 숫자 3은 컴퓨터 내부에서 00000011로 변환됩니다. 따라서 doesHalt(P, 3)은 컴퓨터 내부적으로 아래와 같이 처리됩니다.

doesHalt(00101110, 00000011)

이렇게 보니 프로그램 P와 데이터 x는 본질적으로 다를 바가 없습니다. 원한다면 우리는 데이터를 프로그램처럼 취급할 수도 있고 프로그램을 데이터처럼 취급할 수도 있습니다. 따라서 doesHalt(P, 3)뿐만 아니라 doesHalt(3, P), doesHalt(3, 3), doesHalt(P, P) 따위의 구문도 가능합니다.

튜링은 이 사실을 사용해 doesHalt의 논리적 모순을 공략했습니다. 튜링은 다음과 같은 프로그램 G를 떠올렸습니다. G는 입력값으로 받은 프로그램 P에 대해 doesHalt(P, P)가 참이라면 무한루프에 빠지고, 거짓이라면 **Hello, world!**를 딱 한 번만 출력한 뒤 종료되는 프로그램입니다. 코드는 아래와 같습니다. 설명의 편의를 위해 왼쪽에 줄 번호를 추가했습니다.

```
1   P = input()
2   if doesHalt(P, P):
3       while(1 > 0):
4           print("Hello, world!")
5   else
6           print("Hello, world!")
```

자 그렇다면⋯ G에 G를 입력값으로 주면 어떤 일이 일어날까요? 두 가지 가능성이 있습니다. $G(G)$는 유한 시간 이내에 종료되거나 무한루프에 빠져버립니다. 각각의 가능성을 살펴볼게요.

1. $G(G)$가 유한 시간 이내에 종료되었다

$G(G)$가 유한 시간 이내에 종료되기 위해서는 3번 줄의 무한루프를 건너 뛰어야 합니다. 따라서 2번 줄의 doesHalt(G, G)가 거짓으로 출력되어야 합니다. 하지만 doesHalt(G, G)가 거짓이라는 것은 $G(G)$가 유한 시간 이내에 종료되지 못한다는 의미입니다. 이는 가정과 모순됩니다.

2. $G(G)$가 유한 시간 이내에 종료되지 못한다

$G(G)$가 유한 시간 이내에 종료되지 못하기 위해서는 3번 줄의

무한루프 안으로 들어가야 합니다. 따라서 2번 줄의 doesHalt(G, G)가 참으로 출력되어야 합니다. 하지만 doesHalt(G, G)가 거짓이라는 것은 $G(G)$가 유한 시간 이내에 종료되었다는 의미입니다. 이 역시 가정과 모순됩니다!

두 가능성 모두 모순된 결과를 내놓습니다. 이로부터 우리는 doesHalt가 존재할 수 없음을 알 수 있습니다. doesHalt가 존재했더라면 G와 같이 논리적으로 모순된 프로그램을 만들 수 있기 때문입니다. ∎

정지 문제는 흥미로운 점을 시사합니다. 컴퓨터 프로그램은 이미 정해진 알고리즘에 따라 동작하기 때문에, 굳이 실행해 보지 않더라도 완벽하게 예측할 수 있을 거라고 생각합니다. 하지만 현실은 다릅니다. 프로그램의 어떤 부분은 논리적으로 예측이 불가능합니다. 게다가 정지 문제와 같은 결정 불가능 문제의 개수는 셀 수 없을 정도로 큰 무한(2부 참고)을 이룹니다. 즉 결정론적 시스템과 예측 가능한 시스템은 동의어가 아닙니다.

이를 지금까지 결정론에 대한 우리 논의에 적용하면 다음과 같은 결론을 얻을 수 있습니다. 설령 코펜하겐 해석이 틀렸고 우리의 우주가 결정론적으로 동작한다고 해도 라플라스의 악마는 미래에 대한 모든 정보를 알 수 없습니다.

1부에서 등장한 괴델의 불완전성 정리의 증명을 읽었다면, 정지 문제의 불가능성 증명과 괴델의 불완전성 정리의 증명이 상당히 비슷하다고 느꼈을 것입니다. 정지 문제의 증명은 프로그램을 데이터로 변환해 자신의 입력값으로 자기 자신을 취하는 구조를 통해 모순을 발생시킵니다. 괴델의 불완전성 정리의 증명은 술어를 자연수(괴델 수)로 변환해 자신의 변수로 자기 자신을 취하는 구조를 통해 모순을 발생시킵니다.

또한 1부에서 언급된 러셀의 집합 또한 괴델의 불완전성 정리 및 정지 문제와 상당히 비슷해 보입니다. 이 데자뷔는 우연이 아닙니다. 러셀의 집합, 괴델의 불완전성 정리, 정지 문제. 이 세 개념은 모두 현대 수리논리의 핵심 개념 중 하나인 **자기언급**에 대한 수학적 논증입니다. 자기언급이란 말 그대로 어떠한 대상(그것이 술어가 됐든, 프로그램이 됐든, 문장이 됐든)이 자기 자신을 언급하는 것을 말합니다. 자기언급은 거의 모든 논리적 체계에서 발생하는 흔한 구조이지만 심각한 모순을 낳는 원인이기도 합니다.

라플라스의 악마 또한 자기언급적 구조를 가지고 있습니다. 라플라스의 악마가 예측하려는 우주에는 자기 자신 또한 포함되어 있기 때문입니다. 라플라스의 악마라는 존재가 성립하기 위해서는 라플라스의 악마가 스스로의 행동 또한 완벽하게 예측할 수 있어야 합니다. 즉 라플라스의 악마는 스스로의 예측에 의해 행동이 속박되어 버립니다. 라플라스의 악마는 현실적으로 불가능할 뿐만 아니라 수학적으로도 불가능합니다.

그러나 비록 라플라스의 악마가 불가능하다고 해도 우주의 미래가 물리 법칙으로부터 (확률적으로) 결정되어 있다는 사실에는 변함이 없습니다. 인간의 행동도 예외는 아닙니다. 영혼 등의 비물리적 요소가 존재하지 않는다고 가정하면 인간 또한 무수히 많은 원자의 모임에 지나지 않습니다. 인간이 느끼는 감정과 사유하는 생각은 뇌에서 일어나는 일련의 화학 반응에 불과합니다. 따라서 여러분이 미래에 무엇이 될지, 돈은 얼마나 벌지, 누구랑 결혼할지, 언제 죽을지, 얼마나 큰 행복을 누릴지는 모두 물리 법칙에 의해 이미 결정되어 있습니다.

예를 들어 볼게요. 지금 저는 미래에 유학을 가야 할지 고민 중입니다. 올바른 선택을 내리기 위해 저는 수많은 정보를 찾아보고 각 선택의 가치를 저울질할 것입니다. 그러나 결국 이 중대한 결정을 내리는 주체는 저의 자유의지가 아닙니다. 저의 미래는 이미 야속한 우주의 물리 법칙에 의해 결정되어 있기 때문입니다. 제가 미국으로 유학 갈 확률은 35퍼센트, 유럽으로 유학 갈 확률은 17퍼센트, 한국에 머무를 확률은 46퍼센트와 같이 말이죠. 그중 어떤 미래가 찾아오는지는 오직 뉴턴의 물리 법칙과 양자들의 확률적인 작용으로 결정될 것입니다.

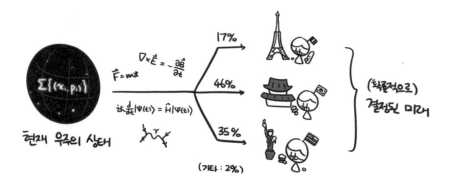

자유의지는 하나의 근사한 착시와도 같습니다. 인간의 의식에 관여하는 외부 요소가 매우 많기 때문에 (시각과 후각을 비롯한 감각적 정보, 이로부터 비롯되는 뉴런의 전기적 작용과 체내 호르몬의 화학적 반응, DNA에 적힌 염기쌍과 그로부터 발현되는 유전적 형질 등) 스스로의 결정은 자신의 자유의지에서 비롯된다고 착각할 뿐이죠. 여러분이 결정론의 속박에서 벗어나기 위해 오늘 저녁 메뉴를 동전 뒤집기로 고른다고 해도, 여러분이 저녁 메뉴를 동전 뒤집기로 고르겠다는 생각 자체가 이미 결정되어 있는 것입니다. 본질적으로 우리는 우주라는 핀볼 기계 속에서 굴러다니는 단백질 구슬일 뿐입니다.

일면 이 결론은 인생에 대한 무기력함을 피력하는 듯합니다. 그래서 많은 사람은 이 사실을 애써 외면하고 살아갑니다. 그러나 잠시 숨을 가다듬고 천천히 이 사실을 고찰하다 보면 우리는 삶을 바라보는 새로운 가치관을 얻을 수 있습니다. 저는 이 가치관 또한 전통적 가치관 못지않게, 오히려 더욱더 삶을 아름답게 만들어준다고 생각합니다.

저는 인간의 모든 근심이 한 인간이 짊어지는 지나친 책임감에서 비롯된다고 생각합니다. '내 인생은 내가 만들어 가는 것'이라는 모토는 겉보기에 매우 낭만적입니다. 그러나 이 모토는 개별의 인간에게 감당할 수 없는 책임감을 떠넘깁니다. 이 책임감은 만일 내가 성공하지 못한다면, 만일 내가 실패한 삶을 살다가 초라하게 죽게 된다면, 그 모든 불행이 전부 자신의 잘못인 것만 같아 감당할 수 없도록 만듭니다. 그래서 우리는 항상 미래를 걱정하고 두려워합니다. 또한 이 모토는 우리가 끊임없이 과거를 후회하도록 만듭니다. 과거의 모든 아픔이 전부 나의 잘못 때문인 것 같기 때문입니다. 만약 내가 더 나은 선택을 했었더라면 그런 일은 일어나지 않았을 것이라는 착각 속에서 우리는 자책감의 늪 안으로 침잠합니다.

그러나 자유의지는 없으며 우주의 모든 미래가 물리 법칙에 의해 결정되어 있다는 자각은 우리를 이 늪 속에서 탈출시켜줍니다. 우리는 과거를 후회하지 않아도 됩니다. 과거의 모든 일은 필연적으로 일어났어야만 했기 때문입니다. 또한 우리는 미래를 지나치게 걱정하지 않아도 됩니다. 단지 우리는 현재에 최선을 다할 뿐이며, 그 이후에 찾아오는 결과는 마음 편히 받아들이면 됩니다. 어차피 자유의지가 없는 세계에서 부나 권력과 같은 성공은 인생의 가치를 판별하는 척도가 되지 못합니다. 그것은 개인의 자유의지로 모아지는 것이 아니라, DNA와 주변 환경을 비롯한 외부 변수가 유리하게 작용해야만 모아지는 것이니까요.

대신 삶의 가치는 그 사람이 순간의 경험을 얼마나 소중히 했는지에 달려 있습니다. 인간은 인생의 **조각가**가 아니라 인생의 **관람객**입니다. 관람객의 미덕은 조각가가 공들인 예술품의 아름다움을 온전히 감상하는 것이듯, 인간의 미덕은 우주가 공들여 만든 아름다운 세상을 감상하

는 것이 아닐까요? 그래서 저는 화창한 날 바람에 실려 오는 꽃향기를 만끽하는 사람, 비가 오는 날 빗방울이 들려주는 멜랑콜리한 리듬에 귀를 기울이는 사람, 눈이 오는 날 아름다운 눈 속에 내가 있었음을 자랑하는 발자국을 남기는 사람, 평일에는 맡은 일에 최선을 다하고 주말에는 창밖을 보며 좋아하는 음악과 와인을 즐기는 사람, 이들이야말로 진정 가치 있는 삶을 살았다고 생각합니다. 저는 이 가치관을 실천하기 위해 이 책을 정말 공들여서 완성했습니다. 이제는 제가 가장 좋아하는 찹쌀떡을 먹으러 갈 거예요. 모처럼 와인 한 잔을 곁들여서 말이죠. 여러분도 책을 다 읽은 것을 자축하며 오늘 소소하지만 자기가 좋아하는 일을 해 보시길 바라요!

부록

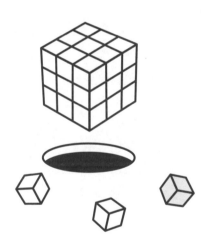

논리 기호의 자세한 의미

엄밀한 의미에서의 1차 논리는 구조론적으로 구성되기 때문에 지금부터 소개해 드릴 의미와는 상이합니다. 그러나 여기에서는 난이도를 고려해 고등학교 수준에서 각 기호의 의미를 설명할게요.

1. 변수와 술어: x, P

변수란 특별한 값이 정해지지 않은 채 술어에 붙어 있는 문자를 말하며, **술어**란 변수의 값에 따라 참과 거짓이 결정되는 명제를 말합니다. 예를 들어 술어 $P(x)$: **x는 짝수이다**의 경우, $P(2)$는 참이지만 $P(1)$은 거짓입니다.

굳이 술어에 붙은 변수가 1개일 필요는 없습니다. $Q(x, y)$: **x는 y보다 크다**와 같이 여러 개의 변수로도 술어를 구성할 수 있습니다. 위와 같이 Q를 정의하면 $Q(2, 1)$은 참이지만 $Q(1, 2)$는 거짓입니다.

2. 함수: f

함수는 변수 x의 값에 따라 새로운 값 $f(x)$를 내놓습니다. 예를 들어 $f(x) = 2x + 1$의 경우, $f(3) = 7$입니다.

술어와 마찬가지로 함수도 하나의 변수만 가지고 있을 필요는 없습니다. 예를 들어 $f(x, y) = x^2 + y$라면, $f(2, 3) = 7$입니다. 보다시피 술어와 함수는 상당히 비슷한 개념입니다. 다만 다른 점은 술어의 출력은 참 또는 거짓이며, 함수의 출력은 또 다른 변수라는 것입니다.

3. 논리 연산자: ∧, ∨, →, ¬

$P \land Q$, $P \lor Q$, $P \to Q$와 같이 두 술어(또는 명제) 사이에 ∧, ∨ 또는 →를 넣으면 새로운 술어(또는 명제)가 만들어집니다. 예를 들어 $P \land Q$는 P와 Q가 모두 참일 때만 성립하는 명제입니다. 한편 ¬P는 P의 부정을 의미합니다. 각 기호의 자세한 진릿값은 다음 표와 같습니다. 표에서 T는 참을, F는 거짓을 의미합니다.

P	¬P
T	F
F	T

P	Q	$P \to Q$
T	T	T
T	F	F
F	T	T
F	F	T

P	Q	$P \land Q$
T	T	T
T	F	F
F	T	F
F	F	F

P	Q	$P \lor Q$
T	T	T
T	F	T
F	T	T
F	F	F

한 가지 짚고 넘어갈 점은 P가 거짓일 때 $P \to Q$는 참이라는 점입니다. 예를 들어 디멘이 '내일 날씨가 좋다면 나는 운동을 할 거야' 하고 계획을 세웠다고 할게요. 그런데 공교롭게도 다음 날 비가 왔고 그 이유로 디멘은 운동을 하지 않았습니다. 그렇다 해도 디멘은 자신의 계획을 어기지는 않았습니다. 어디까지나 디멘의 계획에는 '날씨가 좋다면'이라는 가정이 있었으니까요. 이와 같이 가정이 성립하지 않음으로 인해 명제가 참이 되는 경우를 **공허한 참**(Vacuous Truth)이라고 합니다.

4. 한정 기호: ∀, ∃

∀와 ∃는 술어가 어떤 변수에 한해 참인지를 나타내는 기호입니다. $\forall x P(x)$는 술어 P가 모든 x에 대해서 성립한다는 의미고 $\exists x P(x)$는 술어 P가 어떤 x에 대해서 성립한다는 의미입니다. ∀은 'All(모든)'의 앞 글자를, ∃는 'Exists(존재한다)'의 앞 글자를 딴 것입니다. 알파벳 모양을 떠올리면 쉽게 기억할 수 있습니다.

예를 들어 **K(x): x는 한국인이다**와 **H(x): x는 사람이다**라는 2개의 술어에 대해 아래 두 명제가 성립합니다.

$\forall x[K(x) \to H(x)]$ 모든 한국인은 사람이다.
$\exists x[K(x) \wedge H(x)]$ 한국인인 사람이 존재한다.[1]

---

1 어떤 사람은 한국인이다.

5. 등호: =

등호는 두 대상이 같음을 의미하는 기호입니다. 그러나 '같음'의 엄밀한 의미가 무엇일까요? 1차 논리에서는 등호를 아래의 세 가지 조건을 만족시키는 두 대상 간의 관계로 정의합니다.

1. 임의의(모든) 변수 x에 대하여 $x = x$가 성립한다.
2. 임의의 변수 x, y와 임의의 함수 f에 대하여
   $(x = y) \rightarrow (f(\cdots, x, \cdots) = f(\cdots, y, \cdots))$가 성립한다.
3. 임의의 변수 x, y와 정규식 Φ에 대해, Φ의 자유변수 x를 (임의의 개수만큼) y로 치환한 정규식이 Φ'일 때 $(x = y) \rightarrow (\Phi = \Phi')$이 성립한다.

1번은 당연하네요. 2번은 같은 두 대상의 함숫값은 같다는 의미이며 3번은 주어진 논리식 안에서 등장하는 '자유로운 변수'는 동일한 변수로 바꿀 수 있다는 의미입니다. '자유로운 변수'가 어떤 의미인지 예시를 통해 이해해 봅시다. 술어 **$D(x)$: x는 생명이다**에 대해서 D(사람)은 참입니다. 그런데 '사람 = 인간'이므로, 등호의 3번 성질에 의해 사람을 인간으로 바꾼 D(인간) 역시 참입니다.

위와 같은 엄밀한 등호의 정의를 바탕으로 하여 **등호의 교환법칙**[2]이나 **등호의 추이성**[3]을 증명할 수 있습니다. 우리가 초등학교 때 너무 당연하게 받아들였던 이런 성질들까지 수학자들에게는 증명의

---

2 $x = y$라면 $y = x$가 성립한다.
3 $x = y$이고 $y = z$라면 $x = z$가 성립한다.

대상입니다.

6. 문장 부호: 괄호와 쉼표

마지막 기호는 괄호와 쉼표입니다. 괄호는 연산의 순서를 명시하기 위한 기호이며, 쉼표는 기호들 사이의 관계를 명시하기 위한 기호입니다. 괄호와 쉼표에 대해서는 여러분도 잘 알고 계실 테니 설명을 생략하겠습니다.

'정말로' 필수적인 논리 기호의 개수는?

지금까지 총 12개의 논리 기호를 설명했습니다. 하지만 원한다면 이보다 훨씬 적은 기호만으로도 1차 논리를 펼칠 수 있습니다.

1. 논리 기호의 개수 줄이기

논리 기호 ∨과 ¬만으로 나머지 두 논리 기호 ∧와 →를 대체할 수 있습니다. 다음 표에서 왼쪽의 논리식과 오른쪽의 논리식은 동일합니다. 왜 그런지 두 문장의 언어적인 의미를 곱씹어 보거나, 표를 그려서 생각해 보면 여러분의 논리적 사고력 향상에 좋은 연습이될 거 같습니다.

기호	¬과 ∨으로 대체	뜻
$p \wedge q$	$\neg(\neg p \vee \neg p)$	'p가 거짓이거나 q가 거짓이다'가 거짓이다
$p \rightarrow q$	$\neg p \vee q$	p가 거짓이거나 q가 참이다

한 발 더 나아가 **부정 논리합**(Logical NOR)이라는 기호를 도입하면 ∨, ∧, ¬, →를 모두 대체할 수 있습니다. 부정 논리합 기호는 ↓이며, $P {\downarrow} Q$의 의미는 $\neg(P \vee Q)$와 같습니다. 부정 논리합을 사용하면 ¬P와 $P \vee Q$는 다음과 같이 대체할 수 있습니다.

$$\neg P \Leftrightarrow P {\downarrow} P$$

$$P \lor Q \Leftrightarrow (P{\downarrow}Q){\downarrow}(P{\downarrow}Q)$$

그리고 ¬과 ∨로부터 ∧와 →를 대체할 수 있으므로 부정 논리합만 있으면 네 가지 논리 기호를 모두 대체할 수 있습니다. 따라서 필수적인 논리 기호는 1개입니다.

2. 한정 기호 개수 줄이기

∃ 또한 ∀와 ¬으로 아래와 같이 대체할 수 있습니다.

$$\exists x P(x) \Leftrightarrow \neg(\forall x[P(x)])$$

풀어 읽자면 **어떤 x가 $P(x)$를 만족한다**라는 명제는 **모든 x가 $P(x)$를 만족시키지 못하는 것은 아니다**와 의미가 동일합니다. 따라서 필수적인 한정 기호의 개수는 1개입니다.

3. 문장 부호 개수 줄이기

놀랍게도 괄호와 쉼표는 아예 사용하지 않을 수도 있습니다. **폴란드 표기법**을 사용하면 가독성을 내다 버리는 대신 괄호와 쉼표를 사용하지 않고서도 모든 식을 올바르게 적을 수 있습니다.

$$\forall x \forall y (P(f(x)) \rightarrow \neg(P(x) \rightarrow Q(f(y), x, z)))$$

위의 식을 폴란드 표기법으로 적으면 아래와 같이 괄호와 쉼표

없이 표기할 수 있습니다.[4]

$$\forall x \forall y \to P f x \neg \to P x Q f y x z$$

폴란드 표기법은 연산자를 피연산자 사이에 넣지 않고 앞에 배치함으로써 괄호와 쉼표를 생략할 수 있습니다. 예를 들어 $x + y$는 폴란드 표기법으로 적으면 $+xy$와 같습니다. 따라서 필수적인 문장부호의 개수는 0개입니다.

나머지 기호(2종의 비논리 기호, 변수, 등호)는 생략이 불가능합니다. 이로써 수학은 불과 6개의 기호로 이루어져 있음을 알 수 있습니다.

---

4   위키피디아의 예시를 사용했습니다.

오목-볼록 퀴즈의 정답

1.

2.

3.

4.

5.

6.

Vacuous
Truth

별, 사각형의 테두리, 점선은 오목하고 무한평면과 직선은 볼록합니다.

6번 공집합이 조금 헷갈리는데, 공집합은 볼록한 집합입니다. 공집합이 볼록한 이유는 부록에 소개된 **공허한 참**과 관련이 있습니다. 공집합의 경우에는 집합 내 속하는 점 2개를 애초에 잡을 수가 없으므로 가정이 성립하지 않기 때문에 명제는 참인 것이죠.

유클리드 공리계로 삼각형의 내각의 합 구하기

1단계. 동위각의 크기가 같음을 보이기

이 정리를 증명하기 위해 먼저 동위각이 같다는 것을 보여야 합니다. **동위각**이란 아래와 같은 평행선에서 A와 b위치에 있는 두 각입니다.

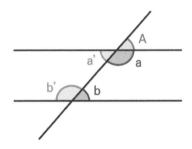

유클리드는 평행선에서 동위각의 크기가 같다는 사실을 **귀류법**을 이용해서 증명합니다. 귀류법은 명제 P가 참임을 보이기 위해 P가 거짓이라고 가정하면 모순이 생김을 보이는 증명 방법입니다.

귀류법에 따라 $A \neq b$를 가정하겠습니다. 직선의 각은 180°이므로[5] $A = 180° - a$입니다. 이 식을 $A \neq b$에 대입하면 $180° - a \neq b$을 얻으며 양변에 a를 더하면 아래와 같습니다.

$$a + b \neq 180°$$

---

5   직선의 각이 180°라는 사실도 유클리드 공리계로 증명할 수 있습니다.

따라서 두 가지 가능성이 있습니다. $a + b > 180°$일 수도 있고 $a + b < 180°$일 수도 있습니다. 각각의 가능성을 따져볼게요.

1. $a + b > 180°$

a와 b는 두 직선이 한 직선과 만나서 이루는 두 각입니다. 이 두 각의 합이 $180°$보다 크다면 평행선 공준에 의해 두 직선은 오른쪽에서 만나야 합니다. 그러나 두 직선은 평행선이므로 모순입니다.

2. $a + b < 180°$

$a + a' = 180°$이므로 $a = 180° - a'$입니다. 마찬가지로 $b = 180° - b'$이며, 이 두 식을 $a + b < 180°$에 대입한 뒤 정리하면 $a' + b' > 180°$를 얻습니다. 1번에서 설명했던 논리를 똑같이 적용하면 평행선 공준에 의해 두 직선은 왼쪽에서 만나야 합니다. 마찬가지로 모순입니다. 어느 가능성을 가정해도 모순이 발생하므로 귀류법으로 인해 동위각의 크기가 같음이 증명되었습니다.

2단계. 엇각의 크기가 같음을 보이기

두 번째 단계는 엇각의 크기가 같음을 보이는 것입니다. 엇각은 이전 그림에서 각 b와 각 a'의 위치에 있는 두 각입니다.

A와 b가 동위각이므로 $b = a'$을 보이기 위해서는 $A = a'$을 보이면 됩니다. 직선의 각은 $180°$이므로, $A + a = a' + a = 180°$입니다. 따라서 $A = a'$이며, 이로부터 엇각의 크기가 같음이 증명되었습니다.

3단계. 삼각형 내각의 합이 180°임을 보이기

이제 삼각형의 내각의 합이 180°라는 것을 쉽게 보일 수 있습니다. 아래와 같은 삼각형이 있을 때, 다음과 같이 삼각형의 한 점을 지나고 삼각형의 한 변(밑의 초록색 선분)에 평행한 직선(위의 초록색 직선)을 그을 수 있습니다.[6]

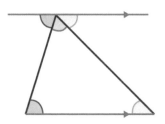

앞서 우리가 증명한 엇각의 성질에 의해, 두 보라색 각과 두 노란색 각은 서로 같은 크기입니다. 즉, 삼각형의 세 내각의 합은 직선 위의 세 각의 합과 같습니다. 이로부터 삼각형의 세 내각의 합은 180°임이 증명되었습니다.

---

6   이러한 평행선이 존재한다는 사실마저 유클리드 공리계로 증명할 수 있습니다.

비둘기 집 문제의 정답

두 격자점 $A(a, b)$와 $B(c, d)$의 중점 M은 아래와 같습니다.

$$M \left(\frac{a+c}{2}, \frac{b+d}{2} \right)$$

따라서 점 M이 격자점이기 위해서는 $a + c$와 $b + d$가 모두 짝수여야 합니다. 그리고 $a + c$가 **짝수이기 위해서는 a와 c의 홀짝성**이 같아야 합니다. 아무래도 이 문제를 푸는 핵심은 각 좌표의 홀짝성을 분류하는 것인 듯 합니다.

격자점 중 하나가 $P(x, y)$라고 합시다. 그러면 우리는 x, y의 홀짝성에 따라 점 P를 아래의 네 가지 유형 중 하나로 분류할 수 있습니다.

	x	y
유형 1	홀수	짝수
유형 2	짝수	홀수
유형 3	홀수	홀수
유형 4	짝수	짝수

문제에서 주어진 격자점은 5개이기 때문에, **비둘기집의 원리**에 의해 적어도 2개의 점은 같은 유형에 속해야 합니다. 그러한 두 점을 $A(a, b)$, $B(c, d)$라고 하면, a와 c의 홀짝성이 같고 b와 d의 홀짝성이 같습니다. 따라서 $a + c$와 $b + d$가 둘 다 짝수이며, 이들의 중점 $M((a + b)/2, (c + d)/2)$ 또한 격자점이 됨을 알 수 있습니다!

겐첸의 자연연역법으로 드모르간의 법칙 증명하기

겐첸의 자연연역법으로 **드모르간의 법칙** 중 하나인 아래의 식을 증명하겠습니다.

$$\neg(p \vee q) \vdash \neg p \wedge \neg q$$

여기서 $\vdash$는 '~로부터 ~이 증명 가능하다'라는 의미의 기호입니다. 증명 이론에서는 $A \rightarrow B$(A라면 B이다)와 $A \vdash B$(A로부터 B가 증명 가능하다)를 구분해서 사용합니다. 전자는 수학적 명제이고 후자는 초수학적 명제입니다. 이와 관련한 내용은 본문의 98쪽을 참고해 주세요. 드모르간 법칙의 증명 과정은 아래와 같습니다.

1. [3. 또는 추가]에 의해 $p \vdash p \vee q$
2. 자명하게 $\neg(p \vee q), p \vdash \neg(p \vee q)$
3. [5. 부정 추가]에 의해 $\neg(p \vee q) \vdash \neg p$
4. 비슷한 방법으로 $\neg(p \vee q) \vdash \neg q$
5. [1. 그리고 추가]에 의해 $\neg(p \vee q) \vdash (\neg p \wedge \neg q)$

접선의 기울기를 엄밀하게 구하기

4부에서 우리는 수치적 계산으로 $y = 16t - 4t^2$위의 점 $P(0.5, 7)$에서의 접선의 기울기가 12임을 구했습니다. 여기에서는 이 사실을 대수학으로 보여보겠습니다. 먼저 점 $P(a, f(a))$에서의 미분계수의 정의는 다음과 같았습니다.

$$f'(a) = \lim_{\Delta x \to 0} \frac{f(a + \Delta x) - f(a)}{\Delta x}$$

우리의 경우 $f(t) = y = 16t - 4t^2$이므로,

$$f'(a) = \lim_{\Delta x \to 0} \frac{\{16(a + \Delta x) - 4(a + \Delta x)^2\} - \{16a - 4a^2\}}{\Delta x}$$

$$= \lim_{\Delta x \to 0} \frac{16a + 16\Delta x - 4a^2 - 8a\Delta x - 4\Delta x^2 - 16a + 4a^2}{\Delta x}$$

$$= \lim_{\Delta x \to 0} \frac{16\Delta x - 8a\Delta x - 4\Delta x^2}{\Delta x}$$

$$= \lim_{\Delta x \to 0} (16 - 8a - 4\Delta x) = 16 - 8a$$

입니다. a에 0.5를 대입하면 접선의 기울기가 12로 얻어집니다.

위의 식만 보면 미분은 정말 복잡해 보입니다. 하지만 다행히도 수학자들은 다양한 미분 공식을 발견했으며, 대부분의 함수는 손

쉽게 미분할 수 있습니다. 가장 많이 쓰는 미분 공식 중 세 가지는 아래와 같습니다.

주어진 함수	x에 대한 미분
x^n	nx^{n-1}
$f(x) + g(x)$	$f'(x) + g'(x)$
$af(x)$ (단, a는 상수)	$af'(x)$

위 공식을 사용해 다시 $f(x)=16x-4x^2$을 미분해 보겠습니다. 1번 규칙과 3번 규칙에 의해 $h(x) = -4x^2$을 미분하면 $h'(x) = -8x$이며, $g(x) = 16x$을 미분하면 $g'(x) = 16$입니다.[7] 따라서 2번 규칙에 의해 $f(x) = g(x) + h(x)$의 미분은 $f'(x) = g'(x) + h'(x) = 16-8x$입니다. 앞서 풀었던 긴 수식과 동일한 결과가 나왔네요! 이런 공식이 워낙 많이 알려진 덕분에 미분은 생각보다 굉장히 빠르고 쉬운 연산입니다.

---

7 $x^0 = 1$입니다.

미적분학의 기본 정리

미분과 적분이 역연산의 관계에 있다는 사실은 미적분에서 가장 신기하고 중요한 사실입니다. 얼마나 중요한지 수학자들은 이 정리에 **미적분학의 기본 정리**라는 엄청난 이름까지 붙여줬습니다. 미적분학의 기본 정리는 아래와 같습니다.

미적분학의 기본 정리

정적분 함수를 미분하면 원래의 함수가 된다. 즉, 아래의 식이 성립한다.

$$\left[\int_a^x f(t)dt \right]' = f(x)$$

정말 대단한 정리입니다. 미분(도함수)과 적분이라는 전혀 다른 두 개념을 연관 짓기 때문입니다. 게다가 일반적으로 미분은 적분보다 훨씬 계산하기 쉽습니다. 미분은 누구나 한 달만 투자하면 웬만큼 다 할 수 있게 될 정도로 쉽습니다. 반면 적분은 $\sum$가 들어가기 때문에 계산이 아주 까다롭습니다. 그런데 미적분학의 기본 정리는 우리가 적분도 미분처럼 쉽게 계산할 수 있도록 도와줍니다.

미적분학의 기본 정리를 엄밀하게 증명하기 위해서는 극한에 대한 신중한 취급이 필요합니다. 하지만 이 책은 교양서이고, 교양서의 좋은 점은 굳이 모든 정리를 엄밀하게 증명할 필요는 없다는 것이죠. 이 책에서는 미적분학 기본 정리의 간단한 아이디어만 알아볼게요.

다음과 같은 함수 f의 a부터 x까지의 밑넓이를 $S(x)$라고 하겠습니다. $S(x)$는 미적분학의 기본 정리의 좌변의 괄호 속의 정적분과 동일한 함수입니다.

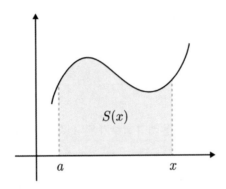

우리의 목적은 $S(x)$의 미분이 $f(x)$임을 증명하는 것입니다. 다시 확인하자면 미분의 정의는 다음과 같습니다.

$$S'(x) = \lim_{\Delta x \to 0} \frac{S(x + \Delta x) - S(x)}{\Delta x} = \lim_{\Delta x \to 0} \frac{\Delta S}{\Delta x}$$

따라서 $S'(x)$를 구하기 위해서는 작은 Δx만큼의 변화에 대해 ΔS가 얼마만큼 변하는지 알아야 합니다. 먼저 그림과 같이 x를 작은 Δx만큼 옮기겠습니다.

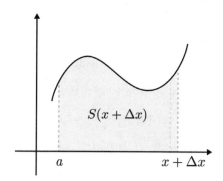

$$S(x + \Delta x)$$

$$a \qquad x + \Delta x$$

이때 S의 변화량, 즉 ΔS는 아래 표시된 만큼의 넓이입니다.

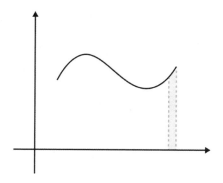

그런데 위의 넓이는 가로가 Δx이고 세로가 $f(x)$인 직사각형의 넓이, 즉 $f(x)\Delta x$로 근사할 수 있습니다. 게다가 Δx가 작아질수록 이 근사는 점점 더 정확해지죠. 식으로 정리해 볼까요?

$$S'(x) = \lim_{\Delta x \to 0} \frac{\Delta S}{\Delta x} = \lim_{\Delta x \to 0} \frac{f(x)\Delta x}{\Delta x} = f(x)$$

어떤가요? 즉 넓이(적분)의 미분은 원래 함수입니다! 이것이 미적분학 기본 정리의 핵심 아이디어입니다. 이 아이디어를 발견한 뉴턴은 '미적분학의 기본 정리를 증명하는 순간 가슴이 멎는 것 같았다'고 당시의 강렬한 인상을 회상했습니다.

여기서 한 가지 짚고 넘어갈 점이 있습니다. 지금까지 이 책에서 소개한 미적분은 정말 얇은 수준입니다. 실제로 극한을 다룰 때는 매우 신중한 접근이 필요합니다. 만약 미적분을 신중하게 다루지 않는다면 다음과 같은 모순에 부딪힐 수도 있습니다.

지름이 1인 원의 둘레는 π입니다. 원주율 π의 값이 약 3.14라는 사실은 누구나 알고 있는 사실이죠. 하지만 제가 $\pi = 4$임을 '증명'해보겠습니다. 먼저 한 변의 길이가 1인 정사각형으로 시작할게요. 이 정사각형의 둘레는 4이죠. 그런데 다음 그림과 같이 정사각형의 귀퉁이를 안으로 집어넣어도 여전히 도형의 둘레는 4입니다. 새로 생긴 귀퉁이를 또 안으로 집어넣어도, 여전히 도형의 둘레는 4입니다. 이 과정을 한없이 반복하면… 음, 원이 되네요. 그런데 여전히 도형의 둘레는 4이므로, 원주율 π는 4임이 증명되었습니다!

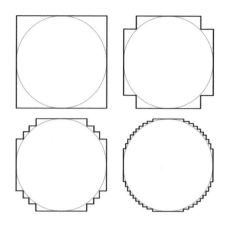

    당연히 이 증명은 틀렸습니다. 그런데 왜 이 증명이 틀렸는지 이해하는 것은 꽤 까다롭습니다. 이 증명이 틀린 이유를 간단히 요약하자면 '검정색 테두리가 원으로 수렴하지 않기 때문'입니다. 그런데 이 설명은 많은 분에게 납득이 되지 않을 거예요. 두 점을 지나는 직선은 두 점이 한없이 가까워질수록 접선에 수렴하고, 직사각형의 넓이의 합은 직사각형을 얇게 분할할수록 함수 밑부분의 넓이에 수렴하는데, 검은색 테두리는 원으로 수렴하지 않는다니… 완전 제멋대로네요!

    만약 여러분이 해석학을 공부한다면, 미분과 적분은 정확한 결과를 도출하지만 왜 위의 모순은 틀린 결과를 도출하는지 엄밀하게 따질 수 있습니다. 하지만 교양 수학에서 다루는 지식으로는 어떤 경우에 수렴하고 어떤 경우에 수렴하지 않는지 따질 방법이 없습니다. 제가 1부에서 수학의 엄밀성을 강조한 이유를 아시겠나요? 엄밀하지 못한 정의와 논법이 점점 쌓이다 보면 언젠가는 위와 같은 모순에 봉착하기 때문입니다.

발칙한 수학책

초판 1쇄 발행 2021년 6월 30일
초판 14쇄 발행 2024년 12월 1일

지은이 최정담
펴낸이 권미경
기획편집 박주연
마케팅 심지훈, 강소연, 김재이
디자인 this-cover.com
펴낸곳 (주)웨일북
출판등록 2015년 10월 12일 제2015-000316호
주소 서울시 마포구 토정로 47, 서일빌딩 701호
전화 02-322-7187 **팩스** 02-337-8187
메일 sea@whalebook.co.kr **인스타그램** instagram.com/whalebooks

ⓒ 최정담, 2021
ISBN 979-11-90313-91-9 03410

소중한 원고를 보내주세요.
좋은 저자에게서 좋은 책이 나온다는 믿음으로, 항상 진심을 다해 구하겠습니다.